多源监测信息融合技术及应用

王 鑫 徐立中 于洪珍 樊棠怀 著

科学出版社

北 京

内 容 简 介

本书面向水利信息化领域，详细介绍多源监测信息融合的基本原理和方法，并结合作者近年来对于水环境监测、灌区监测信息融合技术的研究与应用实践，详细介绍相关融合应用模型、方法和技术。本书共分 8 章，主要内容包括：多源信息融合技术，水环境多源监测信息融合模型、方法、技术与系统，灌区多源监测信息融合模型、方法、技术与系统等。

本书内容新颖、理论联系实际，可作为电子信息工程、工业自动化、计算机应用、仪器科学与技术等相关专业研究生和高年级本科生、科研人员、工程技术人员的参考书。

图书在版编目(CIP)数据

多源监测信息融合技术及应用/王鑫等著. —北京：科学出版社，2017.8
ISBN 978-7-03-053733-1

Ⅰ.①多… Ⅱ.①王… Ⅲ.①水环境－环境监测－研究 Ⅳ.①X832

中国版本图书馆 CIP 数据核字(2017) 第 138696 号

责任编辑：惠 雪 沈 旭/责任校对：彭 涛
责任印制：赵 博/封面设计：许 瑞

科 学 出 版 社 出版
北京东黄城根北街 16 号
邮政编码：100717
http://www.sciencep.com

北京华宇信诺印刷有限公司印刷
科学出版社发行 各地新华书店经销
*
2017 年 8 月第 一 版 开本：720×1000 1/16
2025 年 3 月第四次印刷 印张：17 1/2
字数：353 000
定价：99.00 元
(如有印装质量问题，我社负责调换)

前　言

信息化是水利科技发展的重要领域，是传统水利向现代水利转变的重要推动力。监测监控技术是水利信息化建设的重要内容，在支撑水利各项业务的开展过程中发挥着积极作用。当前，我国正在全面实施节水型社会、水生态文明建设战略，在此背景下，水环境与水生态保护、农村水利综合管理等水利核心业务对监测监控技术提出更高要求。近年来，包括卫星遥感和传感网技术在内的各种监测技术得到了快速发展，并逐步在水环境监测和灌区水情监测中得到应用。对来自不同监测平台及传感数据综合处理的需求以及对水环境要素的准确提取、对水情态势的全面掌控的需求，都极大地推动了多源信息融合技术在水利中的应用。多源信息融合技术的研究对于提升水利监测监控技术水平、促进水利科技发展具有重要意义。

多源信息融合是针对系统中使用多传感器这一特定问题所提出和展开的，试图通过对多 (个、类) 传感器数据的综合 (集成和融合)，获得比单一传感器更有效的信息。多源融合处理可以更加全面和准确地反映监测监控对象的真实状态。

本书是有关多源监测信息融合技术的专著，详细介绍信息融合的基本原理和方法，并结合作者近年来有关水环境监测、灌区渠系水情监测中信息融合关键技术的研究与应用实践，详细介绍涉及的模型、方法等应用理论及技术。

本书共分 8 章，内容安排如下：

第 1 章首先介绍多源信息融合的概念和处理过程，对信息融合的功能和结构模型、信息融合方法进行分析。对常见的信息融合模型，如情报环、JDL 模型、Boyd 控制环和瀑布模型等给出具体的分析描述。对常用的信息融合算法，如加权平均法、卡尔曼滤波法、概率论、推理网络和智能算法等进行介绍。最后介绍信息融合效能的评估指标和评估方法。

第 2 章介绍和分析讨论有关水环境监测的研究背景、水环境监测信息的获取和处理方式、水环境多源监测信息融合系统体系结构、水环境监测无线传感器网络以及多传感器管理等内容。

第 3 章主要介绍水环境地面监测信息 (数据) 融合处理、水环境遥感监测信息处理以及基于遥感和地面监测结合的信息融合处理方法和技术。内容包括水环境多源监测信息融合的主要方法、基于广义回归神经网络的水质空间分布分析、基于黑板结构的信息融合专家系统、水环境遥感与地理信息系统的信息集成等。

第 4 章介绍证据理论的基本原理、基于证据理论的信息融合方法，并讨论其在水环境监测中的应用。在此基础上进一步介绍和讨论模糊证据理论以及神经网络与证据理论结合的信息融合方法和实验结果分析。最后介绍基于多尺度融合的对象级高分辨率遥感影像变化检测方法和实验结果。

第 5 章介绍灌区水情信息源分析及渠系水情态势评估系统。内容包括灌区业务流程和信息流程、灌区水情监测数据的适用性和局限性分析、灌区渠系运行仿真模型的适用性和局限性分析、灌区渠系水情信息不确定性分析、灌区渠系水情信息冗余分析、灌区渠系水情态势评估体系等。

第 6 章介绍传感器数量有限条件下的灌区渠系水情状态估计方法。内容包括灌区渠系水情状态估计问题描述、基于动态调整虚警率的子系统级状态估计方法、基于领域模型和隶属度及最小二乘准则的系统级状态估计方法、灌区渠系水情状态估计流程及模拟试验等。

第 7 章介绍灌区渠系水情态势评估方法。内容包括灌区渠系水情态势评估途径分析、基于灌区渠系水情状态估计的态势评估方法、扩大灌区渠系水情态势评估信息来源的方法及模拟试验等。

第 8 章主要介绍灌区渠系水情态势评估技术应用。内容包括基于状态估计并考虑降雨影响的灌区运行决策方法、基于态势预测的闸门调节技术、基于态势预测的灌区渠系水情监测数据错误判别技术等。

本书第 1～2 章由王鑫、樊棠怀编写；第 3～4 章由徐立中、于洪珍、杨殿亮编写；第 5～8 章由王鑫、杨殿亮编写；全书由王鑫、徐立中统稿。

本书是在作者及其研究团队近年来科研工作的基础上完成的。先后得到了国家科技支撑计划项目 (编号：2015BAB07B01)、国家自然科学基金 (编号：61603124、61601229、61374019、61271386)、教育部中央高校基本科研业务费 (2015B19014) 的资助。

在研究和写作过程中，课题组赵丽华博士、王超博士等提供了本书的部分素材，在此向他们表示衷心的感谢。

向所有的参考文献作者及为本书出版付出辛勤劳动的同志表示感谢！同时，特别感谢河海大学王慧斌教授在本书编写过程中给予的帮助。

限于作者的水平，本书难免有缺点和不完善之处，恳请广大专家同行批评指正。

王　鑫

2017 年 3 月 29 日

于河海大学

目　　录

第1章 绪 论

多源信息融合技术作为一种信息综合处理技术，实际上是许多传统学科和新技术的集成和应用。信息融合是基于一定的融合结构，对多源信息进行阶梯状、多层次的处理过程，信息融合的基本功能是相关、识别和评估，重点是识别和评估。本章主要介绍信息融合的处理过程、信息融合的模型、主要的信息融合方法以及信息融合有效性评估等内容。

本章较系统地介绍信息融合的处理过程、信息融合的功能和结构模型及信息融合方法。在对常用的信息融合算法，如加权平均法、卡尔曼滤波法、概率论、推理网络和智能算法等进行介绍的基础上，研究分析多传感器信息融合效能的评估指标和评估方法。

1.1 多源信息融合

1.1.1 多源信息融合的概念

多源信息融合 (multi-source information fusion) 技术源自于多传感器数据融合技术，是通过多 (个、类) 传感器数据的综合 (集成和融合) 获得比单一传感器更准确的信息。这里所指的传感器是广义的，它是指与环境匹配的获取各种信息的系统，可以是雷达、导航、遥感遥测、通信等系统。采用多传感器系统必将导致不同种类信息以及不确定信息的增加，这就要求对各种传感器所获得的信息实现智能化综合处理，因此可将信息融合理解为与多传感器系统相匹配的横向综合处理技术。

信息融合技术的理论基础是信息论、检测与估计理论、统计信号处理、模糊数学、认知工程、系统工程等。

虽然在 20 世纪 70 年代信息融合的概念就被提出，但信息融合技术的全面研究大致始于 20 世纪 80 年代。20 世纪 80 年代中期，信息融合技术首先在军事领域研究中取得相当大的进展。美国国防部早在 70 年代就资助有关声呐信号理解及融合的研究。1988 年，美国国防部将信息融合技术列为 90 年代重点开发的 20 项关键技术之一，并取得了一些研究成果，开发了 C4I 系统及 IW 系统。除美国外，其他西方国家也普遍重视信息融合技术的研究。英国陆军开发了炮兵智能信息融合系统 (AIDD)、机动和控制系统 (WAVELL) 等，并于 1982 年提出研制 "海军知识库作战指挥系统"；1987 年又与联邦德国等欧洲五国制定了联合开展 "具有决策控制的多传感器信号与知识综合系统 (SKIDS)" 的研究计划。此外，法、德等北约国家在这方面的研究工作也十分活跃，如汤姆逊公司已将信息融合技术应用于 MARTHA 防空指挥控制系统中，德国已在 "豹 2" 坦克的改进计划中采用信息融合、人工智能等关键技术。

近年来，随着计算机技术和网络通信技术的飞速发展，以及二者之间日趋紧密的关联，信息融合技术取得惊人的发展。迄今为止，信息融合技术已在机器人和智能仪器系统、图像分析与监控、战场任务与无人驾驶飞机等方面得到成功应用，此外，在医学诊断、气象预报、地球科学、农业和经济等领域也获得了应用[1−9]。

1.1.2　多源信息融合的工作原理

信息融合的基本目的是通过多 (个、类) 传感器数据的综合处理获得比单一传感器更多的信息。一般可以理解为对来自多传感器的原始信息加以智能化综合，从而导出新的有意义的信息，这种信息的价值比单一传感器所获得的信息要高得多，它有利于判决和决策[10−16]。

在多传感器信息融合中，由于多传感器同时工作，即使个别传感器受到干扰而失效或失去对目标的覆盖，系统仍能得到足够的目标信息，使系统的可靠性增强，信息的置信度提高。此外，它还有如下优点：时空覆盖区域扩大；减少了测量数据的模糊；改进了系统的检测性能；提高了空域分辨率；增加了测量维数 (除空间和时间坐标外，还有目标运动频谱、目标电磁特征等)。

信息融合可以在各传感器获得的信息预处理前、预处理后或传感器处理部件完成决策后进行。按照送入融合中心前数据所经过的处理，信息融合可分为数据级、特征级和决策级。以下就按融合层次和内容的划分方法，介绍数据级融合、特征级融合和决策级融合的含义和优缺点。

1) 低级或数据级融合

数据级融合是指各个传感器送入融合中心的信息为原始信息，融合中心将对这些未经或经过很少处理的信息进行融合，该层次的融合是最低能的融合。数据级融合在融合过程中要求各参与融合的传感器信息间具有精确到一个像素的配准精度，融合可在像素或分辨单元上进行，这些像素可以包括一维时间序列数据、焦平面数据等。

原始数据级的融合是在采集到的传感器的原始信息层次上 (未经处理或只做很小的处理) 进行融合，在各种传感器的原始测报信息未经预处理时就进行信息的综合和分析。由于原始数据级融合带有浓厚的图像处理色彩，有时也称其为像素级融合。

数据级的优点是保持了尽可能多的有用信息和能够提供其他融合层次不能提

供的细微信息。数据级的缺点是处理的信息量大，所需时间长，实时性差；信息的稳定性差，不确定和不完全情况严重；数据通信量大，抗干扰能力较差。

2) 中级或特征级融合

特征级融合是指在各个传感器提供的原始信息中，首先提取一组特征信息，形成特征矢量，并在对目标进行分类或其他处理前对各组信息进行融合，有时称为"中级融合"。特征级融合属于中间层次，兼顾了数据级和决策级融合的优点。它利用从传感器的原始信息中提取的特征信息进行综合分析和处理。一般说来，提取的特征信息应是像素信息的充分表示量或充分统计量，然后按特征信息对传感器数据进行分类、聚集和综合。

它是在信息的中间层次进行融合，是对预处理和特征提取后获得的景物信息进行综合与处理。特征级融合可划分为两大类：一类是目标状态信息融合；另一类是目标特性融合。

目标状态信息融合主要应用于多传感器目标跟踪领域，目标跟踪领域的大量方法都可以修改移植为多传感器目标跟踪方法。传感器输出的参量数据可以是角度 (方位角或仰角)、距离等，也可以是被观测平台的参数矢量、立体像或真实状态矢量 (三维位置和速度的估计)。融合系统首先对传感器数据进行预处理以完成数据配准，即通过坐标变换和单位换算，把各传感器的输入数据变换成统一的数据表达形式 (即具有相同的数据结构)。在数据配准后，融合处理主要实现参数关联和状态矢量估计。

目标特性融合就是特征层联合识别，它实质上是模式识别问题。多传感器系统为识别提供了比单传感器更多的有关目标的特征信息，增大了特征空间维数。具体的融合方法仍是模式识别的相应技术，只是在融合前必须先对特征进行关联处理，把特征矢量分类成有意义的组合。

对目标进行的融合识别，就是基于关联后的联合特征矢量。具体实现技术包括参量模板法、特征压缩和聚类算法、K 阶最近邻、人工神经网络、模糊积分等。除此之外，基于知识的推理技术也常被应用于特征融合识别。

由上所述，特征层融合无论在理论上还是应用上都逐渐趋于成熟，形成了一套针对问题的具体解决方法。在融合的三个层次中，特征层上的融合可以说是发展最完善的，而且由于在特征层已建立了一整套行之有效的特征关联技术，可以保证融合信息的一致性，所以特征层融合有着良好的应用与发展前景。但由于跟踪和模式识别本身所存在的困难，也相应牵制着研究和应用的进一步深入。

特征级融合的优点在于实现了可观的信息压缩，有利于实时处理，并且由于所提取的特征直接与决策分析相关，融合结果能最大限度地给出决策分析所需的特征信息。

3) 高级或决策级融合

在融合之前，各传感器相应的处理部件已经独立地完成了决策或分类任务，然后对各自传感器的决策结果进行融合，以得到最优决策。这是在最高级进行信息融合。该层次进行的融合具有好的容错性，在一种或几种传感器失效时也能工作，通信量小，抗干扰能力强，实时性强。

决策层融合已有很多成功的应用实例，像战术飞行器平台上用于威胁识别的报警系统 (TWS)、多传感器目标检测、工业过程故障监测、机器人视觉信息处理等。

决策级融合输出是一个联合决策结果，在理论上这个联合决策应比任何单一传感器决策更精确或更明确。决策级融合所采用的主要方法有贝叶斯推断、D-S证据理论、模糊集理论、专家系统方法等。

决策级融合在信息处理方面具有很高的灵活性，系统对信息传输带宽要求较低，能有效地融合反映环境或目标各个侧面的不同类型的信息，而且可以处理非同步信息，因此目前有关信息融合的大量研究成果都是在决策层上取得的，并且构成了信息融合研究的一个热点。但由于环境和目标的时变动态特性、先验知识获取的困难、知识库的巨量特性、面向对象的系统设计要求等，决策层融合理论与技术的发展仍受到阻碍。

1.2   多源信息融合处理过程

1.2.1   多源信息融合处理框架

信息融合的处理是面向具体应用的。针对一个具体的融合任务，其信息融合处理框架一般如图 1-1 所示。

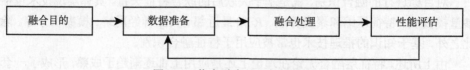

图 1-1   信息融合处理的框架图

融合目的表明了融合所要实现的具体功能，如识别对象的状态、对目标进行跟踪等。对融合目的进行准确表述非常重要，包括对需求、可使用资源、允许使用环境等的定量表述。

数据准备是将相关信息资源进行汇集和关联，包括传感器管理的方法、数据和信息关联的方法、单源与多源数据以及信息特性分析与表述方法等。

融合处理是信息融合的核心，在这一环节，依据融合目的采用什么样的融合处理结构和融合算法非常重要。例如，集中式处理或分布式处理结构、串行式处理或并行式处理结构等。与此同时，还要确定选择出合适的融合算法。

性能评估是对融合结果的评价，主要涉及性能评估模型与准则、学习训练与试验方法等方面的内容。融合评估贯穿于整个信息融合处理的各个过程。

在实际应用中，由于与具体的融合目标以及可以使用的资源与环境密切相关，融合技术方案可能是多种多样的，这就必须要认真选择出一个最佳的方案，令融合的结果使系统在真正意义上实现性能的提高。

1.2.2 典型的融合处理过程

典型的信息融合系统由传感子系统和融合处理子系统两个部分组成。前者由传感器和其他信息源构成；后者由数据配准、数据关联、融合决策和与之相关的先验模型构成。系统的输出为融合结果。融合结果一方面会提供给高层决策应用，另一方面也会作为一种反馈信息，使融合系统可以据此实施传感器管理及模型更新。图 1-2 是典型的信息融合处理过程方框图，现在分别简要介绍图中各个主要部分。

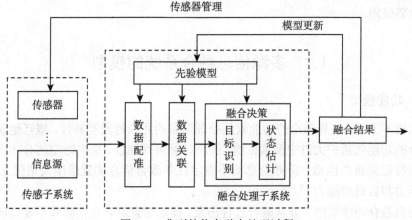

图 1-2　典型的信息融合处理过程

传感子系统汇集与融合目的相关的多传感器数据和多源信息，这些数据和信息可能来自同一平台或多个平台。存在的难点问题是：数据源具有不同的数据类型和传感机理，数据源之间不能保持同步，所感知的目标、事件或者态势可能存在变化等。

数据配准是将传感器数据统一到同一参考时间和空间中，即以一致格式表示所有输入数据的处理过程，可以有先验模型支持。每个传感器得到的信息都是某个环境特征在该传感器空间中的描述。由于传感器物理特性以及空间位置上的差异，处于不同描述空间的信息很难进行融合处理。必须在融合前将这些信息映射到一个共同的参考描述空间中，然后进行融合处理，最后得到环境特征在该空间上的一致描述。

数据关联是使用某种度量尺度将来自不同传感器的航迹与量测数据进行比较，以确定要进行相关处理的候选配对。它实际上是将一个输入数据 (特征) 集与另外一个数据 (特征) 集相关联的处理过程，可以有先验模型支持。数据关联的重要前提是从每个传感器得到的信息必须是对同一目标的同一时刻的描述。

融合决策主要包括目标识别、状态估计等内容。这些处理过程依赖于先验模型的支持。通过对目标的状态变量与估计误差方差阵进行更新，可以实现对目标位置的预测，确定目标的类型，预测目标的进一步行动。

融合决策结果除提供输出外，还要反馈给融合处理子系统和传感子系统。反馈给融合处理子系统的作用是调整相关的先验模型，不断检查和更新用于产生数据配准与关联处理的假设模型的有效性，可靠的反馈将修补融合处理具体算法的最终决策。反馈给传感子系统是为了控制传感子系统的工作，指导传感子系统提供确保决策任务需求的时空与属性信息，以及具体单个目标或者事件的有效实时信息。这是协调控制的基本任务，通过融合决策输出来实施反馈控制是实现可靠融合决策的重要保障。

1.3　多源信息融合系统的模型

1.3.1　功能模型

从根本上说，信息融合的功能就是处理信息的冗余性及互补性。概括地说，信息融合的功能包括扩大时空搜索范围、提高目标可探测性、提高时空的分辨率、增加目标特征矢量的维数、降低信息的不确定性和改善信息的置信度及增强系统的容错能力和自适应能力[17−26]。

信息融合功能模型主要从融合过程出发，描述信息融合包括哪些主要功能、数据库，以及进行信息融合时系统各组成部分之间的相互作用过程。

近年来人们提出和应用的模型有很多种，虽然各种模型的目的都是为了在信息融合中进行多级处理，但每种信息融合模型都各有特点。以下对信息融合的典型模型及其优缺点进行分析与比较。

1) 情报环

UK 情报环把信息处理作为一个环状结构来描述，它包括 4 个阶段。

(1) 采集，包括传感器和人工信息源等的初始情报数据。

(2) 整理，关联并集合相关的情报报告，在此阶段会进行一些数据合并和压缩处理，并将得到的结果进行简单的打包，以便在融合的下一阶段使用。

(3) 评估，在该阶段融合并分析情报数据，同时分析者还直接给情报采集分派任务。

(4) 分发，在此阶段把融合情报发送给用户，以便决策行动，包括下一步的采集工作。

2) JDL 模型

1984 年，美国国防部成立了信息融合联合指挥实验室，该实验室提出了 JDL 模型。JDL 模型从信息融合的过程出发来说明信息融合包含的主要功能。JDL 模型把信息融合分为 4 级：第 1 级为数据校正、数据关联和属性融合；第 2 级为态势评估，根据第 1 级处理提供的信息构建态势图；第 3 级为威胁评估，根据可能采取的行动来解释第 2 级处理的结果，并分析采取各种行动的优缺点；过程优化实际是一个反复过程，可以称为第 4 级，它在整个融合过程中监控系统性能，识别增加潜在的信息源，以及传感器的最优部署。图 1-3 为 JDL 模型，可以看出，经过态势评估和威胁评估后，一些输出结果将输送到动态数据库中，可以将动态数据库看作一个不断优化的过程，它通过数据管理系统不断地对数据库进行管理，完成数据的更新、删除等。

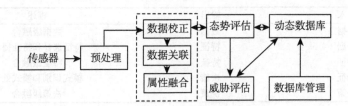

图 1-3　JDL 信息融合处理模型

3) Boyd 控制环

Boyd 控制环又称 OODA 环，它首先应用于军事指挥处理，现在已经大量应用于信息融合。Boyd 控制回路使得问题的反馈迭代特性显得十分明显，Boyd 控制环包括 4 个处理阶段。

(1) 观测，在此阶段需要获取目标信息，相当于 JDL 模型的第 1 级和情报环的采集阶段。

(2) 定向，在此阶段需要确定大方向和认清态势，相当于 JDL 模型的第 2 级和第 3 级，同时在这个阶段需要完成情报环的采集和整理阶段。

(3) 决策，在此阶段需要制定反应计划，相当于 JDL 模型的第 4 级过程优化和情报环的分发行为，此阶段的任务还有后勤管理和计划编制等。

(4) 执行，在此阶段需要执行计划，和情报环与 JDL 模型相比较，执行是 Boyd 控制环固有的，只有 Boyd 控制环通过执行环节考虑了应用中的决策效能问题。Boyd 控制环的优点是它使各个阶段构成了一个闭环，表明了信息融合的循环性。同时，随着融合阶段不断递进，传递到下一级融合阶段的数据量不断减少。

但是 Boyd 控制环模型的不足之处在于决策和执行阶段欠缺对 Boyd 控制环的其他阶段的影响能力，并且各个阶段是顺序执行的。

4) 瀑布模型

瀑布模型由 Bedworth 等于 1994 年提出，广泛应用于英国国防信息融合系统，并得到了英国政府科技远期规划信息融合工作组的认可。瀑布模型融合过程为信号获取、信号处理、特征提取、模式处理、态势评估和决策制定。模型重点强调了较低级别的处理功能，在瀑布模型中传感和信号处理、特征提取和模式处理环节相对应于 JDL 模型的第 1 级，而态势评估和决策制定分别对应于 JDL 模型的第 2，3，4 级。尽管瀑布模型的融合过程划得比较详细，但是瀑布模型的主要缺点是它没有明确的反馈过程[17]。

5) Dasarathy 模型

Dasarathy 模型根据信息融合的任务或功能加以构建，因此可以有效地描述各级融合行为，包含五个融合级别，Dasarathy 模型的融合级别具体如下表 1-1 所示。

表 1-1   Dasarathy 模型的 5 个融合级别

输入	输出	描述
数据	数据	数据级融合
数据	特征	特征选择和特征提取
特征	特征	特征级融合
特征	决策	模式识别和模式处理
决策	决策	决策级融合

6) 混合模型

从图 1-4 可以看出，混合模型是情报环、Boyd 控制回路、JDL 和 Dasarathy 模型的混合体。该模型综合了情报环的循环特性和 Boyd 控制回路的反馈迭代特性，而且将瀑布模型中的定义应用在混合模型中，每个定义又都与 JDL 和 Dasarathy 模型的每个级别相联系。在混合模型中可以很清楚地看到反馈。该模型保留了 Boyd

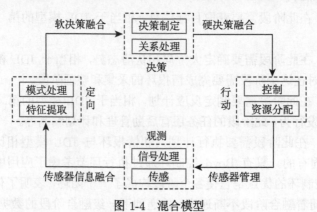

图 1-4   混合模型

控制回路结构，从而明确了信息融合处理中的循环特性，模型中 4 个主要处理任务的描述取得了较好的重现精度。另外，在模型中也较为容易地查找融合行为的发生位置，形成了以上模型所没有的环中环结构。

1.3.2　结构模型

信息融合结构非常重要，它是融合进程实施的基础。信息融合结构设计要考虑多种因素，如特定的应用场合、可以利用的信息处理资源等。

根据不同的应用场合要选用与其相适应的融合结构。如对于目标识别问题，由于各传感器都可以依据各自的算法独自响应所获得的目标信息以完成识别，所以采用传感器级融合结构较适宜；对于目标跟踪问题，只有将未处理过的多个传感器数据集中合并后再去识别一条新的航迹或与一条已经存在的航迹相关联，才会得到更加可靠的航迹估计值，所以采用中央级融合结构更合适。

根据信息处理资源，如果每个传感器都具备充足的处理资源，则每个传感器可以用来对数据进行预处理。在这种情况下，由每个传感器获得的检测和分类与决策信息被送到一个融合处理器以得到最终的分类结构；如果各传感器分布在一个相对较大的区域，但是具备高的数据传输率和宽带通信媒介，那么系统就有能力传输未作处理的原始数据到融合中心，这样，我们可以实现一个更加集中的数据处理与融合算法。以下给出几种信息融合结构的分类方式。

1. 信息流关系划分下的信息融合结构

根据传感器和融合中心的信息流关系划分，信息融合结构可分为串联型、并联型、混合型和网络型。

串联型多传感器信息融合 (图 1-5) 是指传感器将其观测量或预处理后的特征或判断结果送到下一传感器，该传感器将以上信息和自身的观测、处理结果进行综合后输出。各传感器以这种方式串联起来，最后一个传感器得出所有传感器信息融合的最终结论或决策。对于串联结构而言，它对线路的故障非常敏感。然而，它的传输性能及融合效果很好。这是因为串联结构的传感器融合的顺序是固定好的，中间一个传感器发生了故障，没有信息传来，整个融合都将停止。若有一个传感器出现故障，就会导致整条线路出现故障。但其将检测信息传递到融合分站时，由于其是一级一级向上传输，而不需要接受其他不同类型传感器的信息，所以其传感器的传输速度较快。串联结构方式不需要在融合之前接收来自所有传感器的信息。因此，这种方案比并联融合方案要快。

在并联型的信息融合中 (图 1-6)，所有传感器将自身观测或预处理后的结果传输给融合中心，由该中心对全部传感器数据进行处理，得出对环境的判断和最终的结论。并联型比较适合解决时空多传感器信息融合问题，而且系统扩展性较好，即

使增加或减少传感器的数目也不会对融合中心产生太大的影响；其缺点是当输入
信息量很大时，要求融合中心的处理速度很快。在并联结构中，检测同一对象的传
感器可以是同一类别的，也可以是不同类别的，只有在检测到来自所有传感器的信
息后才能对信息进行融合。一般来讲，并联结构的检测时间长，若在并联结构中接
收到一个传感器的信息就进行一次融合，而不管是哪个传感器，在这种条件下并联
结构的融合速度也很快。

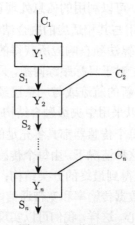

图 1-5　串联模型图

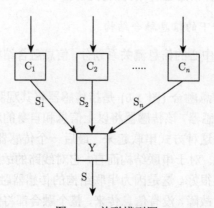

图 1-6　并联模型图

　　混合型多传感器信息融合是串联和并联两种形式的结合。既可先串后并，也可
先并后串，其输入信息与并联型一样，存在着多种多样的形式，其运算同样可由并
联型和串联型的综合得到。
　　网络型多传感器信息融合结构比较复杂，不同于上述三种类型。它是将每个子
信息中心作为网络中的一个节点，此节点的输入既有其他节点的输出信息，又可能
有传感器的信息流。最终输出可以是一个信息融合中心的输出，也可以是几个信息

融合中心的输出,最后的结论是这些输出的每种组合形式。

2. 开/闭环型信息融合结构

开/闭环型信息融合结构分为开环型和闭环型结构。开环型信息融合是指不控制传感器的工作,也不控制融合中心的融合,这些过程同时还不受最终结论或中间结论的控制和影响。

闭环型信息融合中心的处理方式及融合规则等要受到信息融合中心最终结论或中间结论的控制和影响,并对信息处理有一个反馈控制过程。

3. 集中/分散/混合式信息融合结构

根据传感器分辨率及对数据的处理能力可以将融合结构划分为集中式、分散式和混合式结构。

集中式结构是将各传感器获取的原始数据传到中心融合处理器执行数据对准、数据互联、航迹相关、跟踪和目标分类等。集中式结构简单、精度高,但它只有当接收到来自所有传感器的信息后,才对信息进行融合。这种结构的弱点是通信负担重,融合速度慢,并且在集中式结构中,各传感器信息的流向是自低层向融合中心单方向流动,各传感器之间缺乏必要的联系。

分散式结构是每个传感器节点都具有它自己的处理单元和通信设备,不必知道该网络中有什么样的传感器节点,也不必知道它们提供什么样的信息,在任何相连的传感器节点间都可以进行通信。可以独立地同化其他节点传递来的信息。由于分散式结构中每个节点都有自己的处理单元,不必维护较大的集中数据库,都可以对系统作出自己的决策,因此,融合速度快,通信负担轻。另外,每个传感器都要求作出全局估计,不会因为某个传感器的失效而影响整个系统正常工作。所以,它具有较高的可靠性和容错性,但融合精度不如集中式好。

混合式结构是将分散式和集中式结构相结合,使融合数据互为补充。混合式结构的不足之处是加大了数据处理的复杂程度,并且需要提高数据的传输速率。

4. 多级式信息融合结构

根据融合的规模可将信息融合系统划分为单平台多传感器信息融合系统和多平台多传感器信息融合系统。多平台信息融合采取的策略是首先通过对单平台同类传感器信息进行综合,再对不同类型的传感器信息进行综合,最后完成多平台信息融合。因此,常常采用多级式信息融合结构。

在多级式结构中,信息从低层到高层逐层参与处理,高层节点接收低层节点的融合结果,在有反馈时,高层信息也参与低层节点的融合处理;至于有无反馈结构应根据性能评估和设计权衡两方面及具体系统的指标要求而定。

在多级式结构中，各级局部节点可以同时或分别是集中式、分散式或混合式的融合中心，它们将接收和处理来自多个传感器的数据或来自多个跟踪器的航迹，而系统的融合节点要再次对各局部融合节点传送来的航迹数据进行关联和融合，也就是说目标的检测报告要经过两级以上的位置融合处理，因而把它称作"多级式系统"。

另外，近年来基于知识的模型结构和基于多智能体的模型结构也引起了许多学者的注意和研究，对于这些新结构的研究本书在后续章节中会围绕具体应用来介绍我们所开展的研究及成果。

1.4　多源信息融合方法

1.4.1　多源信息融合方法分类

信息融合方法可以分为以下几种：基于物理模型的方法、基于参数模型的方法和基于认识识别模型的方法。基于物理模型的方法包括卡尔曼滤波、最大似然函数和最小二乘法；基于参数模型的方法包括统计论方法和信息论方法；基于认识识别模型的方法包括逻辑推理、专家系统和模糊推理方法。也有文献将信息融合方法归纳为四大类：基于模型的信息融合算法、基于统计理论的信息融合算法、基于知识的人工智能方法和基于信息理论的融合算法。

1. 基于模型的信息融合算法

它主要以估计理论为基础，首先需要建立融合对象的状态空间模型，然后利用各类估计理论的方法进行估计，以完成信息融合的任务。从属于这类方法的有：加权最小二乘法、极大似然方法、维纳滤波、卡尔曼滤波及利用小波变换进行滤波的方法等。

2. 基于统计理论的信息融合算法

这类方法以统计理论为基础，通过反复迭代运算来实现融合。其代表方法是贝叶斯推理方法、Dempster-Shafer 推理方法和马尔可夫方法。

3. 基于知识的人工智能方法

该方法主要以产生式规则为理论基础，产生式规则可用符号形式表示物体特征和相应的传感器信息之间的关系。当涉及同一对象的两条或多条规则在逻辑推理过程中被合成为同一规则时，就完成了信息融合。这类融合的代表是黑板系统。

4. 基于信息理论的融合算法

此类方法以信息理论为基础，通过对信息的高智能化处理，来达到融合目的。

这类算法的代表有：聚类分析方法、自适应神经网络方法和模糊逻辑法等。

也有文献将信息融合方法归结为两大类：概率统计方法和人工智能方法。其中概率统计方法包括卡尔曼滤波、估计理论、假设检验、贝叶斯方法和统计决策理论等。人工智能方法又可以分为两类即逻辑推理方法和学习方法，其中逻辑推理方法主要针对不确定性推理，包括概率推理、证据推理、模糊推理和产生式规则等；学习方法则包括神经网络、免疫算法、强化学习等。

1.4.2　常用的多源信息融合方法

不论信息融合方法如何分类，其具体的方法大致可以包括以下几种：加权平均法、卡尔曼滤波法、概率论、推理网络、模糊理论、神经网络和粗 (糙) 集理论及智能方法等。以下详细介绍这几类常用的算法。

1. 加权平均法

加权平均法是一种最简单、最直观的数据层融合方法，即将多个传感器提供的冗余信息进行加权，平均后作为融合值。这种方法的特点是能实时处理动态的原始传感器读数，但调整和设定权系数的工作量很大，并带有一定的主观性。

2. 卡尔曼滤波法

卡尔曼滤波法常用于实时融合动态的低层冗余传感器数据，其用模型的统计特性递推决定统计意义下最优的融合数据估计。它的特点是：卡尔曼滤波的递归本质保证了在滤波过程中不需要大量存储空间，可以实时处理。它适用于数值稳定的线性系统，若不符合此条件则采用扩展卡尔曼滤波器。这种方法根据早先估计和最新观测，递推地提供对观测特性的估计。

扩展卡尔曼滤波 (EKF)。对非线性滤波问题常用的处理方法是利用线性化技巧将其转化为线性滤波问题，套用线性滤波理论得到求解原非线性滤波问题的次优滤波算法，其中最常用的线性化方法是对非线性模型在状态变量均值的邻域内进行泰勒级数展开，所得到的滤波方法称为扩展卡尔曼滤波。这种方法根据早先估计和最新观测，递推地提供对观测特性的估计。

3. 概率论方法

概率论是最早应用在融合技术中的一种方法，这种方法通过在一个公共空间根据概率或似然函数对输入数据建模，在一定的先验概率情况下，根据贝叶斯规则合并这些概率以获得每个输出假设的概率，从而处理不确定性问题。贝叶斯方法的主要难点在于对概率分布的描述，特别是当数据由低档传感器给出时，就显得更为困难。另外，在进行计算的时候，常简单地假定信息源是独立的，这个假设在大多数情况下非常受限制。卡尔曼滤波方法可以看做是概率论方法的推广。

4. 推理网络方法

贝叶斯推理用于信息融合时，假设被观测对象的向量为 H，其先验概率为 $P(H)$，X_i 表示系统中某一传感器对观测对象的观测值，该传感器相应的条件概率分布为 $P(x_i|H)$，后验概率为 $P(H|X)$，其中 $X = (x_1, x_2, x_3, \cdots, x_n)$，$n$ 为传感器的个数，观测值为 X 的情况下对 H 的相信度 $P(H|X)$ 为

$$P(H|X) = \frac{P(H)P(X|H)}{P(X)}$$

式中，$P(X)$ 为无条件概率分布：$P(X) = \sum P(X|H)P(H)$，再利用某一决策规则如最大后验概率规则等，来选择对观测对象的最佳假设估计。

推理网络主要是指贝叶斯规则。该类方法的源头可以追溯到 1913 年由一位名叫 John H. Wigmore 的美国学者所做的研究工作。近年来，许多对于分析复杂推理网络的理论由于是基于贝叶斯规则的推论，所以也被归类于贝叶斯网络。

目前，大多数贝叶斯网络的研究包括了对概率有效传播的算法拓展，同时概率在整个网络中也充当了新证据的角色。贝叶斯网络在许多智能任务里都已作为对不确定推理的标准化有效方法。贝叶斯网络的优点是简洁、易于处理相关事件；缺点是不能区分不知道和不确定事件，并且要求处理的对象具有相关性。在实际运用中一般不知道先验概率，当假定的先验概率与实际相矛盾时，推理结果很差，特别是在处理多假设和多条件问题时显得相当复杂。

5. 模糊理论方法

模糊集理论是基于分类的局部理论，其从产生起就有许多模糊分类技术得以发展。隶属函数可以表达词语的意思，这在数字表达和符号表达之间建立了一个便利的交互接口，在信息融合的应用中主要是通过与特征相连的规则对专家知识进行建模。另外，可以采用模糊理论来对数字化信息进行严格地、折中或是宽松地建模。模糊理论的另一个方面是可以处理非精确描述问题，还能够自适应地归并信息。对估计过程的模糊拓展可以解决信息或决策冲突问题，应用于传感器融合、专家意见综合以及数据库融合，特别是在信息很少、又只是定性信息的情况下效果较好。模糊逻辑推理将多传感器信息融合过程中的不确定性直接表示在推理过程中，是一种不确定推理过程。此方法首先对多传感器的输出模糊化，将所测得的物理量（如距离等）进行分级，用相应的模糊子集表示，并确定这些模糊子集的隶属函数，每个传感器的输出值对应一个隶属函数；然后通过一种融合算法将这些隶属函数进行综合处理；最后将结果清晰化，求出非模糊的融合值。

6. 神经网络方法

人工神经网络 (artificial neural network，ANN)，简称为神经网络，是用来模拟

人脑结构及智能特点的一个研究领域，它的一个重要的特点是通过网络学习达到其输出与期望输出相符的结果，具有很强的自学习、自适应能力。因此，广泛用于人工智能、自动控制、机器人、统计学等领域的信息处理中。

人工神经网络用于多源信息融合首先要选取合适的网络模型，如 BP 模型、ART 模型、Hopfield 模型、RBF 模型等，然后再根据多源信息的特点采取合适的学习方法，确定连接权值和连接结构，最后将得到的网络用于多源信息融合。

神经网络由大量互联的处理单元连接而成，它是基于现代神经生物学和认知科学应用在信息处理领域的研究成果，神经网络应用于信息融合的历史并不长。它具有大规模并行模拟处理、连续时间动力学和网络全局作用等特点，具有很强的容错性以及自学习、自组织、自适应能力和强大的非线性处理能力，可以用于多源信息的融合，从而可以替代复杂耗时的传统算法，使信号处理过程更接近人类的思维活动。利用神经网络的高速并行运算能力，可以实时实现最优信号处理算法。利用神经网络分布式信息存储和并行处理的特点，可以避开模式识别方法中建模和特征提取的过程，从而消除由于模型不符和特征选择不当带来的影响，并实现实时识别，提高识别系统的性能。

神经网络方法大致可分为 3 个步骤：

(1) 根据数据系统要求和融合方式来选择神经网络的拓扑结构。

(2) 将各传感器的输入信息作为一个整体输入函数，并将此函数映射定义为相关单元的映射函数，它通过神经网络与环境的交互作用将环境的统计规律反映到网络本身的结构。

(3) 对传感器的输出信息进行学习、理解，并确定权值的分配，完成知识获取和信息融合，进而对输入模式做出解释，将输入数据向量转化成高层逻辑 (符号) 概念。

7. 粗 (糙) 集理论方法

粗 (糙) 集 (rough set) 理论是研究不精确、不确定性知识的表达、学习、归纳等的方法，由波兰科学家 Zdzislaw Pawlak 在 20 世纪 80 年代提出。其主要思想是模拟人类的抽象逻辑思维，以各种更接近人们对事物的描述方式的定性、定量或者混合信息为输入，其输入空间与输出空间的映射关系是通过简单的决策表简化得到的，它通过考察知识表达中不同属性的重要性，从中发现、推理知识和分辨系统的某些特点、过程、对象等。

粗糙集理论超越了传统知识处理和模糊逻辑的约束和限制，以基于集合的整体直接逼近的方式，去完成非确定、不完全信息条件下的知识推理，属于自适应知识工程和新一代信息技术的交叉学科范畴。

粗糙集的基本概念是建立在集合结构和语义基础上的，主要有粗糙集、上逼近集合、下逼近集合、边界区域。

定义 1.1　上逼近集合：包含与目标集合有关特征的最小意义下的集合被定义为上逼近集合。

定义 1.2　下逼近集合：包含与目标集合有关特征的最大意义下的集合被定义为下逼近集合。

这里的集合范围是以概率推断为定量依据而定义的，上逼近是与 Dempster-Shafer 理论中的似然函数相等价的，下逼近是与 Dempster-Shafer 理论中的证据函数相等价的。

从语义角度来看，上逼近的范围比目标集合的定义范围要大，而下逼近的范围又比目标集合的定义范围要小，在此空间中的集合族均属粗糙集。显然，上、下逼近集合分别是该空间中的两个极限情形，要获取对目标集合的识别或最优估计就必须在该问题求解子空间中进行。

定义 1.3　边界区域：上逼近集合中不属于下逼近集合的元素所构成的部分属于边界区域。

由此可知，在粗糙逻辑推理中，不必设计隶属度函数。

8. 其他方法

除了以上介绍的几种方法外，其他可以用于信息融合的方法还有智能算法、小波法和马尔可夫方法等。

1) 智能算法

遗传算法、免疫算法、蚁群算法等这些来自生物界的智能算法在信息融合中也得到了一定的应用，如将遗传算法与神经网络相结合应用在信号的特征提取上，将免疫算法应用在信号的节点提取之中。

遗传算法(genetic algorithm)。它是近几年发展起来的一种崭新的全局优化算法。它借用了生物遗传学的观点，通过自然选择、遗传、变异等作用机制，实现各个个体的适应性的提高，体现了自然界 "物竞天择、适者生存" 的进化过程。遗传算法主要是通过选择 (selection)、交叉 (crossover) 和变异 (mutation) 等模拟生物基因操作的步骤来进行。在算法的运行过程中，种群逐代优化而趋近于问题的最优解。另外，遗传算法对目标函数的要求也很低，甚至无须知道目标函数的表达式。遗传算法用于信息融合，通常是与模糊理论、神经网络等联合使用。

免疫算法 (immune algorithm)。在现代信息科学和生命科学相互交叉渗透的研究领域，由生物免疫系统启发的人工免疫系统 (artificial immune systems，AIS) 是继脑神经系统 (神经网络) 和遗传系统 (进化计算) 之后的又一个研究热点。近年来，AIS 在国际上引起了越来越多学者的极大兴趣，研究成果已涉及机器人、控制工程、故障诊断、优化设计、数据分析、病毒检测等诸多领域。

免疫 (immunity) 是指生物体对感染具有的抵抗能力。免疫系统由许多执行免疫功能的器官、组织、细胞和分子等组成，其主要作用是能够辨别"自己"与"异己"物质。

免疫系统最基本的特点就是能通过进化学习来实现"自己"与"异己"的识别。免疫系统对侵入机体的非己成分 (如细胞、病毒和各种病原体) 以及发生了突变的自身细胞 (癌细胞) 有精确识别、适度应答和有效排除的能力。

免疫系统表现出来的可用于信息处理等学科研究的主要特点有：① 学习和记忆能力；② 识别能力及多样性；③ 分布式检测。

此外，免疫系统的其他特点如自适应性、特异性、鲁棒性等也是免疫响应的重要特性。

蚁群算法 (ant colony algorithm)。它属于仿生算法，是近年来引入工程计算的一类重要算法。其独特的性能引起了较多研究者的关注，被应用于许多领域，特别在计算机和管理科学中被大量应用。

蚁群算法是 1992 年由意大利学者 Dorigo 最早提出的一种模拟自然界中蚂蚁群体协同工作的仿生算法。蚂蚁群体在寻找食物时，总能找到一条从巢穴到食物源的最短路径，而且能随环境的变化而变化，自组织、自适应地搜索到新的最短路径。主要原因是每只蚂蚁在经过路径时，都会在路径上遗留下一种特殊的信息素 (pheromone)，它会随时间而挥发，其他蚂蚁能识别到这种信息素，并根据路径上的信息素的多少进行路径选择。路径上的信息素越多，此路径被选择的概率就越大。经过一定的时间和多次选择及循环，所有蚂蚁将选择同一条路径，此路径即为最优路径。

2) 小波法

小波由于其多分辨率的特点，可基于小波分解对具有不同焦点的图像进行融合，如小波在图像融合中的应用方法。该方法在保存测试图像的边缘信息方面比其他的图像融合方法更为出色，其主要用于多源影像融合。小波变换是介于函数的空间域表示和频率域表示之间的一种表示方法，基本思想源于经典调和分析的伸缩和平移方法。它在空间域和频率域上同时具有良好的局部化性质，对高频成分采用逐步精细的空间域取样步长，可以"聚焦"到对象的任一细节，具有"数学显微镜"的功能和变焦性、信息保持性和小波基选择的灵活性等优点。融合过程为：先在确定的邻区窗口内，在一定分辨率下，分别对融合的影像数据统计均值和方差，然后确定子带和基带的融合值。

3) 马尔可夫方法

马尔可夫方法是利用马尔可夫 (Markov) 链组合多个传感器的观测值以形成一个一致的输出，并且这个输出是各个观测的线性加权组合。Lobbia 和 Kent[18] 将隐马尔可夫建模技术应用在纵队识别问题中，该方法需要结合组织结构的一般性先验信息，同时根据对单个目标的不完整观测资料来推断出目标的成分和目标的组织结构。

1.5　多源信息融合有效性评估

在各种面向复杂应用背景的多传感器系统中，信息表现形式的多样性，信息容量、信息处理速度以及准确性和可靠性等要求，推进了信息融合技术迅速发展。如何评估一个多传感器信息融合系统的效用是需要深入研究和解决的问题。多传感器系统信息融合有效性等性能的评价必须建立在模型化和定量化的基础上，这样才能确定整个系统的效能。但一段时间以来，人们对以系统设备、费用增加和通信量增大等为代价建立起的融合系统是否有意义，即是否比单一传感器系统能取得对环境或目标更确切的了解存在疑虑，这将限制人们深入、完整地理解信息融合过程以及设计有效合理的融合系统。因此，在系统设计和开发中，衡量和评价多传感器系统信息融合的有效性，显得特别重要。

多传感器系统信息融合的有效性分析主要体现在三个方面。一是信息的互补性，信息融合并非是信息越多越好，只有具有互补性的信息，通过融合处理才能提高系统描述环境的完整性和正确性，降低系统的不确定性；二是信息的冗余性，冗余信息的融合可以减少测量噪声等引起的不确定性，提高系统的精度；三是融合算法的有效性，相同的融合信息，不同的融合的算法，可能带来不同的融合结果，即融合有效性也不同。

Pinz 等在 1996 年提出评价多传感器系统信息融合的有效性概念，认为融合信息选取适当，可以提高融合效果、节约成本。针对不同的融合方法，Pinz 等采取不同的方法对融合信息进行选取，目的是使融合成本效益最优。如采用 D-S 证据理论进行信息融合，融合信息的选取由信息的测度来决定，这种测度是基于信息熵的。Jahromi 等[19] 认为融合系统的有效性及可靠性依赖于输入信息与输出信息的相关性。针对随机过程，Jahromi 等给出了量化这种相关性的方法，实际上这种方法是信息论中互信息的应用。还有学者通过对系统融合过程中信息熵的变化，从定性的角度，同时考虑融合信息的选取以及输入信息与输出信息的相关性，分析了融合系统处理多源信息的有效性。

影响多传感器系统信息融合有效性的因素是多方面的，如融合算法、信息的选取、输入信息与输出信息的相关性、融合结构等。在研究和分析时，不仅要从定性方面对系统的信息融合有效性进行研究和分析，而且还需要在有效性的量化指标方面开展研究，不仅要考虑信息的选取和信息的相关性等因素，更要考虑融合算法等对系统信息融合有效性的影响。

多传感器信息融合系统是一个具有不确定性的复杂系统，信息熵在度量信息的不确定性方面具有明显的优势。以下主要从定性和定量两个方面对多传感器系统信息融合有效性进行分析。

1.5.1 多源信息融合有效性的定性分析与评估

1. 信息熵及平均交互信息量

1) 信息熵

信息熵的定义起源于信息论中的信息度量，由信息论的创始人香农 (Shannon) 首先提出，所以又称为香农熵。香农熵的基本概念来自随机实验 (或随机变量) 的不肯定性。熵是信息量的度量方法，表示某一事件出现的消息越多，事件发生的可能性就越小，数学上就是概率越小。它是采用统计理论对信息进行度量的方法。

为简洁，对于离散的或连续的情况，基本定义式这里均写成连续形式，对于离散情况，积分符号 "$\int$" 要作离散和 "$\sum$" 理解，概率密度相应地改为概率，同时积分域和积分变量微元也作相应地理解和改变。

在信息论中，某个事件的信息量用 $I_i = -\log_2 p_i$ 表示，其中 p_i 为第 i 个事件的概率。为了刻画平均信息量，香农定义了信息熵的概念。

按照香农理论，信源 X 的信息熵定义为

$$H(x) = -\int_R p(x)\log_2 p(x)\,\mathrm{d}x \tag{1-1}$$

式中，$p(x)$ 是信源 X 的概率密度。

2) 平均交互信息量

由于事物是普遍联系的，因此，对于两个随机变量 X 和 Y，它们之间在某种程度上也是相互联系的，即它们之间存在统计依赖 (或依存) 关系。这种关系可以通过平均交互信息量来度量。同时，随机变量 X 和 Y 的平均交互信息量 $I(X,Y)$ 是对 X 和 Y 之间统计依赖程度的信息度量。

设信息源 X、Y 的概率密度分别为 $p(x)$、$p(y)$，则平均交互信息量分别为

$$I(X,Y) = \int_{R^m} \int_{R^n} p(x,y)\log_2 \frac{p(x,y)}{p(x)\,p(y)}\mathrm{d}x\mathrm{d}y \tag{1-2}$$

一般情况下，平均交互信息量满足关系式

$$0 \leqslant I(X,Y) \leqslant \min\left[H(X), H(Y)\right]$$

证明：

由于 $H(X) \geqslant H(X|Y)$，$H(Y) \geqslant H(Y|X)$ [$H(X|Y)$、$H(Y|X)$ 为条件熵]

$$I(X,Y) = H(Y) - H(Y|X) = H(X) - H(X|Y) \tag{$*$}$$

可得

$$I(X,Y) \geqslant 0$$

这说明了解一信息有助于对另一信息的理解。

又由式 (∗) 可知

$$I(X,Y) \leqslant H(X), I(X,Y) \leqslant H(Y)$$

则

$$I(X,Y) \leqslant \min[H(X), H(Y)] \qquad\qquad\text{证毕}$$

2. 信息融合的有效性定理

信息融合的本质是一个分层次地对多源信息进行整合、逐层抽象的信息处理过程。对信息逐层抽象意味着输入空间上信息的不确定性在更高层次的输出空间上受到一定程度的抑制，保证了融合后多传感器系统对所探测对象不确定性的降低。这种不确定性的降低使得系统获得了有关探测环境或目标的更多信息，逐层抽象也就是逐层缩小信息的不确定性，因此信息融合实质上也是一个信息的不确定性处理问题，而描述信息不确定性的一个强有力的工具就是香农信息熵理论。

从信息融合过程可以看出，融合是对多源信息的整合，这样可将融合输入信息和输出信息分为两种不同的信息源，用两种概率空间及在这两种空间上定义的信息熵来描述，由此分析融合过程中两种信息源的信息熵的传递和转换，揭示出融合过程的本质，从理论上说明多源信息融合在缩小系统不确定性方面所获得的好处，进一步加深对信息融合过程的认识，指导系统的设计。

1) 信息融合熵

不失一般性，针对二源信息融合情况，下面定义信息融合熵的概念。

定义 1.4　设多传感器信息融合系统的二源输入信息为 $z_1 \in R^m$、$z_2 \in R^n$，系统输出信息为 $y \in R^r$，且 y 与 z_1、z_2 之间不独立，则系统的信息融合熵：

$$H(Y|Z_1, Z_2) = -\int_{R^r}\int_{R^m}\int_{R^n} p(z_1, z_2)p(y|z_1, z_2)\log_2 p(y|z_1, z_2)\,\mathrm{d}y\mathrm{d}z_1\mathrm{d}z_2 \quad (1\text{-}3)$$

信息融合熵表示系统在多源信息输入条件下，系统输出的平均不确定性程度，也表征融合的不准确程度。在信息融合过程中，信息融合熵是表征信息融合精度的重要物理量。

2) 多源信息融合的有效性定理

由信息融合熵的定义，给出多传感器系统信息融合的有效性定理。

定理 1.1　多传感器系统信息融合的过程就是系统融合输出的不确定性比单一信息或部分组合信息的系统的不确定性得到更大程度地压缩 (或减少) 的过程，

即信息融合的有效性。也就是，设 y 与 z_1、z_2 之间不独立，则多传感器系统的信息融合熵满足：

$$H(Y|Z_1, Z_2) \leqslant H(Y|Z_i), \quad i = 1, 2 \tag{1-4}$$

证明：

$$
\begin{aligned}
&H(Y|Z_1, Z_2) - H(Y|Z_1) \\
=& -\int_{R^r}\int_{R^m}\int_{R^n} p(z_1, z_2) p(y|z_1, z_2) \log_2 p(y|z_1, z_2) \mathrm{d}y\mathrm{d}z_1\mathrm{d}z_2 \\
& +\int_{R^r}\int_{R^m} p(z_1) p(y|z_1) \log_2 p(y|z_1) \mathrm{d}y\mathrm{d}z_1 \\
=& -\int_{R^r}\int_{R^m}\int_{R^n} p(z_1, z_2) p(y|z_1, z_2) \log_2 p(y|z_1, z_2) \mathrm{d}y\mathrm{d}z_1\mathrm{d}z_2 \\
& +\int_{R^r}\int_{R^m} p(z_1, z_2) p(y|z_1, z_2) \log_2 p(y|z_1) \mathrm{d}y\mathrm{d}z_1\mathrm{d}z_2 \\
=& \int_{R^r}\int_{R^m}\int_{R^n} p(y, z_1, z_2) \log_2 \frac{p(y|z_1)}{p(y|z_1, z_2)} \mathrm{d}y\mathrm{d}z_1\mathrm{d}z_2 \\
=& \int_{R^r}\int_{R^m}\int_{R^n} p(y, z_1, z_2) \log_2 \frac{p(z_2) p(y, z_1)}{p(y, z_1, z_2)} \mathrm{d}y\mathrm{d}z_1\mathrm{d}z_2 \\
\leqslant& \log_2 \int_{R^r}\int_{R^m}\int_{R^n} p(y, z_1, z_2) \frac{p(z_2) p(y, z_1)}{p(y, z_1, z_2)} \mathrm{d}y\mathrm{d}z_1\mathrm{d}z_2 \\
=& \log_2 1 = 0 \qquad\qquad\qquad\qquad\qquad\qquad\qquad\qquad\text{证毕}
\end{aligned}
$$

式 (1-4) 取等号的条件是 Z_1、Z_2 分别与 Y 独立。同理可得 $H(Y|Z_1, Z_2) \leqslant H(Y|Z_2)$。事实上是取不到等号的，因为如果 Z_1、Z_2 分别与 Y 独立，则 Z_1、Z_2 与 Y 不相关，融合没有意义。同时，也说明信息的多源性并不是越多越好，只有与输出信息相关的信息 (或者有关同一目标或环境的多源信息) 进行融合，才使融合后的条件熵比单个信息的条件熵更小，即信息融合熵降低，可能减少融合系统的不确定性。相反，多个与输出信息不相关的信息进行融合，不会降低融合系统的不确定性。

在多传感器信息融合系统中，运用了一般性知识和引入了对象的具体知识 (如先验概率、基本信任分配)，这相当于增加了源信息，从而增加了 $Z \times Y$ 的信息量，降低了系统输出的不确定性。然而，若使多传感器信息融合系统降低系统输出的不确定性程度最大，源信息应满足什么条件? 对于该问题，则有如下定理。

定理 1.2 当输入信息 z_1 与 z_2 的相关性最小，即 z_1 与 z_2 相互独立，多传感器信息融合系统对输出不确定性的压缩能力最大。也就是，设 y 与 z_1、z_2 之间不独立，则

$$H_0(Y|Z_1, Z_2) \leqslant H(Y|Z_1, Z_2) \tag{1-5}$$

式中，$H_0(Y|Z_1, Z_2)$ 为 z_1 与 z_2 彼此独立时系统输出的熵值；$H(Y|Z_1, Z_2)$ 为一般条件下，系统输出的熵值。

证明：

$$H_0(Y|Z_1, Z_2) - H(Y|Z_1, Z_2) = \int_{R^r} \int_{R^m} \int_{R^n} p(y, z_1, z_2) \log_2 \frac{p(z_1) p(z_2)}{p(z_1, z_2)} \mathrm{d}y \mathrm{d}z_1 \mathrm{d}z_2$$

由 Jenson 不等式，得

$$H_0(Y|Z_1, Z_2) - H(Y|Z_1, Z_2) \leqslant \log_2 \int_{R^r} \int_{R^m} \int_{R^n} p(y, z_1, z_2) \cdot \frac{p(z_1) p(z_2)}{p(z_1, z_2)} \mathrm{d}y \mathrm{d}z_1 \mathrm{d}z_2$$
$$= \log_2 1 = 0$$

$$H_0(Y|Z_1, Z_2) \leqslant H(Y|Z_1, Z_2) \qquad\qquad 证毕$$

上述两个定理表明，多传感器信息融合系统中，为了最大限度地消除不确定性，应充分利用融合对象的互补信息 (如机器人感知对象中的几何、形状、材质等信息) 及时空信息，以尽量减少信息的相关性。如何控制和选择有关融合对象的多源信息，以使系统获得最优性能，也是信息融合必须研究的问题，即多传感器的协调管理和控制。

1.5.2   基于证据理论的融合有效性分析

信息融合系统的有效性不仅仅体现在信息的多源性和互补性，而且体现在融合算法的有效性。相同的输入信息，不同的融合算法，得到的结果可能不一样，相应地，多传感器信息融合系统的有效性也不一样。下面以 D-S 证据理论为例，讨论融合算法的有效性。

证据理论最初由 Dempster 在 1967 年提出，后经他的学生 Shafer 改进和完善，因此称为 D-S 理论。

在多传感器目标识别中，若某一待识别的目标 E 的所有可能结果集为 $\Theta = \{\theta_1, \theta_2, \cdots, \theta_n\}$，并设各类传感器只识别 Θ 中的某一非空子集 A，不识别 Θ 中其他任何子集。不失一般性，对于两个传感器识别目标 E 的情况，应用 Dempster 合成规则融合这两个传感器的识别，有如下结论。

命题 1.1   若两个传感器关于目标 E 提供同类的识别证据，则该目标的 Dempster 融合识别较各单传感器识别的可信度增强，似真度不变，未知度减少，进而减少了各类传感器识别的不确定性。

证明：

设不同类的传感器 S_1 和 S_2 识别同一目标 E，S_1 识别该目标为 $A_1(A_1 \in P(\Theta))$ 的基本信任分配为

$$m_1(A_1) = s_1, \quad m_1(\Theta) = 1 - s_1$$

由于 S_1 和 S_2 提供同类证据，故 S_2 也识别该目标为 $A_1(A_1 \in P(\Theta))$，且基本信任分配为

$$m_2(A_1) = s_2, \quad m_2(\Theta) = 1 - s_2$$

则 S_1 单独识别 A_1 的可信度、似真度及未知度分别为

$$Bel_1(A_1) = s_1, \quad Pl_1(A_1) = 1, \quad Not_1 = 1 - s_1$$

S_2 单独识别 A_1 的可信度、似真度及未知度分别为

$$Bel_2(A_1) = s_2, \quad Pl_2(A_1) = 1, \quad Not_2 = 1 - s_2$$

因此，Dempster 组合规则融合传感器 S_1 和 S_2 识别的基本信任分配、可信度、似真度及未知度分别为

$$m(A_1) = s_1(1 - s_2) + s_2 = s_2(1 - s_1) + s_1, \quad m(\Theta) = (1 - s_1)(1 - s_2)$$

$$Bel(A_1) = s_2 + s_1(1 - s_2) = s_1 + s_2(1 - s_1), \quad Pl(A_1) = 1$$

$$Not(A_1) = (1 - s_1)(1 - s_2)$$

由此可得

$$Bel(A_1) > Bel_i(A_1), \quad Pl(A_1) = Pl_i(A_1), \quad Not(A_1) < Not_i(A_1)(i = 1, 2)$$

证毕

命题 1.2 若两个传感器关于目标 E 提供不同类的识别证据，传感器 S_1 识别目标 E 为 A_1，传感器 S_2 识别目标 E 为 $A_2[A_1, A_2 \in P(\Theta)]$，$A_1 \cap A_2 \neq \varnothing$，且 A_1 与 A_2 互不包含，则目标的 Dempster 融合识别的可信度、似真度和未知度与各单传感器识别相同，即没有改变传感器识别的不确定性，但有新的目标子集 $A_1 \cap A_2$ 被识别出来。

证明：

类似于命题 1.1，设传感器 S_1 识别目标 E 为 $A_1[A_1 \in P(\Theta)]$ 的基本信任分配，传感器 S_2 识别目标 E 为 A_2 的基本信任分配以及 S_1 和 S_2 单独识别 A_1 的可信度、似真度及未知度均同于命题 1.1 的证明。

Dempster 组合规则融合传感器 S_1 和 S_2 识别的基本信任分配、可信度、似真度及未知度分别为

$$m(A_1A_2) = s_1s_2, \quad m(A_1) = s_1(1 - s_2), \quad m(A_2) = s_2(1 - s_1)$$

$$m(\Theta) = (1 - s_1)(1 - s_2)$$

$$Bel(A_1) = s_1(1 - s_2), \quad Bel(A_2) = s_2(1 - s_1), \quad Bel(A_1A_2) = s_1s_2$$

$$Pl(A_1) = Pl(A_2) = Pl(A_1A_2) = 1, \quad Not(A_1) = 1 - s_1, \quad Not(A_2) = 1 - s_2$$

$$Not\,(A_1 A_2) = 1 - s_1 s_2$$

由此可得

$$Bel\,(A_1) = Bel_1\,(A_1)\,, \quad Bel\,(A_2) = Bel_2\,(A_2)\,, \quad Bel\,(A_1 A_2) = Bel_1\,(A_1)\,Bel_2\,(A_2)$$

$$Pl\,(A_1) = Pl_1\,(A_1)\,, \quad Pl\,(A_2) = Pl_2\,(A_2)\,, \quad Pl\,(A_1 A_2) = 1$$

$$Not\,(A_1) = Not_1\,(A_1)\,, \quad Not\,(A_2) = Not_2\,(A_2)\,, \quad Not\,(A_1 A_2) = 1 - s_1 s_2 \qquad 证毕$$

命题 1.3 若两个传感器关于目标 E 提供不同类的识别证据, 传感器 S_1 识别目标 E 为 A_1, 传感器 S_2 识别目标 E 为 $A_2[A_1, A_2 \in P\,(\Theta)]$, $A_1 \subset A_2$, 则目标的 Dempster 融合识别保持传感器 S_1 的识别不变, 而使传感器 S_2 识别的可信度增强, 似真度和未知度减少, 从而减少了传感器 S_2 识别的不确定性。

证明:

该命题的条件与命题 1.2 的区别是 $A_1 \subset A_2$, 此时, D-S 组合规则融合传感器 S_1 和 S_2 识别的基本信任分配、可信度、似真度及未知度分别为

$$m\,(A_1) = s_1\,, \quad m\,(A_2) = s_2\,(1 - s_1)\,, \quad m\,(\Theta) = (1 - s_1)\,(1 - s_2)$$

$$Bel\,(A_1) = s_1\,, \quad Bel\,(A_2) = s_2 + s_1\,(1 - s_2)\,, \quad Pl\,(A_1) = Pl\,(A_2) = 1$$

$$Not\,(A_1) = (1 - s_1)\,, \quad Not\,(A_2) = (1 - s_1)\,(1 - s_2)$$

由此可得

$$Bel\,(A_1) = Bel_1\,(A_1)\,, \quad Bel\,(A_2) > Bel_2\,(A_2)\,, \quad Pl\,(A_1) = Pl_1\,(A_1)$$

$$Pl\,(A_2) = Pl_2\,(A_2)$$

$$Not\,(A_1) = Not_1\,(A_1)\,, \quad Not\,(A_2) < Not_2\,(A_2) \qquad 证毕$$

命题 1.4 若两个传感器关于目标 E 提供不同类的识别证据, 传感器 S_1 识别目标 E 为 A_1, 传感器 S_2 识别目标 E 为 $A_2[A_1, A_2 \in P\,(\Theta)]$, $A_1 \cap A_2 = \varnothing$, $1 - s_1 s_2 \neq 0$, 则目标的 Dempster 融合识别的可信度和似真度都较各单一传感器减少, 未知度也减少, 从而减少了各单传感器识别的不确定性。

证明:

该命题的条件与命题 1.2 及命题 1.3 的区别是 $A_1 \cap A_2 = \varnothing$, 此时, Dempster 组合规则融合传感器 S_1 和 S_2 识别的基本信任分配、可信度、似真度及未知度分别为

$$m\,(A_1) = \frac{s_1\,(1 - s_2)}{1 - s_1 s_2}\,, \quad m\,(A_2) = \frac{s_2\,(1 - s_1)}{1 - s_1 s_2}\,, \quad m\,(\Theta) = \frac{(1 - s_1)\,(1 - s_2)}{1 - s_1 s_2}$$

$$Bel\left(A_1\right) = \frac{s_1\left(1-s_2\right)}{1-s_1s_2}, \quad Bel\left(A_2\right) = \frac{s_2\left(1-s_1\right)}{1-s_1s_2}, \quad Pl\left(A_1\right) = \frac{1-s_2}{1-s_1s_2}$$

$$Pl\left(A_2\right) = \frac{1-s_1}{1-s_1s_2}$$

$$Not\left(A_1\right) = Not\left(A_2\right) = \frac{\left(1-s_1\right)\left(1-s_2\right)}{1-s_1s_2}$$

由此可得：

$$Bel\left(A_1\right) < Bel_1\left(A_1\right), \quad Bel\left(A_2\right) < Bel_2\left(A_2\right), \quad Pl\left(A_1\right) < Pl_1\left(A_1\right)$$

$$Pl\left(A_2\right) < Pl_2\left(A_2\right)$$

$$Not\left(A_1\right) < Not_1\left(A_1\right), \quad Not\left(A_2\right) < Not_2\left(A_2\right) \qquad \text{证毕}$$

命题 1.5　　若两个传感器关于目标 E 提供不同类的识别证据，传感器 S_1 识别目标 E 为 A_1，传感器 S_2 识别目标 E 为 $A_2[A_1, A_2 \in P\left(\Theta\right)]$，$A_1 \cap A_2 = \varnothing$，$1-s_1s_2 = 0$，则不能采用 Dempster 规则进行融合、识别目标。

证明：

该命题的条件与命题 1.4 的区别是 $1 - s_1s_2 = 0$，此时，Dempster 组合规则融合传感器 S_1 和 S_2 识别的基本信任分配为

$$m\left(A_1\right) = \frac{s_1\left(1-s_2\right)}{1-s_1s_2}, \quad m\left(A_2\right) = \frac{s_2\left(1-s_1\right)}{1-s_1s_2}, \quad m\left(\Theta\right) = \frac{\left(1-s_1\right)\left(1-s_2\right)}{1-s_1s_2}$$

因为 $1 - s_1s_2 = 0$，所以 $m\left(A_1\right)$、$m\left(A_2\right)$、$m\left(\Theta\right)$ 值为 ∞，没有意义。　　　证毕

综合命题 1.1~ 命题 1.5 可知：

(1) 当各传感器只识别目标 E 的可能结果集 $\Theta = \{\theta_1, \theta_2, \cdots, \theta_n\}$ 上的某一子集时，Dempster 组合规则的融合识别减少 (至多等于) 各单传感器的未知度，进而减少 (保持) 了各单传感器单独识别时的不确定性。

(2) 依据以上命题，在进行多传感器目标 Dempster 融合识别时，一方面可以有目的地选择不同类型的传感器用于观测识别；另一方面可以适度地增加传感器的数量，以利于减少识别的不确定性，从而提高融合识别的效率。

1.5.3　多源信息融合有效性的定量分析与评估

多传感器系统的信息融合定性分析仅给出融合有效性的趋势，是一种感性认识，因而需要对其进行度量。本节定义了度量多传感器系统的信息融合有效性的量化指标，即信息融合有效率指数。

信息融合熵表示系统在多源信息输入条件下，系统输出的平均不确定性程度，是一个绝对概念。针对不同的融合系统，即使是相同的条件，可能其输出的不确定

性程度也不一样,因此采用绝对概念的信息融合熵度量融合算法、输入信息及融合结构的有效性,显得明显不足。信息融合的有效率指数是度量多传感器信息融合系统的信息融合有效性程度,是一个相对概念。信息融合有效率指数将信息融合熵作为其因子,克服信息融合熵在度量信息融合有效性方面的不足,其具体定义如下。

定义 1.5　设多传感器信息融合系统的二源输入信息为 $Z_1 \in R^m$、$Z_2 \in R^n$,系统输出信息为 $Y \in R^r$,且 Y 与 Z_1、Z_2 之间不独立,则融合系统对信息 Z_1、Z_2 的信息融合有效率指数 $\gamma(Y, Z_1, Z_2)$ 为

$$\gamma(Y, Z_1, Z_2) = \frac{H(Y) - H(Y|Z_1, Z_2)}{H(Y)}, \qquad H(Y) > 0 \tag{1-6}$$

由定理 1.1 得: $H(Y) - H(Y|Z_1, Z_2) > H(Y) - H(Y|Z_1)$,再根据定义 1.5,得 $\gamma(Y, Z_1, Z_2) > \gamma(Y, Z_1)$;同理 $\gamma(Y, Z_1, Z_2) > \gamma(Y, Z_2)$。这说明若提高系统的信息融合有效率指数,必须增加与目标或环境相关的信息,并对其进行融合处理,也就是增加输入信息源的数量。另外的办法是采用有效的信息融合技术 (融合算法),将多源信息进行关联和综合。

由定理 1.2 可以看出,在多传感器信息融合系统中,输入信息之间的相关性越小,系统融合输出的不确定性越小,信息融合的有效率指数越大。

另一种提高多传感器系统的信息融合有效率指数的途径是采用有效的信息融合技术 (融合算法),将各种多源信息进行关联和综合。相同的输入信息,不同的融合算法,可能产生的融合结果也不一样。

在信息融合过程中,融合算法的优劣集中反映在系统的传递概率上,依据信息论原理,融合算法的有效性可通过信息融合有效率指数来衡量。如设多传感器信息融合系统的二源输入信息为 $Z_1 \in R^m$、$Z_2 \in R^n$,系统输出信息为 $Y \in R^r$,且 Y 与 Z_1、Z_2 之间不独立。采用融合算法 A 的信息融合熵为 $H_A(Y|Z_1, Z_2)$,采用融合算法 B 的信息融合熵为 $H_B(Y|Z_1, Z_2)$,且 $H_A(Y|Z_1, Z_2) < H_B(Y|Z_1, Z_2)$,则由信息融合的有效率指数得

$$\gamma_A(Y, Z_1, Z_2) = \frac{H(Y) - H_A(Y|Z_1, Z_2)}{H(Y)} > \gamma_B(Y, Z_1, Z_2) = \frac{H(Y) - H_B(Y|Z_1, Z_2)}{H(Y)} \tag{1-7}$$

式 (1-7) 说明,对信息 Z_1、Z_2 的融合,融合算法 A 比融合算法 B 更有效。同时也说明信息融合有效率指数不仅能够反映融合信息的互补性,而且能反映融合算法的有效性。因此,融合有效率指数是反映多传感器信息融合系统的有效性的一个客观尺度。

为实现整个融合决策过程的高性能,除了要有合适的融合算法或者系统本身,还需要合适的评价指标或者指标体系,需要合适的训练与考核试验平台和相关的数据资源,以充分减少处理过程与最终结果的不确定性,增加决策的可靠性。

第2章 水环境多源监测信息融合系统

与 3S(RS、GPS、GIS) 技术结合的水环境监测可以将其看成是一个基于广域网络环境下的多源、多尺度传感器数据及信息融合系统，这要求多个 (种、异质) 传感器在不同的地理空间位置和时间标度上对环境进行观测，将不同尺度、不同类型、不同地理位置和时间标度上的传感器获得的数据进行集成与融合，以实现对水环境状况实时、动态、更准确地反映。本章介绍和分析讨论有关水环境监测的研究背景、水环境监测信息获取和处理方式、水环境多源监测信息融合系统体系结构以及多传感器管理等内容。

2.1 研究背景

2.1.1 问题的提出

目前，我国水环境污染相当严重，约有 4/5 的河流受不同程度的污染，并且不少地区污染物排放量已明显超过水环境承载能力。水环境监测作为水环境管理和污染控制的主要手段之一，目的在于掌握水质现状及其发展趋势，分析判断事故原因、危害，为采取对策提供依据，也为开展水环境质量评价、预测预报提供基础数据和手段。

由于水环境受地形、气候、供需水条件及污染源排放等因素的影响，其水质随时间和空间变化具有较强的易变性和突发性。此外，我国监测网站分布不均匀，又受经济发展水平制约，难以投入大量资金构造高密度监测网。因此，立足我国现有技术条件，充分开掘监测信息内涵，结合分布不均、低密度地面观测网及 3S 技术，进行多尺度、多源数据及信息融合研究，具有重要的理论意义和应用前景。

遥感 (RS) 是一种远距离、大面积几何形状以及相关物理特征的传感手段，用于移动监测的 GPS 全球卫星定位技术实际上是一种空间位置乃至速度、加速度的传感器。点源监测传感器、人工现场采样录入的数据、专题数据库等均可看成是 (广义) 传感器。对于点源监测，可在河流或湖泊的某些断面布设传感器或监测仪器，监测水质随时间的变化。点源监测包括固定点自动采集监测、固定点人工监测和车载移动监测等几种方式。对于面源监测可通过 RS 遥感技术实现。这些监测数据又通过地理信息系统 (GIS) 实现水环境时间和空间信息的集成表达。

　　水环境信息关联性强，复合因素多，专题信息提取的难度高。遥感用于提供大面积水环境的监测信息，地面传感器或设备提供点源监测信息，移动或某些固定监测时还需要利用 GPS 来实时定位，这些地空信息需要及时地进入 GIS 系统，以进行数据更新。

　　区域或流域的水环境监测，是以广域计算机通信网络、数据库为基础，采用先进的水质实时监测传感器或设备，与 3S 技术相结合，实现水环境要素的实时动态、多源多维、高效、高精度的在线监测，以及监测数据的获取、处理、存储、分析、管理及表达。监测过程中，具体要考虑和解决的问题有：① RS 数据提取水环境专题信息量大，如何借助 GIS 来管理分析；② 局部 RS 数据缺损及水体本身的相互作用而造成的误测或漏测，如何通过点源监测补充；③ 点源测站设备的工作组态及移动监测行进路线规划；④ 通过上下游点源监测数据的关联性，如何给出该流域段的空间及时间连续变化规律；⑤ 如何管理、控制多传感器资源。

　　综上分析，针对水环境实时动态监测这样的多传感器系统，要研究和解决的科学问题是：① 不同环境 (尺度、地点、方位) 下，多源同类数据及信息 (数据、特征、证据和策略) 的互补融合与集成；② 多源异类数据及信息的互补融合与集成；③ 多源异步数据及信息的互补融合与集成。

2.1.2　国内外研究现状

1. 空中-地面多源监测信息融合

　　在世界范围内关于 3S 及其集成的研究方兴未艾，其在地质勘探、水土资源管理、灾情监测等方面的应用日益广泛和深入。在水环境遥感监测方面，国外应用得比较早，如 P. Ammenberg 结合遥感的生物-光学模型估计水质；Mertes 等将遥感用于水体悬浮物浓度的估计；Forster 等利用陆地卫星遥感图像对海洋水质参数进行估计等。国内水质遥感的应用迟于国外，但做了大量卓有成效的工作。

　　上述这些水环境遥感系统，遥感数据主要是做多波段和多时段的融合，来提高专题信息提取的准确性，地面传感器的使用是为了比对和校正，地面数据与遥感数据的分析判读不融合。在 RS 与 GIS 之间的信息集成，没有有效地融合地面监测信息。即使考虑到将地面信息作为辅助信息，也是与 GIS 叠加而不融合。

　　通过对大量文献分析发现，目前国内外针对"水环境地面监测 + RS + GPS + GIS"，系统地采用和引入多传感器信息融合技术、全面地开展多源数据的相关协调、融合处理的研究不深入，尚未形成较成熟的信息融合理论框架和有效的融合模型与算法，融合系统的容错性或稳健性远未解决。地面与地面传感器之间、空间与地面传感器之间较少考虑信息的关联和互补。

2. 提高水环境监测及信息共享平台系统效能

　　20 世纪 80 年代后期在国外，90 年代初期在国内，大范围的水环境综合监测网与信息系统的建设逐渐受到重视[15]。国外的环境综合监测网与信息系统发展早,目前的着眼点放在对系统更加有效的管理以及通过提高采样频率、改进监测分析方法等手段来提高系统的效能[16,17]。国内,大多已经建好的或者正在建设的系统,更多的注意点是放在系统的硬件建设以及软件功能的实现和扩充上,系统设计和建设的理念一般考虑的是构建高密度监测网和装备高性能设备。

国外通过管理、技术等手段提高系统的效 (性) 能值得借鉴。然而,我国的国情、管理体制及经济发展水平与发达国家相比有很大不同,应在大量投入硬件和软件装备建设的基础上,与以往的仅仅通过构建高密度监测网和装备高性能设备的设计理念不同,探讨采用新的策略,即多传感器信息融合技术手段,进而提高整个系统的效能。

3. 水环境多源监测信息融合技术分析

多传感器信息融合是现代信息技术与多学科交叉、综合、延拓产生的新的系统科学研究方向,它利用计算机技术对获得的多传感器数据在一定的准则下加以综合,以实现对观测现象更好地理解。信息融合的功能可以概括为:扩大监测的时空范围,提高监测的精确性和灵敏度,提高监测对象的可观测性,降低数据及信息的不确定性,增强系统的容错、快速反应和自适应能力,从而使整个系统的性能大大提高。多传感器信息融合的思想可以进一步推广应用到多设备、多系统融合[27−30]。

针对水环境监测这样的多传感器系统,研究多源数据及信息集成与融合理论的方法和技术,以解决目前存在的问题是必要的。

(1) 与 3S 技术结合的水环境监测可以将其看成是一个基于广域网络环境下的多源、多尺度传感器数据及信息融合系统,这要求多个 (种、异质) 传感器在不同的地理空间位置和时间标度上对环境进行观测,将不同尺度、不同类型、不同地理位置和时间标度上的传感器获得的数据进行集成与融合,以实现对水环境状况实时、动态、更准确地反映。

(2) 通过采用信息融合技术,实现地面与地面传感器之间,空间与地面传感器之间的时间、空间上监测数据的互补和冗余的剔除及消除数据的不确定性。

(3) 采用信息融合技术,在其他领域已经证明具有改善其系统效 (性) 能的巨大潜力。

综上所述,开展“水环境地面监测 + RS + GPS + GIS”的多源、多尺度数据集成与融合理论方法和技术的研究,把我国水环境监测及信息共享平台系统设计和建设的理念及科学技术推向一个新的高度,具有开拓性的理论意义和广泛的应用前景,研究的成果也将为资源环境以及工业、军事等其他领域的面向复杂应用背景的多源监测数据处理分析提供借鉴。

2.2　水环境监测技术

　　水中各种污染物监测基本上都可用仪器来分析,运用光学分析法、电化学分析法和色谱法等一些分析方法来定性、定量测定。仪器分析法的优点是快速、灵敏,尤其在含量很低时,仪器分析法测定的灵敏度很高。目前绝大多数的水质监测项目都可用仪器来测定。

　　目前发展起来的水质自动监测系统和在线自动监测仪,是利用现代传感技术、计算机测控技术和网络通信技术融合在一起改造了传统的水质分析仪,使得水质监测达到全自动、实时、智能的目的。本节简要介绍水质监测技术及仪器,内容包括水质监测仪器综述、水质监测常用分析方法的种类、计算机在水质监测中的应用等。

2.2.1　水质监测技术、仪器与分析方法

1. 光学分析法测量仪

　　利用物质发射的电磁辐射与物质相互作用而建立起来的一类分析化学方法,广义上称为光学分析法,可分为非光谱法和光谱法。

　　(1) 非光谱法。物质与辐射能作用时没有能级的跃迁,只是改变了辐射的方向、速度和某些物理性质 (折射、偏振、旋光色散等)。理论上又基于朗伯–比尔定律,即溶液的吸光度与溶液的浓度、液层厚度成正比。此类仪器有光电比色计、分光光度计 (紫外分光光度计、红外近红外分光光度计、激光光度计、可见光分光光度计等)。其中分光光度计可测定周期表上几乎所有的元素,而且灵敏度高,选择性准确度方面都很好。

　　(2) 光谱法。通过施加外部能量,可将样品中处于基态的原子或分子激发。根据激发原子或分子的手段和激发过程能量变化的观测手段的不同,光谱分析法的分类如表 2-1 所示。

表 2-1　光谱分析法的分类

原子光谱分析法	分子光谱分析法	磁共振波谱法	X 射线光谱
原子发射光谱法 (包括等离子体发射光谱法),原子吸收光谱法 (包括原子荧光光谱法)	可见及紫外吸收光谱法,红外吸收光谱法 (包括激光拉曼光谱法),荧光及磷光光谱分析法,旋光分析法和圆二色性光谱法,光声、光热光谱法,激光光谱法	顺磁共振波谱法,核磁共振波谱法 (包括 ^{1}H、^{13}C 及多核),脉冲电子顺磁共振波谱法	X 射线衍射光谱法 (单晶和多晶),能量色散 X 射线荧光法, 波长色散 X 射线荧光法,X 射线光电子能谱,离子探针,高低中能离子散射能谱,二次离子质谱

2. 电化学法测量仪

电化学分析法是应用物质的电学及电化学性质来测定物质的组分含量的分析方法。

(1) 利用电导仪测定水质电导率的有惠斯通电桥法、分压法、直接测量法和电磁感应法。

(2) pH 计和离子计，由玻璃电极 (即测量电极) 和甘汞电极 (即参比电极) 组成的一全电池，其电位大小遵循能斯特公式，电极电位只与被测溶液氢离子或其他离子浓度有关。

(3) 库仑滴定计，是根据物质电解氧化还原时所需的电量来确定物质的量的方法。

(4) 电位滴定计，滴定到终点，溶液的电位发生突变时终止滴定，测出滴定液体积算出待测值。

(5) 此外还有应用极谱分析法、伏安分析法和扫描电化学显微镜法等所制造的仪器。

3. 水质专用测量仪

(1) 浊度计，液体的浑浊程度称为浊度。它的单位是以 1L 纯水中含有 1mg 精制高岭土作为 1 度。测定方法有光透过法、光散射法、积分球法等。

(2) 油分测定仪通常是将红外吸收法、浊度法、紫外吸收法和荧光法仪器化，并专用于测定油分上。目前，红外吸收法应用较广。

(3) 测汞仪，有原子荧光法和冷原子吸收法。

(4) 溶解氧 (DO) 测定仪的方法有滴定法、隔膜电极法、比色法等。

(5) 生化需氧量 (biochemical oxygen demand，BOD) 测定仪，用测压式和采用生物膜电极法测量废水中氧的消耗量的仪器。

(6) 化学需氧量 (chemical oxygen demand，COD) 测定仪，COD 是指在规定的条件下，用氧化剂处理水样时，水样中溶解性或悬浮性还原物质所消耗的该氧化剂的量。按采用的氧化剂的不同，测定方法可分为重铬酸钾法和高锰酸钾法。

(7) 总需氧量 (total oxygen demand，TOD) 测定仪，是用一定体积的待测水样连同含有已知浓度氧的载气一起通入燃烧管中，在高温、催化的条件下进行燃烧，结果消耗了载气中的氧，使氧的浓度降低，再用氧气检测器测出剩余的氧浓度，然后将该浓度与已知浓度的标准液耗氧量进行比较，求出 TOD 值。

(8) 总有机碳 (total organic carbon，TOC) 测定仪，是利用废水中的有机物在高温、催化条件下分解成碳，和载气 (常为空气) 中的氧结合生成二氧化碳和水，除去水分后，用不分光红外线气体分析器 (NDIR) 测定二氧化碳浓度，再算出 TOC。

(9) 水质分析样品预处理仪，如比例水质采样仪、固相萃取器等。

(10) 水位计、水温计、流量计等。

4. 色谱分析方法

(1) 气相色谱仪 (GC)。气相色谱仪是在一个空心管柱中 (色谱管) 填充某种物质 (固定相)，被分析的样品经汽化，由连续流动的气体 (流动相或载气) 运载进入管柱时，由于样品中各个组分受到来自固定相的阻力不同，因此各组分在管柱中的流动速率不一样，这样样品就可以分离开，这就是分离原理。分离开的样品依次进入检测器测定。

(2) 液相 (LC)、离子相色谱仪。当待测的样品由流动相 (淋洗液) 运载着通过装有离子交换树脂 (固定相) 的色谱分离柱时，各个待测离子与离子交换树脂的亲和力不同而被分离，并按先后次序被淋洗液脱出，经抑制柱后，再进入检测器测量。

(3) 还有超临界流体色谱仪 (SFC)、排阻或筛析色谱仪 (SEC)。

5. 其他一些仪器

(1) 质谱仪，利用不同质荷比的离子在电、磁场中运动状态的不同，可以测出待测物质，主要有磁场型、四极滤质器、傅里叶变换型和飞行时间质谱计等。

(2) γ 射线能谱法仪和穆斯堡尔谱法仪。

(3) 快速流动式自动化学分析仪可分为带气泡的连续流动式分析器 (CFA) 和不带气泡的流动注射式分析器 (FIA)。其特点是快速，每小时可连续分析 120 个以上的样品；功能强，可分析数十种污染物。含有样品的流路进入渗析器，滤去干扰成分后和含有反应试剂等的流路进行混合、加热和化学反应，形成一定的颜色 (波长)，再进入检测器 (通常是比色计) 测定。检测器基本上是前面介绍的光学法检测器。

(4) 流动注射式分析器，流动注射式分析器只需要在化学处理器之前加入一个样品注射阀。

所有仪器的基本组成相似，可概括为四个单元: 样品处理单元、组分分离单元、组分检测单元、检测信号处理和显示单元。其中，分离技术和检测方式是影响分析仪器发展的两个关键问题。当采用一种分析技术不能解决复杂分析问题时，就需要将多种分析方法组合进行联用。其中特别是将一种分离技术和一种鉴定方法组合成联用技术，已越来越受到广泛的重视。

6. 水质监测常用分析方法的种类

目前，水质各项目监测方法和仪器监测技术如表 2-2 所示。

7. 计算机在水质监测中的应用

计算机在水质监测中的应用主要是两方面: 一是用计算机改造传统的监测仪

表 2-2 水质各项目监测方法和仪器监测技术

方法名称	测定成分
分光光度法	各种金属、非金属、离子、挥发性酚、硝基苯类、阴离子洗涤剂等
荧光光度法	Se、Be、U、BaP、油类等
原子吸收法	Ag、Al、Ba、Be、Bi、Ca、Cd、Co、Cr、Cu、Fe、Hg、K、Mg 等
冷原子吸收法	As、Sb、Bi、Ge、Sn、Pb、Se、Te、Hg
发射光谱法	元素表中几乎所有元素及生物样品中的 V、Ni、Zn、Ge、As、Mo 等
原子荧光法	As、Sb、Bi、Se、Hg 等
火焰光度法	Li、Na、K、Sr、Ba 等
电极电位法	Eh、pH、DO、F^-、Cl^-、CN^-、S^{2-}、NO_3^-、K^+、Na^+、氨等
滴定法	硫化物、络合物、Tl、Ca、Mg、氯化物等
离子选择电极法	F^-、Cl^-、Br^-、I^-、CN^-、S^{2-}、Ag^+、Hg^{2+}、Cu^{2+}、pH、硬度等
离子色谱法	F^-、Cl^-、Br^-、NO_2^-、NO_3^-、SO_3^{2-}、SO_4^{2-}、$H_2PO_4^-$、K^+、Na^+、NH_4^+ 等
气相色谱法	苯系物、挥发性卤代烃、氯苯类、有机磷农药类、三氯乙醛、硝基苯类等
液相色谱法	多环芳烃类
流动注射分析法	硬度、酸根离子、COD、氰化物、硫化物、余氯、六价铬、重金属等
水质监测专用仪	DO、BOD_5、COD、TOD、TOC、油分、浊度、水温、水色、水质采样等

器，使得监测仪器能自动完成测试工作，组成自动化水质监测仪；二是将自动化水质监测仪接入网络中，组成计算机远程水质自动监测系统。

1) 自动化水质监测仪

在自动化水质监测仪中，单片机用得较广泛。其功能可分为四个模块：数据采集、数据处理、输入输出/显示打印、控制执行。

数据采集模块，通过 A/D 电路将传感器送来的模拟信号转换为数字信号，再送到数据处理模块中。

数据处理模块接收传来的数字信号，进行各种计算校正和比较处理后，送到输入输出/显示打印模块和控制执行模块。

输入输出/显示打印模块，一方面将处理过的数据送到显示屏和打印机上，另一方面也将数据送到仪器的开放接口上供联机使用，并且负责对外的联络；同时通过该模块根据水质环境的不同和要求对仪器设置初始化参数值，对仪器进行各种操作等。

控制执行机构，由数据处理模块送来的各种比较控制信号执行对仪器的操纵，使仪器能按水质分析的程序有序自动地进行监测分析。

目前，在自动监测仪中在线监测仪用得较多，其监测分析原理就是上面各种监测原理的应用。如氨氮在线自动分析仪，它的原理主要是三种：氨气敏电极法、分光光度法、傅里叶变换光谱法；总氮在线自动分析仪原理是过硫酸盐消解光度法或是用密闭燃烧氧化–化学发光法；磷酸盐自动分析仪使用光度法原理；总磷在线自动分析仪技术原理也有两种：过硫酸盐消解–光度法，这是总磷仪的主选方法，也是各国的法定方法；紫外线照射–钼催化加热消解，FIA 光度法，主要用于日本，它的结构也简单一些。

现在形成产品的在线自动监测仪一般都是综合参数监测仪，能测定水质的常规五项参数 (水温、pH、DO、电导率和浊度)。

美国 Hydrolab 公司的 Hydrolab 4a 系列在线水质自动监测仪，可以自动测量 15 种以上的监测项目，包括温度、电导率、溶解氧、pH、浊度、氧化还原电位 (ORP)、液位和深度、外来光、氨氮、硝酸盐、氯化物、透光度、叶绿素、大气压、GPS 等。它利用了较先进的传感器技术，集成了水样搅拌器，可通过内置电源和内存支持现场数据固态存储，记录的数据可通过串行端口或 SDI-12 直接传输到现场远程终端单元 RTU 或电脑，操作水深达 225m。主要有三种型号：DataSonde、MiniSonde、Surveyor，其中 Surveyor 支持便携式监测方式。

法国 SERES 公司的 MP 2000 型多参数在线水质监测仪，可对地表水、水库、水源保护地的五项水质常规参数进行连续监测。它有两个水样测量室，一个用于浊度测量，一个用于测定其他参数。水样连续通过测量室，被性能优良的传感器连续测量，并被在线分析仪所监测。该仪器有自动清洗功能，通过微处理器对各项功能进行控制并与操作者对话，带有与中央数据收集系统进行联系的 RS232 接口。其校准也很简单，只需每月一次；自动清洗循环可程序设定 1~999h。

SERES 公司的另一种产品是 SERES 2000 高锰酸盐指数在线分析仪。高锰酸盐指数是指高锰酸钾氧化水样中的某些有机物和无机还原性物质消耗的高锰酸钾对应的氧量，它不适合污染源废水的 COD 测定。该仪器主要是用加热滴定分析法，结构上有加热反应室、磁力搅拌器、电子计时校零器、清洗器、串行接口等。测量一次循环约半小时。

SERES 2000 总氮在线监测分析仪。总氮通常是指所有还原态的氮和氧化氮量的加和。仪器的原理是使用氧化剂将氮元素氧化成亚硝酸根离子，测量与被氧化的亚硝酸根离子相对应的总氮的量。该仪器测量循环约 40min，操作原理是消解比色法。结构有加热消解室、测量室、蠕动泵、离子选择电极、控制器、串行接口等。

德国 WTW 公司总磷/正磷酸盐/氨氮/硝酸盐/亚硝酸盐在线监测仪。德国 WTW 公司的 TresCond 分析仪实际上也是一种多参数在线水质监测仪，只是其监测的内容不包括常规五项。它采用分散式集中控制系统，由一个中央控制器和一个或几个独立的分析模块任意组合，通过内部高速总线连接，主要由两部分组成：中央控制器模块和分析模块，包括 TresCon NH$_4$-N OA110(测量氨氮)、TresCon PO$_4$-P OP210(测量正磷酸盐)、TresCon NO$_3$-N ON210(测量硝酸盐)、TresCon NO$_2$-N ON510(测量亚硝酸盐)、TresCon NO$_3$-N/SAC OS210(测量硝酸盐和光谱吸收系数)、TresCon TP OP510(测量总磷)。

2) 计算机远程水质自动监测系统

利用先进的在线自动监测分析仪器结合远程数据通信网络，构成不受地理条件、气候和时间限制的实时水质自动监测系统。其系统构成按地域分为水质自动监测站、远程数据通信网和系统监控中心站。

水质自动监测站应该包括：根据需求选定在线水质自动监测仪器 (传感器和分析仪)，如现在比较常用的综合多参数在线自动水质监测仪，可以测定水质常规五项 (水温、pH、DO、电导率和浊度) 或更多的监测项目。

远程数据通信网，一般是专用局域网、电话网或是无线网三类。目前在地理条件方便的地方，绝大部分都使用电话网，以减少成本，缩短建设工期。而有些地理条件不方便的地方通常采用无线网，如 GSM、VHF/UHF、卫星等。专用网是传输效率最好的网，但投资大、工期长，是将来发展的趋势。在水质自动监测系统中远程数据通信具有先进、完整、标准的远程网络通信协议是必不可少的，以满足实时、高速、海量数据的传输。

系统监控中心站由前置通信处理器和水质实时监控分析软件工作站构成。前置通信处理器接口于远程通信网，并支持多种模式的网络系统，接收来自远程的监测数据，送到中心站计算机局域网上，也将局域网上的控制数据发向远程监测点进行远程控制。分析软件工作站应有报表、打印、存档、报警、控制功能；还具有数据库查询分析、图形图像处理、安全管理、管理决策等多项功能。

在水质自动监测系统中，典型的数据传输体制包括定时自报、定点查询和前两种方式的混合。定时自报式是指在自动监测站设备的控制下，被测参数在规定的报信时刻到来时，监测站定时自动采集并发送数据。定点查询式是通过中心站向前端监测站发送指令，监测站接收指令进行水质监测和数据采集，并将采集到的数据发回控制中心。混合式既可以由前端监测站向中心站发送结果，也可以由中心站发送指令进行控制监测和数据采集，并将结果发回控制中心。目前，大多数水质自动监测系统采用混合式。

2.2.2 遥感及水环境遥感监测

遥感监测是指通过某种传感器装置，在不与被研究对象直接接触的情况下，获取其特征信息 (电磁波反射特性和发射特性)，并对这些信息进行提取、加工、表达和应用的一门科学和技术。

遥感监测技术系统包括传感器技术、信息传输技术、信息处理、提取和应用技术，目标信息特征的分析与测量技术等。遥感信息处理系统包括空间信息采集系统 (包括遥感平台和传感器)、地面接收和预处理系统、地面实况调查系统 (如收集环境和气象数据)、信息分析应用系统。遥感监测技术有多种分类方法。遥感监测技术按照遥感仪器所选用的波谱性质可分为电磁波遥感技术 (可见光、红外、微波遥感技术)、声呐遥感技术、物理场 (如重力和磁力场) 遥感技术,其中电磁波遥感技术是利用各种物体反射或发射出的不同特性的电磁波进行遥感的。按照记录信息的表现形式可分为图像方式和非图像方式。按照遥感器使用的平台可分为航天遥感技术、航空遥感技术、地面遥感技术。按照遥感的应用领域可分为地球资源遥感技术、环境遥感技术、气象遥感技术和海洋遥感技术等。

遥感监测常用的传感器有航空摄影机、全景摄影机、多光谱摄影机、多光谱扫描仪 (multi spectral scanner,MSS)、专题制图仪 (thematic mapper,TM)、反束光导摄像管 (RBV)、HRV(high resolution visible range instruments) 扫描仪、合成孔径侧视雷达 (side-looking airborne radar,SLAR) 等。常用的遥感数据有美国陆地卫星 (landsat)TM 和 MSS 遥感数据、法国 SPOT 卫星遥感数据、加拿大 Radarsat 雷达遥感数据、欧洲空间局的 ERS-1、ERS-2 卫星遥感数据等。

随着传感器技术、航空和航天平台技术、数据通信技术的发展,现代遥感监测技术已经进入一个能够动态、快速、准确、多手段提供多种对地观测数据的新阶段。新型传感器不断出现,已从过去的单一传感器发展到现在的多种类型的传感器,并能在不同的航天、航空遥感平台上获得不同空间分辨率、时间分辨率和光谱分辨率的遥感影像。现代遥感技术的显著特点是尽可能地集多种传感器、多级分辨率、多谱段和多时相技术于一身,并与全球定位系统 (GPS)、地理信息系统 (GIS)、惯性导航系统 (INS) 等高技术系统相结合以形成智能型传感器[31−37]。

目前遥感监测应用正由定性向定量、静态向动态方向发展。遥感影像的空间分辨率已达到米级,光谱分辨率已达到纳米级,波段数已增加到数十甚至数百个,回归周期可达几天甚至十几小时,微波遥感已逐渐采用多极化技术、多波段技术及多种工作模式。

与遥感监测应用紧密相关的遥感信息处理理论和技术也有了实质性的进展。在遥感信息模型研究方面,已有热扩散系数遥感信息模型、土壤侵蚀量遥感信息模型、作物旱灾损失估算遥感信息模型、土地生产潜力遥感信息模型、三维海洋温度遥感信息模型等;在遥感影像识别和分类方面,开始是大量使用统计模式识别,后来出现了结构模式识别、模糊分类、神经元网络分类、半自动人机交互分类和遥感影像识别的专家系统。另外,大量多种分辨率遥感影像形成了影像金字塔,再加上高光谱、多时相和立体观测影像,出现海量数据,使影像的检索和处理发生困难,为此需建立遥感影像数据库系统。目前,遥感影像数据的研究是以影像金字塔为主体的无缝数据库,影像数据库涉及影像纠正、数据压缩和数据变换等理论和方法,还产生了 “数据挖掘”(或知识发现) 之类的新的理论和方法。为了能将海量遥感数据中的所需信息集中在少数几个特征上,又形成了多源遥感影像融合的理论和方法。

遥感监测的应用领域非常广泛,如遥感技术在 (水) 环境监测、陆地水资源调查、土地资源调查、植被资源调查、地质调查、城市遥感调查、海洋资源调查、测绘、考古调查和城市规划管理等方面有着广泛的应用[38−42]。

2.3 水环境多源监测信息融合系统设计

与 3S 技术相结合的大范围水环境自动监测系统是一个具有现代高性能、多层次、复杂的系统。本节讨论和分析水环境多源监测信息融合系统的信息采集、传递和加工处理的过程，定义了各个子系统的边界，在基于将"物理构成"和"逻辑构成"分开的原则下，建立了水环境多源监测信息融合系统的体系结构。

2.3.1 系统的层次结构

1. 系统的边界

区域或流域的大范围水环境自动监测系统是以计算机通信网络、数据库为基础，采用先进的水质水量实时监测设备，结合 3S(RS、GPS、GIS) 技术，实现水环境要素的实时、多维、多源、高效、高精度的在线监测，以及监测信息的处理、存储、分析管理、表达评估和决策支持。

针对"地面监测系统 + RS + GPS + GIS"，其研究和解决的核心问题是，应充分利用各个监测传感器在时间、空间上的互补信息或冗余信息，进行多源信息的相关协调、综合与处理。

一般来讲，监测信息融合处理系统从各种信息源获得数据，传感器系统、水信息管理系统、表达、评估和辅助决策支持系统与信息融合系统之间没有明确的边界，它们互相之间存在着耦合和反馈。

对于"地面监测系统 + RS + GPS + GIS"这样的复杂系统，为了研究的清晰和界定研究的范围，有必要将各个子系统之间的边界进行科学的划分。这里将水环境自动监测系统划分两个层次 (图 2-1)，即① 第一个划分：水环境信息采集、融合处理层次；② 第二个划分：水环境信息的管理、表达、状态评估、辅助决策支持层次。

第二个划分是建立在第一个划分的基础上的。第一个划分实现监测数据的采集和融合处理，为第二划分提供全面、实时、准确的信息。

在第一个划分层次上，我们提出的研究思路是：将系统看成是对按时序获得的若干空中和地面多类别、同 (或异) 质传感器观测的信息，在一定准则下加以自动分析、综合，以完成为第二个划分层次提供全面、实时、准确的信息而进行的信息处理系统。按照这一思路，同、异质多传感器 (包括广义的传感器) 及广域网络环境系统是信息融合的硬件基础，多源信息是信息融合的加工对象，协调和综合处理是信息融合的核心。

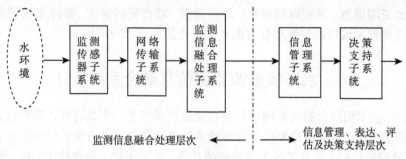

图 2-1   系统的划分

为此，基于信息融合的水环境自动监测系统中各个子系统的边界，如图 2-2 所示。图中信息融合仅与传感器监测、网络传输、水环境信息管理之间存在着耦合和反馈。辅助决策支持的信息则来自于水环境信息管理、水环境信息表达及状态评估。辅助决策支持与传感器监测之间则不考虑耦合。

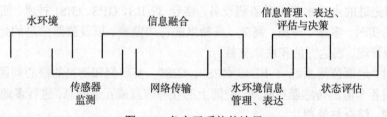

图 2-2   各个子系统的边界

实现水环境信息管理和信息表达是水环境自动监测系统的基本目的，其次是水环境状态评估。辅助决策支持是自动监测系统的最高目的。

水环境自动监测系统的工作过程也是信息采集、传递和加工处理的过程。从信息传递的方向来看，系统信息流可划分为顺馈型信息流和反馈型信息流两类。顺馈型信息流是指经传感器采集流入系统的信息，包括经外部流入的其他各种水环境信息，如人工录入的数据、接收其他大气环境、气象系统的信息等；而反馈型信息流，则是水环境信息的管理、表达、状态评估、辅助决策支持层次对多传感器资源进行管理和协调控制的信息流，以使整个系统的功能和性能得到优化和提高。

2. 系统的层次结构

将信息融合系统设计为分布式结构和集中式结构相结合的混合结构 (图 2-3)。整个系统由一个全局融合中心和若干融合分中心两级组成，全局融合中心主要将各融合分中心融合后的数据与来自于外部的其他相关信息相融合，呈分布分级式融合结构；而融合分中心则采用集中式的融合结构。

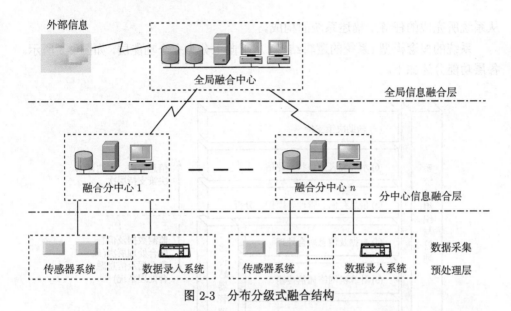

图 2-3 分布分级式融合结构

在全局融合中心和各个融合分中心中,对信息的融合处理都是分级、分层次处理的,其层次结构及信息处理的基本过程如图 2-4 所示。考虑到融合中心的计算能力、融合中心之间的通信带宽以及资金能力等因素,分中心可能更多地设计处理数据层和特征层的信息,而全局融合中心则更多地设计处理特征层和决策层的信息。

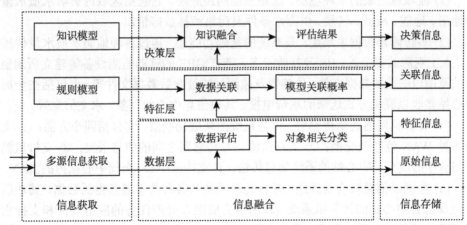

图 2-4 信息融合处理的基本过程

2.3.2 系统的概念模型

依照 "物理构成" 和 "逻辑构成" 分开的原则,提出下述基于信息融合的水环境自动监测系统的 "逻辑构成" 体系结构,它是对系统的逻辑结构的描述,即着重从系统所完成的任务上描述系统的构成。

系统的概念模型 (系统的逻辑结构) 从下向上分为七个功能层, 如图 2-5 所示。各层功能分述如下。

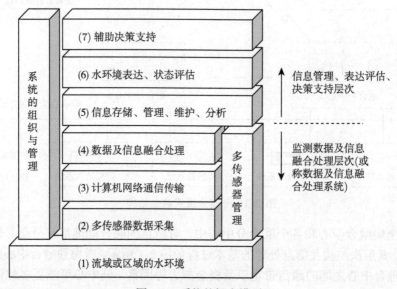

图 2-5　系统的概念模型

(1) 流域或区域的水环境层, 这是系统的最底层。它包括区域内影响水质水量的地形、地貌、植被、气候、供需水条件及污染源排放等情况。

(2) 多传感器数据采集层, 是系统的基础功能层, 通过各种地面水质水量传感器、人工观测数据录入、RS 及接收设备、带有 GPS 的移动监测设备等建立所属监测站范围内的监测数据文件、传感器及监测站特征参数数据文件等, 也包括在全局中心站接收以联机方式送来的水情电报、其他信息中心的气象、水文信息等。

(3) 计算机网络通信传输层, 也是系统的基础功能层, 它包括四个方面: ① 支持各种 WAN 连接及交换; ② 支持监测站与传感器之间的信息采集; ③ 支持监测站与分中心或全局中心站的遥测信息传输; ④ 支持分中心、全局中心站内的 LAN。

(4) 数据及信息融合处理层, 融合处理系统从各种信息源获得的数据, 其功能由全局融合中心站的计算机系统 (即用以完成融合处理任务的应用软件和支持它运行的软硬件的总称) 完成, 或由全局融合中心、各个分中心以多 Agent 的方式完成。

(5) 信息存储、管理、维护、分析层, 包括水环境数据库和水环境管理信息系统。水环境数据库又包括区域自然、水质水量、法规标准数据等属性数据库和水系图、行政区图、污染源分布图等图形数据库。水环境管理信息系统完成水环境信息的表达、维护、管理及分析。在这一层次中，GIS 是支持空间化监测信息的综合加工和信息的形象化表达的有力工具。

(6) 水环境表达、状态评估层，对水环境做出评价、预报及状态评估。

(7) 辅助决策支持层，实现辅助决策支持功能是自动监测系统的最高目的，它建立在水环境信息存储、管理层和状态评估层之上。

系统的组织与管理层跨越第 2~7 层，除技术管理外也包括行政管理。

多传感器管理层也是信息融合系统中的重要组成部分，特别是大范围水环境自动监测这样的多传感器信息融合系统。多传感器管理包括优化分配有限的传感器资源、协调传感器数据采集、在线确定传感器的工作方式和参数、甚至还包括远程在线工作组态和维护等。通过多传感器管理及协调控制策略，使系统的功能和性能得到优化和提高。近几年来，多传感器管理是首先在军事领域发展起来的优化和提高系统功能与性能的技术手段之一，目前在工业领域，如基于控制网络的可重配置传感器 (reconfigurable sensor)、Intranet 网络环境下的现场智能设备实时在线工作组态和维护等，也得到了初步应用。

系统体系结构中的每一个层次的各种功能，并非每一个 "物理的" 系统都必须具备。此外，各层中每一项功能的强弱也有很大差异，这些差异正好说明了系统功能的综合化程度。

与 3S 技术相结合的大范围水环境自动监测系统是一个综合性强、多层次、复杂的系统，涉及一系列重大关键技术。限于篇幅，本书重点研究系统的体系结构。

这种 "逻辑构成" 的体系结构有利于系统在遵从统一的体系结构前提下，采用不同的设计方案、技术、系统集成等物理实现方法，即系统中的软硬件设备的 "物理构成" 可以不同。以求体系结构之同、而存硬软件技术之异，有利于水环境自动监测系统建设的开放性和规范化。

2.3.3 系统的总体设计

在上述的 "逻辑构成" 体系结构指导下，采用图 2-6 的设计方案。图 2-6 中描述了该设计方案所涉及的具体关键技术和研究内容。

1) 信息获取子系统

信息获取子系统是对水质状况信息进行提取，获取的信息包括地面监测信息、遥感图像信息及辅助信息。传统的监测方式主要获得地面监测信息，遥感图像使获得水环境空间分布状况成为可能，辅助信息包括区域地形图、植被、气候、供需水条件及污染源排放等信息，以及监测人员的经验知识、以往区域水质状况信息，这一点对地面数据与遥感信息融合非常重要。

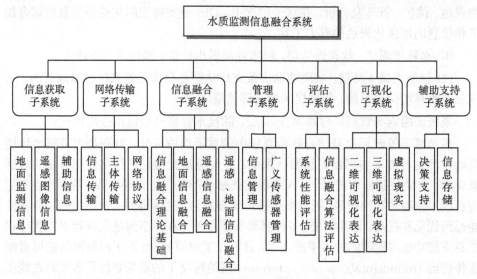

图 2-6　系统设计方案

2) 网络传输子系统

要获得区域水环境状况，网络传输子系统是必不可少的，因为区域监测站分布较远且不均匀。网络传输子系统包括信息传输、网络协议、主体传输。主体 (Agent) 传输的目的是解决信息传输速度慢的问题。融合中心通过主体对当地的监测站信息进行初步处理，并将处理结果传输到融合中心，这样可以利用公网进行传输，保证处理的实时性，同时节约成本。

3) 信息融合子系统

信息融合子系统是水质监测信息融合系统的核心，由地面信息融合、遥感信息融合、地面信息与遥感信息相结合的融合及信息融合的理论基础组成。地面信息融合主要针对地面水质监测数据，反映局部的水质状况；遥感信息融合是利用卫星图像或航拍图像数据进行融合处理，反映具有光敏性的水质参数的空间分布情况；地面信息与遥感信息相结合的融合目的在于利用二者的优势，得到更加准确的水环境状况，但二者数据的表示形式差异较大，一般采用基于知识的融合处理策略和基于反馈分布式信息融合结构，如图 2-7 所示。信息融合的理论基础以研究信息融合全过程的科学规律为主要任务，同时也为上面三种融合起指导作用。

4) 管理子系统

管理子系统的目的在于对资源的优化、分配，包括监测信息的管理和广义传感器的管理。这里的广义传感器不仅指普通传感器，而且将从网络、数据库、人工录入等的信息获取方式看作为传感器。通过对信息的优化配置、多传感器协调控制，使系统的功能和性能得到优化和提高。

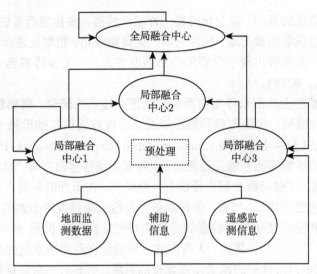

图 2-7 反馈分布式信息融合结构

5) 评估子系统

评估子系统包括系统性能评估和信息融合算法评估。系统的融合效果如何，需要进行评估。评估融合系统的有效性是为设计或改进融合系统提供帮助。目前，信息融合算法比较多，每一种算法都有其优缺点，因此针对具体问题，需要对融合算法进行选择，然而算法的有效性怎样，靠评估系统来评价。

6) 可视化子系统

水质监测信息经过融合处理后，其结果反映水环境的状况，这种状况的表示是通过可视化子系统实现的。可视化子系统包括二维可视化表达、三维可视化表达及虚拟现实。这种可视化表达可以是静态的，可以是动态的，也可以利用虚拟现实对现实环境进行模拟表达。

7) 辅助支持子系统

辅助支持子系统是对水质监测信息融合系统起辅助作用，主要由决策支持和信息存储构成。融合的目的在于能够为决策服务，而将融合的结果进行存储，作为下一次融合的输入，这样可以提高融合精度。

2.4 基于 WSN 的地面水环境监测信息获取与处理

在水环境监测信息获取、处理、传输和应用的信息链中，信息获取手段和方式发展较 "信息处理" "传输" 和 "应用" 落后；此外，受我国经济发展水平制约，以及现场环境工作条件的限制，难以建设高密度、永久性固定的监测站点，因而严重影响了整个信息链。

随着应用需求的推动，以及传感器—智能传感器—多传感器系统技术的发展，传感器作为信息获取的最前端，已经从单一化向集成化、微型化进而向智能化、网络化方向发展，并导致出现了全新的信息获取方式——无线传感器网络 (wireless sensor networks，WSN)。

区域或流域的大范围水环境监测和污染跟踪技术的研究，需要解决水质水量的综合、协同化监测、污染定位和跟踪以及如何依赖通信基础设施 [包括广域网、水利骨干网、公共交换电话网络 (public switched telephone network, PSTN)、GPRS 通信公网和无线水情遥测系统及遥测站点] 降低无线传感器网络 "自组织性" 的技术难度等。目前，这些问题在国内还没有开展研究，在国外的研究也是刚刚起步。

由于水环境受到地形、气候、供需水条件及污染源排放等因素的影响，其水质和水量随时间和空间变化具有较强的易变性和突发性。20 世纪 80 年代后期在国外，20 世纪 90 年代初期在国内，大范围的水环境综合监测网系统的建设逐渐受到重视。国内，大多已经建好的或者正在建设的系统，更多的注意点是放在通信专网及永久固定式遥测站点等基础设施的建设和扩建上。由于系统的工作地域范围大，地理地形、污染源分布和变化复杂，使得系统设计和建设的理念仅仅考虑构建高密度永久固定式地面监测站点，难以满足社会的发展对水环境信息化和数字化要求的不断提高。而采用无线传感器网络和现有的通信网络基础设施结合的技术手段，进而提高整个系统的效能，与以往仅仅通过构建高密度通信专网和装备永久固定式地面监测站点的设计理念不同。

面向区域或流域的大范围水环境监测和污染跟踪的 WSN 网络应用，具有信息采集分布面广、需要依赖公共通信网基础设施、在野外的传感器节点工作环境较恶劣、传感器节点及网络异构等特点。

另外，我国现有的水环境遥测系统采集的主要是水位、雨量、蒸发、流量等有关水量的水文信息，水质和水量的综合遥测系统研发仍然采用传统的遥测技术，不能解决污染定位和跟踪以及水质水量的综合协同化监测问题，水环境的数字化远没有解决。

本节面向地面水环境监测与污染跟踪的应用，介绍和讨论与通信网络及固定式遥测站点等基础设施相结合的无线传感器网络应用关键技术。

2.4.1　WSN 网络和通信基础设施相结合的系统设计

1. 系统的协议设计框架

面向区域或流域的大范围水环境监测和污染跟踪系统工作环境复杂、偏远，WSN 网络需要依赖已有的通信公网、专网及永久固定式遥测站点等基础设施。通信基础设施包括广域网 (水利骨干网)、(PSTN、移动) 通信公网和无线水情遥测系统。

　　系统采用分层设计，WSN 网络层是水雨情、污染源信息采集层，处于系统的最底层。WSN 网络节点通过自组织形成一个个的簇，每个簇又根据相应的 LEADER 选择算法，得到具体时段的簇 LEADER 节点，负责本簇内所有节点与外界的通信工作。当簇 LEADER 收集完毕本簇待传的信息后，接入无线水情遥测系统永久固定式遥测站点、电话网终端或 GPRS 移动通信网，其次接入水利骨干网 (广域网)。

　　系统协议设计框架包括 WSN 协议层和透明传输层。传感器节点采取改进的基于簇的协议。作为簇 LEADER，包括应用层、运输层、网络层、数据链路层、物理层。簇 LEADER 节点与簇中其他的节点组成自组织网络，同时与通信基础设施的通信处于透明传输状态。

　　在透明传输过程之上，主要负责对数据的查询管理、融合、决策以及依据决策对监测区域的传感器的节点或永久固定式遥测站点的各个参数进行管理。数据查询与管理层又根据具体的分工分为归一化逻辑存储区和各个查询代理，他们将用户的查询指令归一化后通过各个流域 (区域) 段的代理传达到节点，然后从中获取需要的信息。而后，在数据融合层中将得到的信息依据决策所需进行融合，再将结果递交到管理决策层。多传感器管理层根据决策的结果和需要，再对各个区域传感器的各项参数进行设置，从而满足下一步的监测需求。同样这些指令也通过传输网络到达 LEADER 节点，再由 LEADER 节点根据自己的具体的情况在本簇内执行。

2. 依赖基础设施的 WSN 网络数据管理

　　WSN 数据库技术需要考虑大量的传感器节点设备的存在，以及它们的分散性和移动性。WSN 网络数据处理和管理面临许多挑战，如节点能量、计算能力和存储空间受限、网络不稳定、连接可能断开、吞吐量不断变化、新数据不断地被感知、数据是连续的且长延迟及存在误差，需统计观察处理、操作地址及数据频繁更新、传感器节点的数据采集任务交互分配等。

　　WSN 网络的数据管理与传统的分布式数据库有很大差别。由于传感器节点的资源有限，数据管理系统必须在尽量减少能量消耗的同时提供有效的数据服务。同时，WSN 网络中节点数量大，且在突发性污染事故和雨洪水期，需要查询节点产生的是无限数据流，无法通过传统的分布式数据的数据管理技术进行分析处理。此外，对 WSN 网络数据的查询经常是连续的查询或随机抽样的查询，这也使得传统分布式数据库的数据管理技术不适合 WSN。

　　依赖水文遥测系统和永久性固定遥测站基础设施的 WSN 网络，将数据查询与管理层分成多个节点代理 (sensor proxy) 和归一化存储单元 (unified logical store) 两个部分，以降低 WSN 网络数据查询与管理的技术难度。数据查询与管理的基本工作方式是将远程传感器 (remote sensor) 节点采集的当前数据和原始数据以索引 (index) 的方式存储在代理的 Summary Cache 中。同时，代理中的预测引擎 (prediction engine) 会依据对 Remote Sensor 采集的数据的分布规律性来形成一个 MODEL，这个 MODEL 可预测下一步的数据的情况。这样查询指令很方便地从 MODEL 的推断中得到结果。在整个查询过程中，通信基础设施层都是透明的。

查询过程设计如下：当 Sensor Proxy 接收到通过归一化单位处理过的上层查询指令，Proxy 会检查在本 Proxy 的 Cache 中是否有匹配的数据摘要。若有，则引导从 Remote Sensor 中取得相关处理过的数据 (压缩)；若是不存在，则先看是否能从 Cache 的数据中推出合适精度的数据 (通过 Prediction Engine)，如果还不行，则会通过从其他 Proxy 或者 Remote Sensor 中调用数据来回复这个查询。

数据管理和查询的高可靠性主要是通过 Model-driven push approach 来实现的。Proxy 中的查询引擎创建了一个数据和预测参数之间的 MODEL，在一般情况下是通过 MODEL 的预测来回复查询指令的。而本设计中 Remote Sensor 通过对比采集的数据与 MODEL 的参数，可以检测出 MODEL 的出错，这时，Remote Sensor 就独立的将这个时刻的数据传到 Proxy 中，来弥补 MODEL 的错误。

另外，在 Prediction Engine 的预测机制中，能通过保证回复查询指令一个足够精确度的数据的方法来检测出是否出错，如果不存在足够精确的回复查询指令的数据，则代表 Proxy 中一定存在错误，可能是上面提到的 Remote Sensor 都没有发现的，这样就保证不至于在错误发生的时候，仍然默认 MODEL 中的预计结果。

3. 污染区域定位设计

污染区域定位设计方案拟采用带 GPS 的永久固定式遥测站点与基于测距定位算法的传感器簇节点相结合的污染区域定位技术。系统分设信标节点和位置未知节点。根据地理环境和应用情况，合理选择永久固定式遥测站点、Sink 节点和某些 WSN 网络中的簇节点作为信标节点。

固定式遥测站点和 Sink 采用 GPS 定位技术，位置未知节点通过相应的定位算法，得到 WSN 网络中各个传感器节点与 GPS 站点之间的相对位置。这样被监测的污染区域位置可大致确定。

需要精确定位的污染源和区域，拟采用基于测距定位算法。目前已经得到应用的典型测距手段包括：① 无线电波到达时间 (TOA) 测距；② 无线电波到达时间差 (TDOA) 测距；③ 无线电波到达角度 (AOA) 测距；④ 无线电波接收信号强度 (RSSI) 测距。WSN 节点的资源有限，基于到达时间的测距方法 TOA 对同步精度有很高的要求，WSN 难以达到纳秒级的同步精度。并且频繁的同步过程将增加网络的通信量。基于到达时间差的测距方法 TDOA，主要利用 (超) 声波等信号与无线电信号传播速度上的差异进行测距，要求传播距离短，导致信标节点密集布设。基于到达角度的测距方法 AOA 需要高能耗的天线阵列以测量信号的方向等额外硬件的支持。基于接收信号强度的测距方法 RSSI 利用的是无线电信号强度随传播距离衰减的规律。在实际环境中，决定信号衰减规律的因素很多，不同环境中引入的校正模型也不相同，降低了这种方法的适用范围。综上考虑，拟采用数据压缩和改进的 TOA 测距相结合的方法。选择某些固定式遥测站点或能够接入太阳板的节点，作为 WSN 网络中的簇节点。

2.4.2 LEACH 路由协议

1. 关于 LEACH 协议

无线传感器网络 LEACH 网络协议是由麻省理工大学 (MIT) 电子工程与计算机科学学院最早提出的，是最早在 WSN 中应用的基于层次的路由协议。LEACH 协议利用簇的结构特点，通过簇首竞争等算法，将与汇聚节点 (sink) 通信的能量消耗均摊到每个节点，以此延长整个系统的生存期。并且通过簇首的数据处理技术，减小发送到 Sink 节点的数据量，也实现了减少能耗的目的。而 Sink 节点在一个 WSN 中只有一个，用于向上层传输数据，能量可以重新补充，它的能耗对系统的寿命没有影响。从 LEACH 协议提出至今，这种基于层次的协议设计思想被越来越多的研究者接受。

目前存在的针对 WSN 的网络协议有很多，它们也各有自己的优劣。

(1) 基于能量的路由协议：它们根据传感器节点的可用能量或传输路径上链路的能量需求来选择传输路径。但是，这类能量路由算法需要节点知道网络的全局信息，而传感器网络的能源约束使得节点只能获取局部信息，因此它们只是理想情况下的路由方法。

(2) 基于协商的路由算法 SPIN：SPIN (sensor protocol for information via negotiation) 是一种以数据为中心的自适应通信路由协议。其目标是通过使用节点间的协商制度和资源自适应机制，解决 SPIN 中扩散法存在的不足之处。该协议的缺点是在传输新数据的过程中，直接向邻居节点广播 ADV 数据包，而其所有邻居节点由于自身能量的原因，不愿承担起转发新数据的功能。故此新数据无法传输，将会出现"数据盲点"，进而影响整个网络信息的收集。

(3) MTE (minimum transmission energy) 协议：在 MTE 协议中，某一节点选择离自己平面距离最近的节点进行路由中转。这种路由协议的优点是简单、开销小，每个节点只需要找到通往 Sink 节点的下一跳节点，然后把数据发给它。缺点是靠近 Sink 节点的传感器节点会一直承担路由器的角色，节点之间负载不平衡，靠近 Sink 节点的传感器节点可能很快就耗尽自己的能源而"死亡"，缩短整个网络的生命周期。

(4) Directed Diffusion 协议：这是一种以数据为中心的路由协议，其突出特点是引入了梯度来描述网络中间节点对该方向继续搜索获得匹配数据的可能性。缺点是没有形成到 Sink 节点的多条路由，路由鲁棒性不够好。

(5) LEACH(low energy adaptive clustering hierarchy，低功耗自适应集簇分层型协议) 协议：是一种基于簇的路由协议，它运用以下技术以实现自己节能的目的：① 随机的、自适应的、自组织成簇的方法；② 数据传输的局部控制；③ 低能耗的 MAC 协议；④ 信息处理技术。LEACH 协议在无线传感器网络路由协议中占有重要地位。其他基于簇的路由协议大都由 LEACH 发展而来。

从能量角度来看，LEACH 协议假设每个节点都有足够的能量将数据传达至簇首。并且节点都可以采用能量控制，控制自己在不同工作状态 (休眠、空闲、处理数据、发送数据包等) 下的能耗。理论上讲，能量是可计算的。

LEACH 协议的提出者后来也在此基础上改进得到了 LEACH-C 协议，主要的改进是在成簇阶段不再由节点自行竞争簇首，而是节点先将自己的数据传到 Sink 节点，再由 Sink 节点根据它们的位置、能量，周期性地确定簇首的位置。这样做的优点是通过合理的安排簇首，可以得到一个合理的簇的分布，减少了原 LEACH 算法中因为随机组成的簇的位置或数目不理想而造成的能耗。

LEACH-C 网络协议也有其固有的缺点：因为无线传感器网络中使用节点数量大，节点覆盖密度也大，这样无法避免地使单个节点采集的数据与整个无线传感器网络采集的数据有很大的关联性。而用户需要的，并不是所有的节点采集的数据 (包含冗余数据)，而只是对发生事件的描述——利用网络数据集分析出的被观测区域正在发生的事件状况。

2. LEACH 协议分析

在每个簇中，簇首节点因为要接收簇内所有节点的信息，并且要处理这些信息，最后将它们发送到距离较远的 Sink 节点，这些能量都是一个普通节点所不需要负担的，即簇首节点的能耗比一般节点大很多。若簇首节点是预先被选定的，并且在整个系统生命期都工作，那么这个节点的能量将很快被耗尽，随着这个节点能量被耗尽，整个簇也将结束工作。

在 LEACH 中，节点们自动组织到一个簇中，并且簇首节点由所有节点按照各自的能量状况轮流担任。这样，作为簇中消耗能量最大的簇首节点所消耗的能量就由整个网络的节点共同来分担，自然网络的工作生命期就得以延续。

LEACH 算法的执行被分为若干个循环 (round)，每个循环由成簇阶段 (setup-state) 和稳定阶段 (steady-state) 组成 (图 2-8)。成簇阶段 (setup-state)：选择簇首，进而决定簇成员，簇编码等。稳定阶段 (steady-state)：在临时的簇结构中进行数据传输。

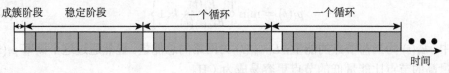

图 2-8 LEACH 的工作循环示意图

1) 簇首 (CH) 选举算法

LEACH 的簇首是在没有任何中心控制的情况下产生的, 设 N 为网络中节点总数, r 为非负整数, i、k 为正整数, 则在第 $r+1$ 循环, 节点 i 在时刻 t 会以概率 $p_i(t)$ 参与 CH 的选举, 假设理想状态下只有 k 个节点作为簇首节点是理想的。要让所有节点都作了一次簇首 (CH) 的话, 就要求在 $\dfrac{N}{k}$ 个循环内, 每个节点都能被保证做过了一次簇首节点。设置 $c_i(t)$ 为 CH 的标志位, 代表节点 i 在最近的 $\left(r \bmod \dfrac{N}{k}\right)$ 循环是否做过 CH, $c_i(t)=1$ 代表在最近的 $\left(r \bmod \dfrac{N}{k}\right)$ 循环没有做过, $c_i(t)=0$ 代表在最近的 $\left(r \bmod \dfrac{N}{k}\right)$ 循环刚做过 CH。LEACH 协议规定, 刚做过 CH 的节点, 在本循环将不会参与 CH 选举。每个节点将以概率 $p_i(t)$ 被选择为 CH:

$$p_i(t) = \begin{cases} \dfrac{k}{N - k\left(r \bmod \dfrac{N}{k}\right)}, & C_i(t) = 1 \\ 0, & C_i(t) = 0 \end{cases} \tag{2-1}$$

由上式可见, 只有在最近 $\left(r \bmod \dfrac{N}{k}\right)$ 循环没有做过 CH 的节点, 有机会以概率 $p_i(t)$ 竞争剩下的 $\left[\dfrac{N}{k} - \left(r \bmod \dfrac{N}{k}\right)\right]$ 个循环的 CH。

以上算法建立在所有的节点都假设具有相同能量并且每一个步骤都消耗相同能量的前提下 (如传输 1byte 数据到 CH, 或传输 1byte 数据到 Sink 节点等)。但是, 由于实际网络中的各种外界情况 (如传输距离、阻碍等), 这一点实际上是不能满足的。这样的情况下, 拥有更多能量的节点应该比其他节点更高频率地担任 CH, 从而实现能量均摊。

LEACH 采用了下面的算法来解决这个问题。原则是将网络中剩余的总能量与节点上剩余的能量相关联, 用这样选择出的能量较多的节点以较大的概率来帮助节点竞选 CH。而不是简单地以担任 CH 的次数来决定 $p_i(t)$。新的 $p_i(t)$ 表达式

如下:

$$p_i(t) = \min\left\{\frac{E_i(t)}{E_{\text{total}}(t)}k, 1\right\} \tag{2-2}$$

式中, $E_i(t)$ 为当前节点的能量; $E_{\text{total}}(t)$ 为网络的总能量。显然通过这个概率 $p_i(t)$, 能量高的节点比能量低的节点更容易成为 CH。

2) 理想簇首个数选择算法

LEACH 协议的簇首选举算法用来保证在每个循环中形成簇的个数为 k(即 k 个簇首), 由式 (2-1)、式 (2-2) 可以分析得出, 簇首个数 k 的选择对节点竞争做 CH 的概率 $p_i(t)$ 有着很大的影响, 所以在 LEACH 算法中, 需要使用一个理想簇首个数选择算法来确定在整个网络过程中将被使用的 k 值大小。

3) 成簇过程

一旦节点通过上面的方法竞争成为 CH 之后, 它就会广播自己的消息, 让合适的节点加入自己的簇。在接收到其他节点的加入请求之后, CH 会为自己簇做一个进度表 (TDMA SCHEDULE), 并将这个进度表传达到本簇每个节点, 利用 TDMA 来给本簇各个节点分配一个工作时隙 (slot)。

2.4.3　基于动态成簇的路由算法

本小节介绍基于动态成簇的路由算法。该算法在 LEACH 协议基础上进行改进, 以适应面向大范围水环境监测应用的要求。

针对 LEACH 的无线传感器网络路由协议, 通过在 LEACH 成簇过程中引进簇首数目动态选择的机制, 使得在系统的各个生命阶段中, 成簇的个数更加合理, 从而达到提高应用系统能效和稳定性的目的, 以适应面向大范围水环境监测应用的工作要求。实验仿真结果显示该动态成簇算法方法能较明显地提高系统的工作寿命和网络品质。

目前的 WSN 网络协议, 如基于能量的路由协议、基于协商的路由算法 SPIN、最小化传输能量协议 MTE(minimum transmission energy)、以数据为中心的 Directed Diffusion 协议等, 都各有自己的优劣。

这里以选择 LEACH 协议作为基础, 在大范围水环境监测下使用无线传感器网络完成监测任务, 有如下几个原因: ① LEACH 是一种基于簇的路由协议, 它运用随机的、自适应的、自组织成簇的方法构成整个网络, 这种层次结构的路由协议比传统的平面路由协议更能够满足大范围传感器网络的设置, 即满足大规模布置节点的需求; ② LEACH 协议采用的数据传输的局部控制技术以及低能耗的 MAC 协议, 进一步满足了无线传感器网络应用在大范围水环境监测中对节点能量的控制及网络吞吐量的要求; ③ 信息处理技术在 LEACH 中的应用, 也为宏观地分析大范围水环境监测网络获取的信息提供了依据。上述技术特点, 使得基于"簇"的层次化结构的 LEACH 路由协议比其他路由协议更加具备满足大范围水环境下进行无线传感器网络覆盖的能力。

LEACH 协议在无线传感器网络层次化路由协议中占有重要地位。其他基于层次的路由协议大都由 LEACH 发展而来。LEACH 协议的提出者后来也在此基础上改进得到了 LEACH-C 协议，主要的改进是在成簇阶段不再由节点自行竞争簇首，而是节点先将自己的数据传到 Sink 节点，再由 Sink 节点根据它们的位置、能量，周期性地确定簇首的位置。这样做的优点是通过合理的安排簇首，得到一个合理的簇的分布，减少原 LEACH 算法中因为随机组成的簇的位置或数目不理想而造成的能耗。

尽管如此，LEACH 网路协议和 LEACH-C 网路协议仍有一个共同的缺陷：在它们的成簇算法中，一旦理想成簇数目 k 被计算出来，就在整个系统的生命期间不再更改。但是，在系统工作过程中，特别是在系统工作较长时间以后，系统中节点数目减少，原来制定的成簇数目 k_{opt} 就可能会大于实际上需要的簇的个数。这样的不合理会造成网络中节点能量的严重浪费，加速系统寿命的终结。

根据上述分析，基于动态成簇的路由算法采用通过在 LEACH 成簇过程中，使用动态地选择理想簇首数目，而不是采用单一固定的簇首个数的机制。使得在系统工作的各个阶段，成簇的数量更加合理，从而达到节约能量、提高系统稳定性的目的。同时根据无线传感器网络的特性，要求在 WSN 网络协议设计时必须考虑到节能、网络的自适应能力、获取信息的准确性等多方面的因素。下面将主要通过以下几个参数来评价一个无线传感器网络协议的优劣：① 网络的自适应能力；② 系统工作寿命；③ 网络品质。

1. 动态理想簇首数量选择方法

动态理想簇首数量选择方法是通过动态选择理想簇首数量的思想，来改进 LEACH 网络协议的成簇过程，以达到提高系统的能效等目的。

1) 动态理想簇首数量选择方法设计思想

在 LEACH 协议与 LEACH-C 等现有的 LEACH 改进网路协议中存在一个共同的缺陷：在它们的成簇算法中，一旦将最理想的成簇个数 k 计算出来，这个 k 就在整个系统的生命期间中的每一个循环都起作用，被用来作为决定每一个循环中任一节点竞争 CH 的概率的依据。而最优簇首个数 k，主要由网络中节点总数 N、网络监测的面积等因素决定。一旦网络中节点数量 N 发生变化，实际理想的簇首个数 k 就可能随之变化，若这时仍沿用原来的理想簇首个数 k，必然会造成网络中各节点由概率 $p_i(t)$ 竞争得到簇首的总数不再最合理。显然，这样一个不合理的最优簇首 (k) 选择机制，会造成网络中节点能量的严重浪费，从而危及系统寿命。

针对这样的缺陷，设计一种通过动态地为网络配置最优的簇首个数来实现合理组织成簇的方法。设计思想是让网络中节点在系统的运行中能够实时地监测网络中存活的节点总数。然后通过预先存储在各个节点上的"节点——理想簇首数量对照查询表"读取本时刻该网络的最优簇首个数 k，之后再利用这个 k 来计算出本节点竞争簇首的概率。这样带来的好处是使系统运行中的最优簇首个数值不再是固定不变的，而是动态的根据网络节点总量而配置。

这样动态地为网络配置最理想的簇首个数，能给无线传感器网络在能效、鲁棒性和系统对网络品质要求变化的适应性等方面带来较理想的优化效果：

(1) 在网络能效方面。基于动态成簇的路由算法能保证网络在工作寿命期间，每一个循环的成簇阶段开始前，能够获得一个针对本时刻系统状态而制定的成簇个数理想值 k，以此引导网络围绕这个最优 k 值来进行成簇等其他工作。这样避免了在网络节点减少过程中，网络依然围绕旧的最优簇首个数 k 成簇，以至于每个循环中，实际形成的簇首个数都大于此刻的簇首个数理想值的可能性。由上面的分析可知，簇首节点消耗的能量远大于同簇中非簇首节点所消耗的能量。因此，采用动态地为网络配置最理想的簇首个数的算法能有效地降低不必要的能耗，达到提高系统能效的目的。

(2) 在网络鲁棒性方面。当系统网络中的节点数减少时，基于动态成簇的路由算法能在每个循环自动为网络分配新的成簇个数理想值 k，最大限度地降低了因为网络节点数的减少而对系统寿命等造成的影响。反之，当网络中有补充节点时，系统在本算法的引导下，能自动地对新补充的节点做出反应，在新的循环立刻为网络指定适合成簇个数理想值 k。这样，无论在有节点死亡或者是新增节点的情况下，系统都能以能效为目的，不让这些变化影响系统的寿命。

(3) 系统对网络品质要求变化的适应性。LEACH 协议下，系统有这样一个特点——成簇个数与网络品质成正比关系，而与系统的寿命成反比，即形成簇首个数越多，单位时间内 Sink 节点接收到的信息量就越大，同时网络中充当簇首节点所消耗的总能量就越大。

根据此特点，水环境监测无线传感器网络提供了更加灵活的使用方法，以满足不同应用背景的要求。当系统对网络品质要求比较高时，可以采取追加新节点的方法，或者是以提高"节点——理想簇首数量对照查询表"中每个节点总数所对应的 k 值来提高网络中节点向 Sink 节点发送的数据量。当系统对网络品质要求不是特别高的时候，就直接采用"节点——理想簇首数量对照查询表"所制定的参数，将系统的能效置于首位。

2) 动态理想簇首数量选择方法执行过程

动态理想簇首数量选择方法的执行过程可分为后台制表与实时执行两个部分。

后台制表的主要任务是在节点投入网络之前通过理想簇首个数选择算法以能效作为首要考虑的目标，结合具体的网络应用环境，制定"节点——理想簇首数量对照查询表", 将网络中节点总数所对应的理想簇首个数 k 预先设置好, 以备节点网络选择理想簇首个数时查询。

在后台制表过程中, 首先针对无线传感器网络具体的应用背景, 采集在计算理想簇首个数时所需的参数, 如网络中的节点数量、节点距 Sink 的距离范围、自由空间损耗的放大系数、多径衰落的放大系数等。然后利用理想簇首个数选择算法, 根据节点距 Sink 的距离范围, 将网络中节点总量所对应的理想簇首个数值 k 的范围计算出来, 网络中不同的总节点数量所对应这个 k 值的范围是不同的。

在得到总节点数量所对应的 k 值范围之后, 将取值范围内各 k 值代入模拟的具体应用环境下运行, 计算出平均每循环下能耗曲线图, 选择能获得最小能耗的 k 值存入到 "节点——理想簇首数量对照查询表" 中相应的节点总数所对应的理想簇首数量的位置。

"节点——理想簇首数量对照查询表" 中, 节点总数的取值范围根据应用的具体情况可以自由的选取。选取时一般采用 "宁过勿缺" 的原则, 尽量扩大取值范围。虽然会增加系统制表的复杂性, 但却能够换取网络更大的可拓展性。

动态理想簇首数量选择方法的执行过程如下。

首先以能效为前提, 制定统计网络中存活节点总数的方法, 然后 Sink 节点以统计来的网络存活节点总数为基础, 通过查询 "节点——理想簇首数量对照查询表" 得出网络现阶段所应该选择的理想簇首数量 k, 并将此 k 值广播到网络的每个节点。各个节点通过理想簇首数量 k 计算出本节点竞争簇首的概率, 最后再进入 LEACH 算法的成簇过程。

通过网络存活节点的总数查表的过程, 可以处理得到 Sink 节点内部的简单数据。水环境监测无线传感器网络节点总数统计方法主要由网络中的 non-CH 节点、CH 节点与 Sink 节点协作完成。

(1) 在网络刚开始工作时, 将此时网络的节点总数目 N 设为初始值, 即第一次向网络中投放的节点总数。

(2) 此后的每个成簇阶段 (setup-state), 在 LEACH 算法中要求一个簇中所有的非簇首节点 (non-CH) 在确定自己所属的簇首之后, 必须向 CH 发送一个 Join-REQ 信息, 其中包含自己的 nodeID 和簇首的 CHID。此时, 令 CH 开启自己的一个计数器, 当收到的 Join-REQ 信息 (non-CH 发出) 中有新的 "nodeID", 且 "CHID" 也与自己吻合时 (防止网络中的串扰), 将计数器加 1; 计数器的初始值设为 1(表示 N 中也包含了各个簇的 CH)。

(3) 在成簇阶段完成后, CH 向 Sink 传输自己采集的 DATA 时, 附带将计数器的本簇的节点总数也传给 Sink。

(4) Sink 在接收到所有簇的数据 (DATA) 时, 同时也接收到了各个簇的节点总数, 所以 Sink 此时将各个簇的节点总数求和, 将结果保存, 然后就这个总节点数

选择相应的 k 值。

(5) 到一个新的成簇阶段 (setup-state) 时，如果该系统采用的是第一种节点竞争簇首概率 [由式 (2-1) 计算]，Sink 会利用上一个循环中所计算出来的网络节点总数和理想簇首数量 k，计算出节点竞争簇首概率，并以广播的形式向整个网络广播，供各个节点直接接收使用。若是采用第二种节点竞争簇首概率 [由式 (2-2) 计算]，Sink 仅将上轮计算出的理想 k 值广播至整个网络，由节点自己计算出竞争概率。

到此，整个实时执行过程就完成了。实时执行过程的特点在于合理地利用 LEACH 中所必要的信息传输过程，并将大部分的计算过程都集中在 Sink 中进行，并没有增加网络中传感器节点的能耗，就实现了网络中节点总数的统计。仅多了一个 Sink 的广播过程，又因为 Sink 的能量可以补充，所以它的能耗基本上不会对网络寿命造成影响。

2. 仿真实验设计

仿真实验采用 UC Berkeley 开发的网络模拟器 NS 来仿真改进后的方法，即基于动态成簇的路由算法。然后将结果与 LEACH 的仿真结果相对比，验证改进后的方法成功地使 LEACH 协议系统寿命明显延长。

仿真平台为 Windows XP+CYGWIN+NS-2.27。NS 是一个由 UC Berkeley 开发的用于仿真各种 IP 网络为主的优秀的仿真软件，最大的特点在于源代码公开。该软件最初是针对基于 UNIX 系统下的网络设计和仿真而进行的，实验是在 Windows XP 下用软件 CYGWIN 模拟 UNIX 系统的环境，在此基础上再用 NS-2.27 进行仿真实验。

首先对 LEACH 仿真的结果进行分析，发现其每个循环中实际成簇的数量与理想值之间存在差异；再以此差异为基础，分析这种固定理想簇首数量的方法对网络能效的影响。在实现改进方法时，为了简化仿真的过程，仿真实验设计采用采样计算的策略反映网络改进后的性能。在网络的节点从 100 到 0 的衰减过程中，采样一个时间进行理想簇首数量 k 的重新计算，再将新的 k 值代入仿真中运行，以此来逼近动态理想簇首数量选择方法中的网络节点总量实时统计与查表的过程，并通过对仿真实验结果的分析，总结出采用动态理想簇首数量选择方法后带来的能量等方面的改进。

仿真实验采用 100 个节点随机分布在 (100m×100m) 的空间中，将 Sink 节点设置在 ($x = 50$, $y = 175$) 的地方。带宽设置为 1m/s，消息长度设置为 500byte，并将所有类型的信息包头长度设置为 25byte。为了简化仿真，假设每个节点初始能量都是 2J，并假设性能上完全一致。

仿真能量模块的设置包括启动收发机能耗和放大信号能耗；接受节点的能耗

设置为启动收发机能耗。

每处理 k 个 bit 的信息，需要消耗的能量为 $E_{elec} \cdot k$，而信号放大能量需要由信号传播的距离决定，ε_{amp} 为放大系数。仿真中将距离分作两种：信号在簇内部传输时，视其为自由空间传输，此时信号收发机的能耗为 $E_{Tx}(k, d) = E_{elec} \cdot k + \varepsilon_{amp} \cdot k \cdot d_1^2$，$d_1$ 为簇间传输距离。而 CH 至 Sink 节点往往距离较远，假设这时传输信号存在多径衰落，此时信号放大器的能耗为 $E_{Tx}(k, d) = E_{elec} \cdot k + \varepsilon_{amp} \cdot k \cdot d_2^4$，$d_2$ 为 CH 至 Sink 节点的距离。

需要注意的是，ε_{amp} 的大小在自由空间传播和在多径衰落的传播这两种情况下也是不同的，根据实际情况在仿真中也分别作了假设。

而每接收 k 个 bit，无线电收发机能量消耗的能量为 $E_{rx}(k) = E_{elec} \cdot k$，信号收发机运行能耗 (不含放大能量)$E_{elec}$ 决定于数字编码、调制、解码、滤波等多种情况，仿真中，假设 $E_{elec} = 50\text{nJ/bit}$；而信号放大系数如下：

$$\varepsilon_{amp} = \begin{cases} \varepsilon_{fs} = 10\text{pJ}/(\text{bit} \cdot \text{m}^2) & \text{(簇内通信)} \\ \varepsilon_{mp} = 0.0013\text{pJ}/(\text{bit} \cdot \text{m}^4) & \text{(CH 与 Sink 节点通信)} \end{cases}$$

假设在 CH 进行的数据处理消耗的能量为 $E_{DA} = 5\text{nJ}/(\text{bit} \cdot \text{signal})$。

由上面的假设推出如下结论，作为一个 CH，在传递 1bit 到 Sink 节点情况下，消耗的能量可以表示为 (假设每个簇的节点数目相同)

$$E_{CH} = l \cdot E_{elec} \cdot \left(\frac{N}{k} - 1\right) + l \cdot E_{DA} \cdot \left(\frac{N}{k}\right) + l \cdot E_{elec} \cdot \left(\frac{N}{k} - 1\right) + l \cdot \varepsilon_{amp} \cdot d_2^4$$

$$[\varepsilon_{amp} = \varepsilon_{mp} = 0.0013\text{pJ}/(\text{bit} \cdot \text{m}^4)];$$

每个 non-CH 能耗为 $E_{non-CH} = l \cdot E_{elec} + l \cdot \varepsilon_{amp} \cdot d_1^2 [\varepsilon_{amp} = \varepsilon_{fs} = 10\text{pJ}/(\text{bit} \cdot \text{m}^2)]$. 理想簇首个数选择算法如下。

设 N 个节点的网络作用在一个 $M \times M (M$ 为正实数) 的区域中，若共有 k 个簇，则每个簇平均拥有 $\frac{N}{k}$ 个节点，覆盖的面积约为 $\frac{M^2}{k}$。一般来说，这是一个任意形状的区域，每个节点按照 $\rho(x, y)$ 的概率分布。由前面的分析，簇中每个 non-CH 节点至 CH 节点的距离为 d_1，且大部分簇的 CH 在簇中央，则 d_1^2 的均值为

$$E[d_1^2] = \iint (x^2 + y^2)\rho(x, y)\text{d}x\text{d}y = \iint r^2 \rho(r, \theta) r \text{d}r \text{d}\theta$$

再假设簇是一个半径为 R 的圆：由 $\pi R^2 = \frac{M^2}{k}$ 推得 $R = \frac{M}{\sqrt{\pi k}}$。且 $\rho(r, \theta)$ 中的 r 与 θ 是恒量，有 $E[d_1^2] = \rho \int_0^{2\pi} \int_0^{\frac{M}{\sqrt{\pi k}}} r^3 \text{d}r \text{d}\theta = \frac{\rho}{2\pi} \cdot \frac{M^4}{k^2}$；又可设成簇区域节点

密度是固定的 $\rho = \dfrac{1}{\dfrac{M^2}{k}}$，得 $E[d_1^2] = \dfrac{1}{2\pi} \cdot \dfrac{M^2}{k}$；进而得到

$$E_{\mathrm{non-CH}} = l \cdot E_{\mathrm{elec}} + l \cdot \varepsilon_{\mathrm{fs}} \cdot E[d_1^2] = l \cdot E_{\mathrm{elec}} + l \cdot \varepsilon_{\mathrm{fs}} \cdot \frac{1}{2\pi} \cdot \frac{M^2}{k}$$

对于簇首节点的能耗，得

$$E_{\mathrm{CH}} = l \cdot E_{\mathrm{elec}} \cdot \left(\frac{N}{k} - 1 \right) + l \cdot E_{\mathrm{DA}} \cdot \left(\frac{N}{k} \right) + l \cdot E_{\mathrm{elec}} \cdot \left(\frac{N}{k} - 1 \right) + l \cdot \varepsilon_{\mathrm{amp}} \cdot d_2^4;$$

而一个簇总共能耗为 $E_{\mathrm{cluster}} = E_{\mathrm{CH}} + \left(\dfrac{N}{k} - 1 \right) E_{\mathrm{non-CH}} \approx E_{\mathrm{CH}} + \dfrac{N}{k} E_{\mathrm{non-CH}}$；由此，网络总能耗为

$$\begin{aligned}
E_{\mathrm{total}} &= k E_{\mathrm{cluster}} \\
&= l \cdot \left(E_{\mathrm{elec}} \cdot N + E_{\mathrm{DA}} \cdot N + k \cdot \varepsilon_{\mathrm{mp}} \cdot d_2^4 + E_{\mathrm{elec}} \cdot N + \varepsilon_{\mathrm{fs}} \cdot \frac{1}{2\pi} \cdot \frac{M^2}{k} \cdot N \right);
\end{aligned}$$

要求 E_{total} 为最小值时的 k，可将上式关于 k 求导，结果如下：

$$k = \frac{\sqrt{N}}{\sqrt{2\pi}} \cdot \sqrt{\frac{\varepsilon_{\mathrm{fs}}}{\varepsilon_{\mathrm{mp}}}} \cdot \frac{M}{d_2^2}$$

再代入 CH 距 Sink 的距离范围 (d_2)，确定理想 k 值的取值范围，再以能耗为标准，从中选出最合适的 k 值。例如，本 LEACH 协议在 $N=100$，$M=100$m 情况下，采用上述能量模块和理想簇首个数选择算法计算出来的理想簇首个数 k 的取值范围是 $1 < k < 6$，再将 k 值从 1 至 6 代入仿真观测能耗，得出 $k=6$ 时网络能耗最小，所以此时的最理想的簇首个数值为 6。

3. 实验结果分析

在仿真中，我们采样第 520s 进行运算。通过对 100 个节点、2J 初始能量的无线传感器网络 LEACH 仿真结果的观察，在 520s 时，网络中节点与运行初期的已经有了明显的变化，此时网络中存活节点数为 52，接近初始的网络总节点数 100 的一半。选用此时间点采样的原因为：① 节点总数为 50 的网络计算出来的理想 k 值与 100 个节点的网络不同；② 若在 520s 时采样，获得的效果与原网络的对比最明显，也最能说明本算法的优点。

在同样一个 100m×100m 的区域内，网络节点总数为 50 时，通过理想簇首个数选择算法得出 k 的取值范围是 1~4。在本仿真实验中，分别将 $k=1$, $k=2$, $\cdots$，$k=11$ 代入仿真中，求得每个循环的平均能耗。

分析可知, 在 $N=50$, $M=100m$ 时, k 从 1 至 11 的过程中, 只有在 $k=3$ 的时刻, 网络在每个循环中消耗的总能量是最低的, 仅 7.3J。而与它最接近的值出现在 $k=4$ 时, 此时的每个循环最小能耗为 10J 左右, 每个循环的最大能耗出现在 $k=9$ 时, 最大能耗约为 30J。

在 $N=50$, $M=100m$ 时, 网络运行下最理想的 k 值为 3, 而不是网络刚开始运行时 ($N=100$, $M=100m$) 的初始值 5。

1) 理想 k 值与实际应用 k 值的差异分析及其对系统能效的影响分析

在采用动态理想簇首数量选择方法改进 LEACH 算法之前, 通过仿真结果, 可以看到网络在每 20s 重新选取一次簇首。LEACH 协议在经过改进后, 每个循环实际得出的簇首节点总数比改进前更加接近理想值 $k=3$。实验显示的这段期间, 改进前, 实际成簇值与理想值之间的平均差异为 2.83; 而在改进后, 此差降为 1.67。

在不同理想簇首个数的取值对系统能效的影响方面, 通过对在 50 个节点分布在 $100m \times 100m$ 的场景下进行实验, 分别采用理想簇首个数的取值从 1 至 11 时, 得到系统的寿命分布。

实验表明, 选择不同的理想簇首值, 对系统寿命的影响很明显。只有选择最理想的 k 值, 才能获得最长的系统寿命。因为理想簇首个数值是以能效为前提指定的, 所以动态地采用理想的簇首个数对延长系统寿命有很大的益处。

2) 采用动态理想簇首数量选择方法对 LEACH 改进后的结果分析

动态理想簇首数量选择方法的目的是提高网络能效, 所以对仿真结果的分析将重点集中于协议改进后在延长系统整体"寿命"这一点上所起到的成效。除此之外, 也将关注改进方法后获得的信息的品质。尽管"品质"是一个应用层面上的标准, 但是测量 Sink 节点接收到的有效数据总量 (Sink 节点实际接收量或者是 CH 数据处理后形成的信息量) 也是一个独立的评价"品质"的方法——Sink 节点获得的数据越多、冗余度越大, 对监测环境的判断也就越准确。

首先来观察网络能效, 最直接的表现因素就是系统寿命。而网络系统的寿命可以通过节点存活数随时间的衰减图来体现。改进后的方法, 虽然网络的结束时间与 LEACH、LEACH-C 协议差距不大, 网络的工作寿命远远优于 MTE 和固定簇首协议。但是经过对 520s 以后的网络工作曲线的进一步分析, 我们发现改进后的网络协议能比 LEACH 协议获得更长的实际"系统寿命"。

因为仿真中采用了采样简化的方法, 只对 520s 时的网络进行采样改进, 所以网络改进后的优点, 只体现在 520s 以后的网络中。

在 520s 至网络结束期间, 从改进后的网络与原 LEACH 网络中节点存活情况的比较来看, 原 LEACH 协议下网络节点数衰减速度比较稳定, 整个网络渐渐结束。而经过改进后的网络, 节点总数一直维持很小的变化, 直到超过 600s 后, 才突然减少为 0。由 LEACH 协议的设计思想来看, 好的网络协议能够最大可能地均摊能耗到网络中的每一个节点, 如果是这样, 网络中的大部分节点在同一时间死亡是最合理的, 表示实现了能耗最大限度的均摊。采用改进后的方法, 网络工作至 600s 时, 网络中尚有超过 40 个节点在工作, 此时可以保证用户的正常使用, 而 LEACH 协议下的网络, 工作至 570s 时, 就仅存 12 个节点, 很难满足用户的需要。虽然说 LEACH 协议下, 网络到 600s 左右最后一个节点才结束生命, 但可以认为, 其 "实际网络寿命" 在 570s 左右就已经结束了。

通过上述分析, 我们可以得出结论: 采用改进的网络协议在短短 100s 的仿真中, 就将系统的实际 "寿命" 提高了 30s, 不仅如此, 在 550s 至网络结束期间, 网络的品质也在原来的基础上得到了较大的提高。

2.5   基于 Agent 的多传感器管理

大范围水环境监测系统是由众多的监测设备和监测传感器组成的面向复杂应用背景的多传感器系统。为提高系统的性能, 本节借鉴和引入信息融合中的多传感器管理技术, 提出基于 Agent 的多传感器管理体系结构, 介绍水环境监测系统的多传感器管理任务和管理内容, 介绍和分析讨论如何通过对大范围水环境监测这一复杂应用背景的多传感器系统的管理来提高系统的性能。

2.5.1   基于知识的多传感器管理

区域或流域等大范围的环境实时、动态、综合监测网是一个由人工监测、自动监测、组织管理模式和人的行为相结合的复杂系统, 它采用在线或离线的监测传感器、变送器及控制器, 以连接异地、异质传感器或现场设备的广域计算机网络、数据库为基础, 实现环境要素的实时、多源、多维、快速高效的综合监测, 以及监测信息的获取、处理、存储、分析、管理、表达评估和辅助决策的系统。

对于这样的系统, 它具有如下特征: ① 信息来源的分布分散性, 信息来源于隶属环保主管部门的国家、省、市、县四级环境监测站网和其他行业部门 (如水利部门) 所属的监测站网; ② 信息获取方式的多样性, 通过异地、异质等固定和移动监测传感器、监测站设备、人工现场采样数据的录入、专题信息数据库、应用程序等 (广义) 传感器以多种形式获取信息; ③ 信息关联的复杂性, 表现在多源监测信息之间关系的复杂性; ④ 兼有信息系统和控制系统的特性, 既要处理信息, 又要控制和调度 "(广义) 传感器" 等资源, 还要按照相关 "环境监测规范和标准" 管理环境监测程序和步骤; ⑤ 系统与环境的适应性, 如根据外界环境变化或者某些站网及设备出现故障时, 经通信网络, 对现场设备进行远程工作组态以及异地在线标定和时间校准; ⑥ 人的作用不可替代, 系统运行中, 人的参与和干预是必需的, 如污染突发情况下, 监测中心根据专家知识和相关 "环境监测规范和标准" 对站网设备及监测手段进行管理和调度。

对于这样一个面向复杂应用背景的多传感器系统, 如何对系统内的 (广义) 传感器进行管理、控制及规划协调各传感器之间的关系, 以提高系统的效能是要研究和解决的关键技术问题。

1) 多传感器系统的管理

多传感器管理 (multi-sensor management) 是信息融合技术体系中的一个重要分支。多传感器管理也称为多传感器系统管理, 是指在一个动态的、不确定性的环境中, 管理和协调多个传感器集或多个测量设备来提高和改善信息融合的效果, 进而提高整个系统的性能。

当前的研究主要集中于基于任务划分的多传感器管理、基于传感器工作模式的管理、基于时间的多传感器管理等。采用的方法主要有基于规划论的方法, 基于随机过程的方法, 基于信息论的方法, 基于知识处理的模糊逻辑、神经网络、专家系统、决策论、Agent(主体) 方法等。

多传感器管理是为信息融合服务, 进而提高系统的性能的。在环境综合监测网信息融合系统中, 多传感器系统的管理是直接为提高系统的效能而服务的, 引入信息融合以及多传感器管理技术, 通过对多传感器系统的管理来提高其性能。

2) 采用基于知识处理的人工智能方法

考虑到信息关联的复杂性、系统与外部的适应性和人机交互性以及组织管理行为等因素, 本书拟采用基于知识的处理方法, 较之采用数据层面和信息层面的处理方法更为合适, 研究环境领域专家经验、环境监测的知识获取和表达, 由依据算法的处理变为依据推理规则实现对系统的管理和控制。

3) 采用基于主体 (Agent) 的智能信息系统技术

Agent 实质上是一个能在特定的环境下连续自发地实现功能, 具有一定的自主性和推断能力、又能够和系统中其他 Agent 通信交互, 并能对周围的环境做出反应, 从而完成一个或者多个功能目标的软件模块。

从系统工程的角度讲, 对于环境综合监测网这样一个复杂系统, 可以通过研究各个经分解的子系统以及这些子系统间的关系来解释整个系统, 进而实现控制和管理。

从开放的、复杂的现代信息系统讲, 处理复杂事物最有力的工具是模块化, 通过开发许多有特殊功能的模块 (即主体) 专门用于解决问题的某个特定方面, 由多个模块的协调合作完成对复杂问题的求解, 这样便形成一个多主体系统 MAS(multi Agent systems)。近年来, 多主体系统集知识处理、网络通信、软件工程、社会行为认知等的综合性研究为一体, 正在崛起为人工智能研究实用化的重要技术而得到广泛应用。

在改进和提高广域分布式和复杂综合信息系统性能的策略中, 采用多主体智能信息处理技术在许多领域得到应用，如 G.W. Ng 等采用多 Agent 方法处理分布式传感器网络中各个传感器或传感器集之间的协作。Dorota A. 和 Min Chee Choy 等采用多 Agent 系统方法提高现有交通路网的智能管理和控制水平。Varga 等基于多 Agent 的输电网辅助管理系统，以支持电网切换调度辅助系统、高电压诊断专家系统、低压诊断专家系统及气象监视系统的协同工作来提高输电管理质量。

目前，已有的研究成果是针对信息系统或者控制系统等一类单纯的技术设备系统开展的，还没有考虑人和管理机制的因素。对于大范围环境综合监测网等一类面向复杂应用背景的多传感器系统，其效能的发挥是设备、技术与管理相互结合的，涉及包括监测设备、管理信息系统以及管理机制和人在内的复杂系统的全局优化问题。基于 Agent 多传感器系统管理应当在已有的前期研究基础上，在考虑管理指标体系、人的参与和交互、专家经验、环境监测规范和标准等知识的表达和推理情况下，采用多 Agent 智能信息处理技术和知识系统技术相结合的方法加以改进和发展。

2.5.2　多传感器管理的功能和任务

近年来，大范围的水环境综合监测网与管理信息系统的研发逐渐受到重视。在提高监测系统性能的手段上，主要采用了：① 提高采样频率、改进监测分析方法，增加系统的有效性管理；② 对系统的硬件进行扩充；③ 开发水环境管理信息系统软件等策略。

上述这些策略，都在不同程度上提高了水环境监测系统的性能，然而，现有环境监测系统的功能主要是收集信息和对收集的信息进行分析和管理，系统不产生输出控制对监测资源进行管理。

实际上，在水环境点源监测中，我们可以在河流或湖泊的某些断面布设传感器或监测仪器，监测水质水量随时间的连续动态变化；点源监测包括固定点自动采集监测、固定点人工监测和车载移动监测等几种方式。

我们把固定和移动监测传感器、人工现场采样录入的数据 (库) 等均看成是 (广义) 传感器，以广域计算机网络、数据库为基础的监测中心通过对多个点源监测传感器的数据进行多源信息组合和处理，可以实现水质水量在空间上的分布规律和随时间连续动态变化的监测。

因此，在水环境监测系统中，监测数据的获取主要依赖于传感器。大范围水环境实时动态监测系统实际上是一个多传感器系统，它是由不同的传感器观测节点组成的网络系统，各观测节点是由监测传感器、监测站设备等多模式传感器或多个传感器组成。如何有效管理各传感器节点以完成监测任务，如何根据外界环境变化或者某些站网及设备出现故障时，经通信网络，对现场设备进行远程工作组态，同时由于监测对象的突发和移动性 (如污染物扩散)，需要监测网络中各观测节点协作来获取数据等, 这些都需要传感器管理技术。

水环境监测多传感器系统管理主要应用于: ① 为完成监测任务, 管理多模式传感器的不同模式转换; ② 在同一监测站中, 管理各种不同特性的传感器; ③ 在地理上分布的监测传感器网络中, 管理多个传感器节点观测同一对象, 获取定位数据; ④ 对移动的监测对象实现不同监测区域的持续观测。

一般来讲, 大范围水环境监测多传感器系统管理的内容主要包括: 传感器调度、传感器分配及传感器协调。

对于这样一个面向复杂应用背景的多传感器系统, 如何对系统内的 (广义) 传感器进行管理、控制及规划协调各传感器之间的关系, 以提高系统的效能是本书要研究的科学问题。

1. 传感器调度

当监测环境改变时 (如突发性的污染), 需要制定分配传感器的策略, 即需要优化监测点的布局。主要指如何确定观测点的布局, 把多个传感器放置到最佳或者次佳位置。

对水环境进行动态监测时, 可以在特定情况下, 向特定位置安排移动监测车 (设备), 完善监测点的布局, 获取更准确、及时的观测数据。同时还要考虑大范围监测分散网络中, 分布式放置的相关传感器之间的通信联系。

2. 传感器分配

传感器性能不同, 其承担的职责也不尽相同。同时, 由于传感器资源有限, 要想同时满足各个观测任务的需求, 有时会出现冲突。因此, 需要在竞争资源的任务中, 给予那些紧急 (如突发的污染源) 或者重要的任务较高的优先级, 即对有限的传感器资源进行合理分配。

在水环境动态监测中, 传感器分配主要指在完成某一监测任务或对某一区域进行监测时, 应该考虑:

(1) 应该选用哪些传感设备?

(2) 调整哪些传感器的参数?

(3) 监测哪些参数?

才能完成监测或得到反映监测区域特征的数据。

传感器分配实际上是传感器资源的分配问题, 分配的原则一般要考虑许多因素, 比如观测对象或参数的优先级、观测对象的复杂程度、传感器对观测对象的效能、传感器的状态、人为的命令控制等。

3. 传感器协调

在分布式监测传感器网络中, 有时必须依靠传感器的相互协调来完成特定的或者多个任务。如何协调，应采用何种形式，是必须要解决的问题。

2.5.3　基于 Agent 的多传感器管理

将大范围水环境监测系统看作为一个多传感器系统，通过引入信息融合管理中的传感器管理技术，提高系统的性能。系统是由传感器节点、调度管理节点、管理者组成的动态网络系统。对整个网络系统进行优化管理，不仅可以较好地利用传感器资源，而且可以兼顾到人的行为。

采用基于 Agent 的多传感器系统管理策略，既可充分发挥各监测节点自身的管理潜能，又可减少调度管理中心对传感器进行具体的管理。同时，使传感器具有高度的自主性及与设备无关性，这也有利于多传感器系统的机动组网。

1. 基于主体的多传感器层次关系

考虑到水环境监测系统的上述特征，将系统的管理任务划分为传感器网络子系统管理分任务、信息融合子系统管理分任务、信息管理与分析子系统管理分任务、传感器管理子系统管理分任务和人机交互管理。据此，我们设计的多主体系统组织结构为层次结构，其上层的多主体为各个管理子系统的管理主体，其下层由实现各子系统的多个功能主体组成。

下面分述其中的传感器网络子系统以及多传感器管理子系统的设计。

1) 传感器网络子系统的结构

传感器网络子系统的结构设计由三部分组成：计算节点 (各监测子站)、传感器 (监测点)、通信网。计算节点主要对所控制的传感器 (信息源) 实施直接管理 (数据采集、对传感器的工作组态、时间校准、量程标定等控制)，通信网负责各计算节点间的通信及与控制中心的通信，其结构如图 2-9 所示。

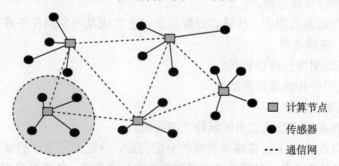

图 2-9　传感器网络子系统结构

整个传感器网络是一个多主体系统，每一个计算节点为一个主体社区，通过不同主体社区的协调优化，以组织构筑对某一目标监测最优的监测网络。在此结构下，研究针对不同的监测任务和目标，以实现传感器网络分任务的管理。

2) 多传感器管理子系统的结构、主体设计及协同方法

采用多主体和移动主体技术,计算节点为监视主体社区,监测中心为传感器管理主体社区,各主体社区由多个主体组成。管理主体执行分任务管理和控制功能,监视主体负责完成对传感器的数据采集、执行控制等功能。管理主体依据监测任务和目的分解任务,通过移动主体将任务传达于监视主体,监视主体间通过协作完成任务,将结果反馈到管理主体,以此实现对传感器节点的管理和控制。

根据系统要求,将一个主体社区初步划分为传感器主体、控制主体、分析主体、交互主体等几种不同类型的主体 (图 2-10),即 sensor Agent (SA),该主体从传感器获得信息;controller Agent (CA),为控制传感器主体,该主体从传感器主体获得信息;analyzer Agent (AA),该主体依据算法分析数据;viewer Agent (VA),完成与用户交互的功能。

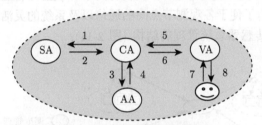

图 2-10 多主体组织及交互

1. CA 向 SA 发出控制信息;2. SA 向 CA 传输传感器测量信息;3. CA 向 AA 传递测量信息;4. AA 向 CA 传递分析结果信息;5. VA 向 CA 请求分析结果数据;6. CA 向 VA 传递分析数据;7. 用户请求和命令;8. 分析数据描述

在基于主体的多传感器管理子系统中,通过多主体的协作来完成多传感器管理任务,采用功能精确的协同方法 (functionally accurate, cooperative, FA/C),其基本思想是在通过对多个主体求解管理任务的过程中,不断地互换中间结果来消除求解可能出现的错误,并最终汇集问题的最终解。在动态管理过程中,各主体自主地管理分布在该主体范围内的节点,各个主体在求解管理任务中允许求解结果之间存在矛盾和冲突,通过主体间的交互,消除矛盾,逐步完成系统级的管理任务。

信息融合处理子系统、信息管理与分析子系统及人机交互管理子系统的结构和主体设计方法与上述类似。

2. 基于 Agent 的多传感器管理体系结构

考虑到水环境监测系统的上述特征,在设计传感器系统管理结构时,必须予以考虑。既要考虑监测节点管理的层次结构,即每一级观测节点要为上一级的中心负责。同时,又要考虑每一个局部观测节点所具有的相对独立性。例如,市一级的观测点要为省级的观测中心提供数据并接受调度,而其本身又具有一定的独立调度管理职能。

　　实际上, 现有文献对传感器系统管理结构的研究主要包括集中式结构和分散式结构形式。在集中式结构中, 多传感器管理是基于在调度管理中心的中央级管理决策, 调度管理中心决定每个系统任务的优先级, 最后根据传感器能力和任务优先级分派这些任务到传感器。在分散式结构中, 传感器有很大的自制性, 具有自己管理决策的能力, 决策的制定是所有节点间交互作用结果。另外, 混合式管理结构的研究值得关注。在混合式管理结构中存在多个层次, 其中顶层是全局调度管理中心, 底层则由多个局部调度管理中心组成, 每个局部调度管理中心负责管理一个传感器子集。传感器的分组可根据传感器的地理位置或平台、传感器功能或传感器传递的数据来进行 (保证同类型的数据来自同组传感器)。

　　根据上述的水环境监测的特点, 以及现有的水环境监测管理模式, 采用混合式传感器管理结构。为了便于各观测节点间的通信以及系统的灵活性管理, 设计基于 Agent 的混合式多传感器系统管理的结构 (图 2-11)。

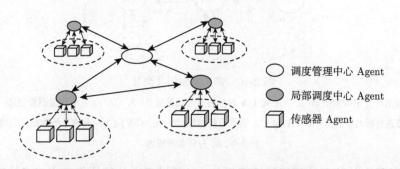

　　　　　　　　　　　　　　　　　　　　　○　调度管理中心 Agent

　　　　　　　　　　　　　　　　　　　　　●　局部调度中心 Agent

　　　　　　　　　　　　　　　　　　　　　▱　传感器 Agent

图 2-11　基于 Agent 的多传感器系统管理结构

　　用于水环境监测的多传感器系统管理, 有两类问题是非常重要的: 传感器任务和系统任务。传感器任务是指被每个专门传感器执行的任务, 具有执行参数; 系统任务指被整个系统完成的任务, 由多个传感器联合完成。它们不涉及每个传感器中一个具体的执行参数, 而是确定对于一个任务要考虑到所有相关传感器的全局性能目标。

　　大范围水环境监测网络系统是由调度管理中心节点、局部调度中心节点和传感器节点组成。其中, 各传感器节点本身也具有一定的管理能力, 负责各功能模块的执行。而调度管理中心节点可以实现对传感器系统任务的分配。调度管理中心节点通过某种策略进行各资源的调配, 实现优化调度; 而各传感器节点负责具体监测任务的执行。

　　如图 2-11 所示, 为基于 Agent 的多传感器系统的管理结构, 其结构是层次的, 任务分发自上而下传递。调度管理中心将系统任务发送给局部调度中心, 局部调度中心再将传感器任务分发给能独立完成该任务的传感器，或能联合完成该任务的传感器组。此后，各传感器根据其自身的能力执行相应的功能模块。同时，各节点之间是可以进行协调和协作的，可分为两个层次：各局部调度中心节点之间、传感器节点之间。

水环境监测网络系统由三种类型的 Agent 组成：调度管理中心 Agent、局部调度中心 Agent 及传感器 Agent。

调度管理中心 Agent 的基本功能包括：对各局部调度中心发送来的所有相关信息进行数据调度管理；确定在下一个管理周期需完成的系统任务及其全局性能指标；对系统任务的性能指标进行监控。

局部调度中心 Agent 功能包括：接受调度中心的任务分配；对所管理的各传感器发送来的相关信息进行数据调度；对传感器 Agent 进行管理，并向传感器 Agent 发送传感器任务。

传感器 Agent 的功能包括：获取观测对象和传感器数据；执行分配的传感器任务。

局部调度中心节点是传感器任务管理的主要节点，因此，我们对此节点的 Agent 进了设计描述，主要由两部分组成：Agent 管理平台，为 Agent 提供服务；另一部分就是各个 Agent，各个 Agent 都有相同的通信接口以保证各个 Agent 之间可以进行通信，见图 2-12。

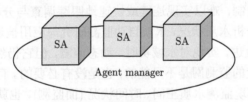

图 2-12 局部调度中心节点

Agent manager：对所在处理节点上的各个 sensor Agent 进行管理。负责接受系统任务，并根据所管理节点的传感器特性，产生相应的 sensor Agent 去执行具体的传感器任务 (如转换某个传感器的某种工作模式)，并将执行结果反馈给调度管理中心节点。Agent manager 根据情况建立各种 Agent、分配资源，删除 Agent、释放资源。

Sensor Agent(SA)：SA 负责收集监测信息，并接受任务分配，执行和启动对监测设备或传感器的模式和功能的控制。

Gather Agent(GA)：负责汇总各 sensor Agent 收集的信息。

Task Agent(TA)：负责在各节点之间传递信息。

第3章 水环境多源监测信息融合处理

本章主要介绍水环境地面监测信息 (数据) 融合处理、水环境遥感监测信息处理以及基于遥感和地面监测结合的信息融合处理方法和技术，内容包括水环境多源监测信息融合的主要方法、基于广义回归神经网络的水质空间分布分析、基于黑板结构的信息融合专家系统、水环境遥感与地理信息系统的信息集成、基于多尺度融合的对象级高分辨率遥感影像变化检测等。

3.1 水环境多源监测信息融合方法综述

水质监测起源于 20 世纪 50 年代英美等国家，对水质的监测开始主要是水污染源监测，属于被动监测阶段，后来逐步发展为有目的监测和区域环境自动监测阶段。水质参数的确定是水质监测的重要目的和任务，也是水质评价与水污染防治的主要依据。确定水质参数的常规方法是在研究水域布置大量的观测点，经过大量的采样，人工进行物理、化学等分析方法而得到，这个过程受人力、物力、气候、地形、水文等条件的限制，难以实现连续或快速地跟踪调查与分析。为了实现连续、快速地跟踪调查与分析水质状况，水质自动监测研究与应用被逐步开展起来，这是对人工监测方法的改进，实现对水域实时、动态监测，但它仍然是点监测，因为对整个区域建立高密度的监测网是不可能的，也是没有必要的。有的学者把目光转向遥感技术，目的是实现监测水质空间、时间状况 (面监测)，也就是后来逐步发展的基于遥感水质参数监测方法。它克服了常规方法所具有的主观性强、监测范围小、长期趋势分析困难等缺点，伴随而来的是监测数据越来越多。怎样处理、分析这些监测数据对水质现状评价及了解水域富营养化状况显得越来越重要[43−51]。

信息 (数据) 融合技术为水质监测数据处理提供了一个很好的平台，它是把分布在不同位置上的多个同类或异类传感器所提供的局部不完整观察量加以综合，消除多传感器信息之间可能存在的冗余和矛盾，加以互补，降低其不确定性，以形成对系统环境相对完整一致的感知描述，从而提高系统决策、规划、反应的快速性和正确性，同时按照一定准则进行自动分析、综合，完成目标识别、决策和评估任务所进行的信息处理过程。信息融合技术始于 20 世纪 70 年代的美国，随着计算机技术、通信技术的发展，已经得到迅速的发展，并广泛用于军事、民用领域 (如遥感图像处理、机器人视觉、工业过程监控、医学诊断、智能交通等)。

本节综述近年来水环境地面监测信息 (数据) 融合处理、水环境遥感图像信息融合处理以及基于遥感与地面监测的水质信息融合处理方法和技术的国内外研究现状及发展，并给出分析和评价。

3.1.1 地面监测信息融合处理

水质参数的地面监测方法是在研究的水域布置大量的观测点，经过大量的采样、室内理化检测、人工分析才能得到，基本上是分析化学的应用。它主要分为定性和定量两部分。定性分析主要是鉴定物质由哪些元素或离子组成，对于有机物质还需确定其官能团及分子结构；定量分析则是测定物质各组成部分的含量。定量分析方法又可分为化学分析法和仪器分析法两大类。化学分析法分为质量分析法(如挥发法、沉淀质量法等)和滴定分析法 (如沉淀滴定法、络合滴定法等)；仪器分析法分为光学分析法、电化学分析法，光学分析法有比色法 (如测水色)、比浊法(如测浊度)、分光光度法等，其他分析法如塞氏盘法 (测透明度)、重量法 (测悬浮物) 等。

水质参数浓度确定以后，如何将参数数据转化为确定的水质状况信息，获得水环境现状及其水质分布状况，是水质监测部门的主要任务之一，而数据融合技术为解决这个问题提供了一种手段。目前，融合水质参数数据确定水质状况的方法如下：黄东亮应用指数法对水质进行评价，梁德华等提出进一步改进指数法，使其指数方法统一；Loke 等[52] 应用人工神经网络对水质进行评价；Cüneyt Karul 等将影响富营养化的水质参数通过 BP 神经网络融合处理，获得叶绿素浓度，全面反映水环境富营养化状况；Simeonov 等利用模糊聚类的方法对水质参数数据融合评价；王晓鹏提出用多级模糊模式识别模型进行水质评价，改变单级评价的缺陷；陆洲等将灰色理论应用水质评价，该方法对水环境质量既能评价出环境的污染级别，又能排列出多个评价对象污染程度的高低顺序；肖晓柏等提出灰关联方法进行水质融合评估；后来又出现其他一些方法及将上述方法相互结合的方法，如 Houston等提出生物评价方法，László Somlyódy 提出优化模型，Lee 等[53] 将模糊与专家系统相结合——模糊专家系统方法，朱雷等结合模糊数学方法及指数方法，形成模糊指数法等。

上述说明，水质状况的融合评价方法由线性方法转向非线性方法，由主观性转向客观性，反映了水质数据融合评价中参数的不确定性。

3.1.2 遥感图像信息融合处理

基于地面监测的传统方法，虽具有的监测水质参数多，但易受人力、物力和气候、地形、水文等条件的限制，以及地面监测站布设的经验性和监测船在水面上行进时破坏了监测区域的水质状况等缺点，难以实现连续、快速监测。地面监测采用的点源监测对获得大范围区域性水域水质状况，需靠插值方法获得，所以获得的水质状况结果与实际相差较大。遥感用于水质监测是由于水质遥感方法具有观测范围广、观测周期短、数据时效性强、传感器种类丰富、全天候及动态监测等优点,对传统监测方法是一个有效的补充[52−60]。

最初,遥感采用单一可见光传感器获取水质数据,单靠一个传感器提供的信息是不完全的、不一致的;后来发展到多通道光谱、红外、雷达、高光谱等传感器获取数据,这些来自不同传感器的数据,既具有互补性,又存在极大的冗余性。如何将这些具有互补性、冗余性的海量数据作为一个整体来综合利用,以便从中提取出更精练的信息结果,研究者开始将目光转向数据 (信息) 融合技术。在遥感图像处理中,由于人们对高质量图像的迫切需求,对海量数据实时 (准实时) 处理的需求,以及对在卫星上对地观测数据自主处理系统的智能化需求,数据融合技术与遥感图像处理已经紧密地结合在一起。

数据融合技术对遥感图像中的互补信息进行融合处理,应用于同一水质监测地区的遥感图像,主要针对以下几种情况:① 不同传感器记录数据 (多传感器图像融合);② 不同时间同一传感器扫描同一区域的数据 (多暂态图像融合);③ 在不同光谱波段下,同一传感器数据 (多光谱图像融合);④ 不同偏光下,同一传感器数据 (多偏光图像融合);⑤ 位于不同高度飞行平台下,同一传感器数据 (多分辨率图像融合)。

因此,针对融合对象的不同,遥感图像融合可分为两类:多暂态、多传感器遥感图像融合和多偏光、多光谱、多分辨率的图像融合。

1) 多暂态、多传感器遥感图像融合

目前,针对多暂态图像融合的文章相对较少,Le H'egarat-Mascle 等[58] 考虑到不同相关数据源的不确定性,利用 D-S 证据理论成功地融合分析了多光谱图像和数字高程数据中的地面分类问题,根据一定规则获得最优融合特征。Jocelyn 等使用模糊逻辑融合方法对多时相 SAR 图像进行线性特征检测,并且可以通过选择控制算子进行不同尺度的检测处理。Fieguth 等利用多尺度理论融合 ATSR 和 AVHRR 图像数据,获得海洋表面温度数据。神经网络方法提供有效集成不同类型的数据,应用非参数方法允许聚类不同源数据到递阶向量,不需要假设被融合数据的特殊概率分布。使用不同类型多源数据,神经网络可有效地对多源数据分类。Simone 等应用贝叶斯 (Bayes) 方法进行图像融合,取得最小误差,融合方程中参数由神经网络和 EM 算法确定。

2) 多偏光、多光谱、多分辨率的图像融合

对于多偏光、多光谱、多分辨率的图像融合,首先进行辐射校正,目的是减少在记录数据中前后关系的影响,因为区域的地形改变反射体的反射特性。通常采用的融合方法有:IHS(intensity, hue, saturation) 方法将人类感知的彩色 RGB 图像转化为空间 (I) 和谱 (H、S) 信息。其转化方式有两种,一种是直接将图像的 3 个色

彩通道分别对应于 I、H、S，另一种是首先将 3 个色彩通道转化为一个 IHS 色彩空间，然后将整个色彩空间以平均亮度划分，分别表示图像表面粗糙度 (I)、主波长 (H) 和纯度 (S)；PCA(principal component analysis) 方法及其变种 PCS(principal component substitution) 方法将一个内部相关变量表示的数据集转化为一个由初始变量线性组合的非相关的数据集，然后对其主成分进行融合置换处理。对 IHS 方法、PCA 及 PCS 来说，融合图像每个像素是输入图像像素的加权和，权值由协方差矩阵的最大特征值的特征向量来确定。如果被融合的输入图像的详细表面结构的相关性比较低，则 IHS、PCA、PCS 方法不能很好地保存细节；Wilson 利用金字塔法对信号进行 2 尺度分解，后来 Schneider 利用 GLP(generalized LP) 分解把信号分析提高到任意尺度范畴。GLP 方法是一种非常有效的多分辨率分析数据融合方法，它将图像数据进行递归分解，在第 k 层时，结合低通滤波卷积的第 $(k+1)$ 层信息，从而获得第 k 层的 GLP 图像表示，且具有良好的无偏性，但是随着 GLP 分解、分层层次的增加，其计算量也迅速增加；Nunez 等应用小波变换对图像数据进行分解，然后对各个分解层次的低频和高频部分分别进行不同法则的多源融合估计，最后进行逆变换，目的是恢复、获取更高质量的图像。小波变换对保护多偏光、多光谱图像的光谱特征是一个强有力的方法。Simone 等将金字塔法与小波变换方法相结合，充分利用二者的优势，应用于遥感图像融合处理。Kumar[60] 将卡尔曼 (Kalman) 滤波用于多分辨率遥感图像融合，因为 Kalman 滤波具有快速 "实时" 处理和节省内存容量等优点，并且它能对被空间移位不变的模糊和白色噪声污染的降质图像进行复原。

3.1.3 基于遥感和地面监测的水质信息融合处理

遥感应用于水质监测，是从遥感应用于海洋监测开始，逐步发展到近海岸监测及内陆水体 (如湖泊、水库等) 的监测。到目前为止，遥感在内陆水体中的应用远不如在气象、陆地和海洋等领域成功，主要原因在于分辨率。受空间分辨率和光谱分辨率等限制，以及所监测的水质参数需具有光谱特性，一定程度上限制了水质遥感监测在陆地水体中的应用。湖泊、水库等内陆水域水质遥感监测一般需用空间分辨率较高的陆地遥感卫星或航空遥感进行，为之付出的代价是光谱分辨率降低、费用高。又由于水质监测和信息解释复合因素多，空中监测和地面监测信息的关联性强，专题信息提取的难度高，因此仅利用其一监测水质是不够的，应将水质遥感监测和地面监测二者结合，取长补短，相互补充[61−63]。

目前，基于遥感图像与地面监测的水质数据融合处理方法可以分为两类：确定单个水质参数的方法和确定水质参数之间相互关系的方法。确定单个水质参数的方法根据所采用的融合手段不同又分为：基于线性关系的水质监测参数确定方法和基于非线性关系的水质监测参数确定方法。

1. 基于线性关系的水质监测参数确定方法

由地面监测所得的水质参数数据与遥感多波段辐射值数据校正处理，建立水质参数与遥感多波段辐射值之间关系方程。这个关系方程是通过多个遥感波段辐射值数据线性回归得到的，也是确定水质参数时间、空间分布的基础。这种水质参数与遥感多波段辐射值的校正处理过程，实际上也可以看成是一种多参数的数据融合处理过程。这种数据融合处理通常有三种方法：经验方法、分析方法和半分析方法。

1) 经验方法

经验方法通过建立遥感数据与地面监测的水质参数值之间的统计关系外推水质参数值。自从 20 世纪 70 年代初 Landsat-1 刚刚发射成功，Klemas 等提出了用 MSS 遥感数据估算 Delaware 海湾悬浮物含量的线性统计模型。随后许多学者提出用不同模式来模拟具有光谱特性的物质与遥感数据的关系，如 Kloiber 利用经验方法对叶绿素与透明度的估计，Kahru 等采用经验算法对加利福尼亚流域叶绿素及溶解有色有机物浓度的季节性变化进行研究，后来有不少学者进行改进，但主要是采用不同的卫星数据及选择不同的波段比进行线性统计。经验方法对于获取开阔海洋中叶绿素浓度是非常有效的方法之一，但对于内陆水体是失败的，因为内陆水域包含有各种物质 (如悬浮物等)，它们的光学特性掩盖了叶绿素在可见光、蓝光波段部分的吸收峰，再加上空气、邻近影响 (传感器接收部分也可能监测到来自邻近像素的一小部分辐射)。由于水质参数与遥感数据之间的事实相关性不能保证，所以该种方法结果缺乏物理依据。

2) 分析方法

分析方法是以辐射传输模型为基础，利用遥感反射率计算水中实际吸收系数与后向散射系数的比值，与水中各组分的特征吸收系数、后向散射系数相联系，反演组分含量。Lahet 等利用多源遥感图像及地面监测，采用分析方法对水体中的悬浮物、黄色物质及浮游植物进行提取估计；Haltrin 等应用分析方法对海水石英粒子浓度进行估计；Sanae 等[37] 根据分析方程及四流量模型，采用非线性优化获得叶绿素 a、悬浮物、DOC(溶解有机物) 浓度。该种方法对于多波段反演特别有用，且具有普遍适用性，但由于理论基础尚不成熟，模型的假设使预测值不能满足需要。

3) 半分析方法

半分析方法是将已知的水质参数光谱特征与统计模型相结合，选择最佳的波段或波段组合作为相关变量估算水质参数值的方法。使用 "半分析" 术语是因为辐射转换模型的生物–光学部分由经验关系表达，因而生物–光学模型将参数物质固有的光学特性与其浓度联系在一起。这种方法国内外许多学者做了大量研究，如

Roberts 等利用地面目标数据对 MSV 图像进行监督分类，并选择最佳波段数据对悬浮物浓度进行统计线性回归估计；Dekker 等融合 TM 和 SPOT 图像数据，应用指数分析方法，估计内陆水域总悬浮物 (TSM) 的浓度；王学军等根据水质参数的固有光学特性，进行不同波段组合分析得到悬浮物和叶绿素浓度；Ammenberg 等由水质参数的固有光学特性而建立生物–光学模型，并联合 CASI 遥感数据及地面监测数据，对叶绿素 (Chl)、有色溶解有机物 (CDOM) 及悬浮颗粒无机物 (SPIM) 进行估计；Kloiber 通过 TM 和 MSS 图像数据及同步监测的地面数据，采用合适波段比线性回归及正弦函数拟合获得透明度的浓度及其区域性、季节性变化趋势；Ouillon 提出一种基于地球物理参数的遥感估计概念的简化方法，通过 "光学影响" 集中度代替由半分析公式所计算出的散射衰减系数，获得区域性分层浑浊度的浓度；半分析方法通常估计公式比较简单，并且公式中包含几个特殊参数，这些参数关系是非线性的且在全局变化，整个估计过程依赖水质参数的固有光学特性，这对于处理 Case II 类水来说，效果不太理想。后来发展了一类新算法，目的是分开水中组成成分的水面反射值的相互影响，参数在全局范围内优化，该算法基于一个优化过程，如 Zhong 等基于半分析方法，采用优化的方法估计水质参数；Stéphane 等提出利用模拟退火优化技术，优化、估计叶绿素 a 参数浓度，结果与实际比较一致，整个过程比使用纯半分析方法要省时；Haigang 等提出采用遗传算法估计深水参数浓度，建立目标函数，通过遗传算法进行优化获得水质参数全局最小 (稳定值)。

2. 基于非线性关系的水质监测参数确定方法

基于线性关系的水质监测数据融合方法存在明显不足，因为遥感波段辐射比数据与水质反射数据之间是非线性关系，利用线性回归来估计，则精度差，计算量比较大；而且数据之间的互补性比较小，融合处理效果不明显。因此，国内外许多学者基于遥感数据，由地面监测数据进行校正，充分发挥各个波段的优势，直接利用它们的非线性关系进行融合估计，如疏小舟等通过 R705nm/R675nm 反射比进行二次多项式拟合得到叶绿素浓度；Allee 等利用 TM 及地面数据，采用线性回归模型和二次多项式非线性模型进行叶绿素 a 和透明度的估计比较，结果后者优于前者；Chaturvedi 和 Narain[62] 基于 SeaWiFS 数据，采用修正的三次多项式非线性模型确定阿拉伯海域叶绿素浓度季节性、区域性分布及变化。上述这些方法都是多项式拟合，脱胎于线性回归，而另有一些学者并不从建立显式关系方程入手，而是建立隐式方程，从而避开了线性回归及多项式回归所要确定系数的困难，如 Louis 等提出利用神经网络，由 TM 图像数据及地面监测数据，建立三层 BP 神经网络模型，输入层为 TM 三个波段，输出层为叶绿素或悬浮物浓度；Keiner 等采用 SeaBAM 数据，建立 BP 神经网络模型，其输入层为 SeaBAM 的五个波段，输出层为叶绿素浓度，隐含层数由所要求精度来确定，训练结果比少于五个波段作为输入的神经网络模型来估计叶绿素浓度要高；王建平等提出利用 TM 影像数据融合，建立 BP 神经网络模型，同时反演悬浮物、叶绿素、DO、TP、TN 和 COD_{Mn} 参数；Yuanzhi 等联合应用遥感 TM 数据和微波 ERS-2 SAR 数据融合处理，充分利用微波数据不受云层的影响和主要反映水表面信息等特点以及 TM 数据覆盖性广且费用低的特点，建立 BP 神经网络，其输入为七个 TM 波段数据和 SAR 数据，输出层为叶绿素 a、悬浮物、透明度及浊度浓度；Chen[64] 将遗传程序算法应用于水库富营养化的监测，他并不是将遗传算法作为参数优化，而是发展一种基于 GP 的随机处理技术。对于水质复杂的内陆水体监测，遗传程序算法比传统线性回归优。有的学者采用两种及两种以上的方法进行融合处理，利用相互之间的优势，确定水质参数的浓度及空间、时间分布，如 Alvarez 等[65] 结合遗传算法和经验正交函数 (EOF)，利用遥感数据及地面监测数据融合处理来确定海洋表面的温度。

3. 确定水质参数之间相互关系的融合处理方法

通过水质参数数据融合处理方法获得的水质参数浓度，应该考虑参数之间的相互影响，这对于获得精确的水质参数浓度是至关重要的，因此，目前有些学者开始从确定单一水质参数研究转向确定多参数之间的相互关系。如 Perry 等考虑到叶绿素和透明度对遥感传感器接收光谱的相互影响，采用层次聚类分类技术，将其二者分开；Han 等研究悬浮物的层次变化对水体中叶绿素光谱的影响，这对于确定叶绿素估计模型有重要作用；Kloiber 利用总磷与透明度之间的关系，可以通过遥感与地面监测反映没有光谱效应的总磷的空间、时间分布，扩大了遥感和地面融合监测水质参数的范围。不仅水质参数本身之间相互影响，而且水体中其他参数对其也有影响，如 Zhong 等考虑到浅水的水底对建立水质参数光谱估计模型的影响，采用优化技术将其分开；张运林等提出水量对水质浓度的影响，研究二者之间的关系，对确定流域富营养化有重要意义。Deng 等提出利用 SeaWiFS 遥感数据及地面数据融合，监测水质参数不仅仅考虑其面上分布，而且应该考虑其在水域中深度上的分布 (体上分布)，这对于流域中渔业有重要意义。

4. 分析与评价

随着高光谱遥感的迅速发展及遥感技术对水质参数光谱特征及算法研究的不断深入，遥感监测水质的定量化程度不断提高，以及地面水质监测的自动化发展，将二者数据融合处理，使得其在内陆水质监测中得到了广泛应用[64-68]，但由于内陆水体本身的光谱特性复杂、辐射信息受大气散射影响严重，加上常规遥感器分辨率较低，二者融合处理技术不够成熟等原因，从研究进展看，水质遥感与地面监测数据融合处理在内陆水体监测中的应用远不如在地质、生态、海洋等领域的应用成熟，仍存在以下问题。

1) 多源数据融合处理

仅使用遥感数据融合处理对内陆水体监测是不充分的，因为内陆水体中物质比海洋要复杂得多；基于地面的监测，却受到主观性、人力、环境条件的限制，很难准确获取区域水质状况空间分布，需将二者数据融合处理，发挥各自的优势。目前所用到的融合数据少、单一，如 Keiner 等采用 SeaBAM 五个波段的数据及地面数据进行融合，应该将多源化数据 (如地面监测数据、多光谱、多分辨率、多暂态数据等) 融合处理，需要改进融合方法，提高融合处理的精度。

2) 多源数据融合方法研究

目前，水质监测方法研究由确定线性关系转向非线性关系确定问题。虽说对非线性关系研究逐步增多，但都处于初始阶段，精度不高，鲁棒性需要进一步研究。

3) 确定水质参数之间关系方法研究

目前，所研究的水质监测，主要集中于对单个水质参数的确定，而对水质参数之间关系研究相对较少。事实上，水体中的物质是相互作用、相互影响的，如果不对其相互作用、相互影响进行研究，得到高精度单个水质参数浓度是困难的。虽说有些学者进行水质参数关系研究，如 Han L. 等研究悬浮物的层次变化对水体中叶绿素光谱的影响，但研究方法主要是经验或半分析方法。这些方法主要采用线性回归的方法，这与实际参数之间非线性关系不吻合，因此需要进行水质参数之间的关系方法研究。

4) 融合处理所得的水质参数少

研究多集中于叶绿素、悬浮物、透明度、浑浊度等具有光谱特性的参数，对COD、BOD、TP 等水质参数的监测、识别方面的工作较少，有少数学者进行了尝试，如 Kloiber 利用总磷与透明度之间关系，从监测透明度分布状况来确定总磷的状况。基于遥感与地面数据融合处理能否监测出具有非光谱特性的水质参数及采用什么样的方法、手段提取参数的定量信息，还需要进行更多的研究。

5) 水质参数本身特性对融合处理的影响

水质参数本身的物理特性 (如大小、形状等) 对卫星传感器光谱测量有一定影响，也影响最终融合处理所获得水质参数浓度的进度。如 Gin 等利用经验颜色比率法研究悬浮物的形状、大小对确定悬浮物浓度的影响。目前，关于这个问题的研究方法大多集中于经验方法，缺乏一定的理论基础。

针对水质遥感图像与地面监测数据融合处理方法存在上述问题，我们认为有以下几个方面可作为未来研究和探讨的方向。

(1) 加强水质参数估算模型研究，目的是提高模型的适用性。传统的经验、半分析定量模型参数因受同步取样精度、季节、地点以及参数本身的物理特性等因素影响，其适用性不强，因此应该加强水质参数估算模型理论研究，增强其适用性，以便摆脱现场同步采样。

(2) 深入地研究水体参数之间关系。对于内陆水体来说，由于水质参数之间相互影响，且水质参数受水量、水底、深度等因素的影响，因此要准确确定单个水质的参数状况，必须系统、深入地研究水体参数之间关系方法，提高监测的精度。

(3) 软计算方法的应用。由于遥感图像分辨率低、现场监测局部性等特点，需发展多源数据融合处理。对于多源数据融合处理，软计算方法 (神经网络、证据理论、遗传算法等) 在一些场合具有比硬计算方法 (即所谓的传统计算方法，使用精确、固定和不变的算法来表达和解决问题) 更好的效果。在应用中，应结合水质监测数据的特点，改进软计算方法，使其更加适合多源水质监测融合处理。

(4) 多种方法相结合。由于各种方法都有自己的优缺点，对于内陆水体的复杂的水质状况，应该结合各种方法，如线性关系确定方法与非线性关系确定方法结合、各种非线性方法相结合等。

(5) 与 3S 相结合方法。遥感 (RS) 用于提供正确、迅速、宏观的水质监测信息，及时地对地理信息系统 (GIS) 进行数据更新；GIS 则是对多源的时空信息进行综合处理、集成管理及动态存取，并为智能化数据采集提供地学知识；同时结合地面监测数据，经由 GPS 实时、快捷、准确地提供地理位置。将 3S 在网络上实现一体化，可将水质监测从定性转变到定量，实现空间和时间的转移，目前已有学者把 RS 和 GIS 相结合进行近岸环境监测和管理。如何将三者进行结合处理以及结合方法的研究，使其充分发挥各自的优势，为实现准确、客观、动态、快速地对水环境质量进行监测、评价与发展趋势预报具有重要意义。

3.2 基于广义回归神经网络的水质空间分布分析

目前，水质评价侧重于水质测点或断面 (以监测断面的多个监测点的平均值来描述) 的评价，然后归纳出这一水域的污染状况，对水域的水质状况评价只限于一个综合的概念，无法了解水质的分布状况。而在水质监测与评价中，充分了解特定水质参数或水质级别在整个水域的空间分布状况尤为重要。广义回归神经网络主要用于解决函数逼近问题，在日照率、月平均太阳辐射、晴朗指数、岩石多孔性、地质曲面重建及土壤的空间分布等方面均有研究报道，但水质空间分布差异方面目前国内外尚未见相关的研究报道。本节基于数理统计与仿真的广义回归神经网络模型，以我国太湖为例，依据少数地面常规监测数据研究水域水质空间分布情况。

3.2.1 广义回归神经网络的水质空间分布模型

1. 广义回归神经网络

广义回归神经网络 (generalized regression neural network，GRNN) 是一种新型

神经网络，建立在数理统计基础上，理论基础是非线性 (核) 回归分析。能够根据样本数据逼近其中隐含的映射关系，即使样本数据稀少，网络输出结果也能够收敛于最优回归表面[8]。

非独立变量 y 相对于独立变量 x 的回归分析实际上是计算具有最大概率值的 y。设 m 维向量 x 和标量 y 是随机变量，x 和 y 的联合概率密度为 $f(x,y)$，已知 x 的观测值为 X，则 y 相对于 x 的回归，即条件均值为

$$\hat{y} = E[y|X] = \int_{-\infty}^{+\infty} yf(X,y)\mathrm{d}y \Big/ \int_{-\infty}^{+\infty} f(X,y)\mathrm{d}y \tag{3-1}$$

对于未知的概率密度函数 $f(x,y)$，可由 x 和 y 的样本观测值估计得到，其参数估计为

$$\hat{f}(X,Y) = \frac{1}{2\pi^{m+\frac{1}{2}}\sigma^{m+1}n} \times \sum_{i=1}^{n} \exp\left[-\frac{(X-X_i)^{\mathrm{T}}(X-X_i)}{2\sigma^2}\right] \times \exp\left[-\frac{(Y-Y_i)^2}{2\sigma^2}\right] \tag{3-2}$$

式中，X_i，Y_i 为随机变量 x 和 y 的样本观测值；σ 为高斯函数的宽度系数，称为光滑因子，光滑因子 σ 取值对估算精度有重要影响；n 为样本数目。

用 $\hat{f}(X,Y)$ 代替 $f(X,y)$，将式 (3-1) 转化为

$$\hat{Y(X)} = \sum_{i=1}^{n} Y_i \exp\left(-\frac{D_i^2}{2\sigma^2}\right) \Big/ \sum_{i=1}^{n} \exp\left(-\frac{D_i^2}{2\sigma^2}\right) \tag{3-3}$$

式中，$D_i^2 = (X-X_i)^{\mathrm{T}}(X-X_i)$，估计值 $\hat{Y(X)}$ 为所有样本观测值 Y_i 的加权平均，每个观测值 Y_i 的权重因子为相应样本与 X 之间 Euclid 距离平方的指数 $\exp(-D_i^2/2\sigma^2)$。

由此，GRNN 网络结构由输入层、模式层、加和层和输出层 4 层构成。模式层以高斯函数 $\exp(-D_i^2/2\sigma^2)$ 为活化核函数，X_i 为各单元核函数的中心矢量，共有 n 个单元。加和层包含两种类型的神经元，其中一种计算模式层各单元的输出之和，算得式 (3-3) 的分母，称为分母单元；另一种计算模式层各单元输出的加权和，权为各训练样品的 y_i 值，算得式 (3-3) 的分子，称为分子单元。输出层单元将加和层分子、分母单元的输出相除，算得 y 的估算值。

2. 水质空间分布模型的实验数据

以太湖为例，选取其中 21 个测点的数据为研究材料，21 个观测点分别分布在太湖各区，水质监测参数为 pH、溶解氧、高锰酸钾指数、生化需氧量等指标。监测时间为 2003 年 8 月 2～7 日，观测点位置及采样数据见表 3-1。

表 3-1　　太湖流域各观测点的采样数据

观测点	观测指标			
	pH	DO/(mg/L)	COD_{Mn}/(mg/L)	BOD_5/(mg/L)
拖山	8.59	7.5	5.3	1.6
椒山	8.28	7.0	5.5	1.9
乌龟山	8.50	7.2	5.3	1.4
漫山	8.66	7.9	4.4	1.8
平台山	8.56	8.2	3.4	1.4
四号灯标	8.75	7.5	3.6	2.4
泽山	8.56	6.8	3.6	2.2
大雷山	8.76	8.4	6.1	3.4
闾江口	8.44	6.7	5.5	5.8
百渎口	8.40	7.6	7.3	4.9
大浦口	9.71	6.8	10.7	3.7
新塘港	8.27	7.1	4.5	3.8
小梅口	8.91	9.1	3.6	2.5
新港口	8.82	7.9	3.8	1.8
沙塘港	8.31	7.4	7.2	4.8
五里湖心	8.34	8.3	6.5	5.1
沙墩港	8.54	7.9	5.7	2.4
胥口	8.18	6.6	3.7	2.2
犊山口	7.97	6.0	6.4	4.0
中桥水厂	8.49	6.6	5.6	2.4
沙渚	8.62	7.3	5.4	2.1

3. 水质空间分布模型设计

1) 网络设计函数

以 MATLAB 为平台,MATLAB6.5 提供了大量神经网络工具函数,包括网络设计函数、权函数和径向基函数。广义回归网络模型设计函数为 Net=newgrnn(P, T, SPREAD)。其中,P 为输入矢量,本例以太湖流域各观测点坐标为输入,为二维矢量;T 为目标矢量,如计算溶解氧指标浓度分布,则输出为观测点的溶解氧浓度值;函数中 SPREAD 为径向基函数展形,即光滑因子,SPREAD 取值对网络计算精度有重要影响,通常要经优化选取其值。

2) 光滑因子 SPREAD 参数优化

学习样本一确定,广义回归神经网络结构和各神经元之间的连接权值随之确定,网络训练实际上只是确定 SPREAD 值的过程。SPREAD 值决定基函数围绕中心点的宽度,SPREAD 值越大,则概率密度函数估计比较平滑,当 SPREAD 值 $\rightarrow \infty$ 时,估计值为所有样本观测值 Y_i 的均值;若光滑因子较小,则概率密度函数的估计为非 Gauss 型;当 SPREAD 值 $\rightarrow 0$ 时,为与输入变量 X 之间 Euclid 距离最近的样本观测值；当选取的光滑因子比较适中，所有样本观测值均计算在内，其中，与 X 之间 Euclid 距离较近的样本观测值的权重因子较大。

SPREAD 值确定有多种方案，可设定所有样本采用相同的 SPREAD 值，或每维向量采用不同光滑因子以考虑各维对模型的影响。本研究输入向量为二维平面坐标，认为对模型的影响相同，采用同一 SPREAD 值。确定方法是：设定 SPREAD 初始值，并使其在一定范围内递增变化，抽取一部分为验证样本，其余观测值构建网络，通过计算验证样本的误差来确定 SPREAD 值。

4. 模型验证与比较分析

在对广义回归神经网络模型进行验证的同时，与克里格法计算结果进行对比。克里格法是一种有效的地质统计网格化方法。它首先考虑的是空间属性在空间位置上的变异分布，确定对待插点影响的距离范围，然后用此范围内的采样点来估计待插点值。该方法在数学上可对所研究的对象提供一种最佳线性无偏估计的方法。但它仍是一种光滑的内插方法，在数据点多时，其内插的结果可信度较高。

鉴于样本容量较少，本研究选用滚动组合法来验证模型的计算精度，即开始从训练样本中取出第一个样本为验证样本，由剩下的样本构建网络进行网络训练。以验证点的坐标为输入，输出验证点溶解氧指标值。然后依次分别取出第二个、第三个样本为验证样本，根据剩下的样本构建网络得到验证点的溶解氧指标值，广义回归神经网络模型与克里格法计算结果及误差计算见表 3-2。

表 3-2 溶解氧浓度计算值与误差计算 (列出部分验证结果)

观测点	观测值/(mg/L)	广义回归神经网络模型		克里格法	
		计算值/(mg/L)	平均误差/%	计算值/(mg/L)	平均误差/%
拖山	7.5	7.4	1.3	7.3	2.7
椒山	7.0	6.9	1.4	6.9	1.4
乌龟山	7.2	7.4	2.8	7.8	8.3
四号灯标	7.5	7.4	1.3	8.1	8.0
大雷山	8.4	8.1	3.6	8.1	3.6
闸江口	6.7	6.9	3.0	6.9	3.0
百渎口	7.6	7.5	1.3	7.0	7.9
大浦口	6.8	7.1	4.4	7.3	7.4
小梅口	9.1	7.5	17.6	7.5	17.6
新港口	7.9	8.0	1.3	8.7	10.1
五里湖心	8.3	7.0	15.7	6.8	18.1
沙墩港	7.9	7.7	2.5	7.7	2.5
犊山口	6.0	6.6	10.0	6.7	11.7
沙渚	7.3	7.3	0.0	7.2	1.4

从表 3-2 的计算误差可以看出，广义回归神经网络模型计算精度比克里格法

计算精度高。广义回归神经网络模型充分考虑了水体流动和污染源浓度扩散的特性，即水作为流动的系统，计算点指标的浓度受周围水体的影响很大。且离计算点越近，影响越大。该模型通过权重因子来说明不同测点对计算点的影响大小，离计算点越近，权重越大。即使样本数据稀少，网络的输出结果也能够收敛于最优回归表面。因此，应用广义回归神经网络模型具有很好的计算精度，完全可以应用广义回归神经网络模型研究水质空间的分布状况。

结合观测点所在位置可以看出，离边界较远的观测点计算精度更高，而边界附近的点，计算精度稍低，如五里湖心、小梅口等周边点。这是因为水域边界计算点的浓度除受周围水域浓度影响大之外，人类活动因素对其浓度影响也很大，因此边界点计算误差稍大。

3.2.2　计算分析

1. 观测指标——溶解氧浓度分布计算

人们通常关注特定水域某一水质指标或某几个水质指标的浓度变化情况，这些指标可能是这一水域的主要污染物，也或许这些指标的浓度变化为某一工程项目中的关键影响因素。因此，特定水质指标浓度分布状况研究在工程中具有重要实际意义。本书以太湖溶解氧为例研究观测指标的空间分布。

根据地形特征对计算区域进行网格划分，得出研究区域网格计算点布局方式，差值网格结点布置密度主要根据研究问题所要求的计算精度而定。依据地面观测点位置坐标和观测值，进行网络训练，通过试算和误差分析，确定光滑因子 SPREAD 取值为 20。利用已训练好的广义回归神经网络模型进行计算，以计算网格点的坐标为输入，输出为计算点溶解氧指标值。根据计算的输出结果，绘出溶解氧浓度分布图，如图 3-1 所示。从图 3-1 可以直观地看出 2003 年 8 月太湖溶解氧的浓度分布，可以清楚地了解研究区域内的浓度分布状况。

2. 水质级别分布计算

若要对研究区域的水质状况有更为直观的认识，可计算该区域水质级别分布状况。计算水质级别分布状况与水质浓度分布过程相同。

首先，要获取 21 个观测点的水质级别，对观测点数据进行归一化处理。然后，利用 BP 神经网络进行水质评价，采样点水质级别评价结果如表 3-3 和表 3-4 所示。以太湖流域各观测点的坐标为输入，水质级别为输出，在网络训练完成后，SPREAD 值取为 15，以差值网格结点的坐标为输入，计算网格结点的水质级别，对计算输出结果进行后处理后，得到太湖水域水质级别分布如图 3-2 所示。图 3-2 中深灰色分布区域为 I 类水，灰色分布区域为 II 类水，浅灰色分布区域为 III 类水。计算结果说明，I 类水基本位于太湖中心部位，而太湖周边地区水质级别较

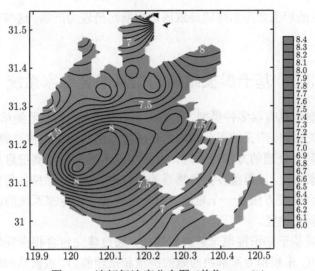

图 3-1 溶解氧浓度分布图 (单位: mg/L)

表 3-3 采样点水质级别评价结果 1

观测点	拖山	椒山	乌龟山	漫山	平台山
水质级别	II	II	II	II	I
观测点	新塘港	小梅口	新港口	沙塘港	五里湖心
水质级别	II	I	I	II	III

表 3-4 采样点水质级别评价结果 2

观测点	四号灯标	泽山	大雷山	闾江口	百渎口	大浦口
水质级别	I	I	II	II	II	II
观测点	中桥水厂	胥口	犊山口	沙渚	沙墩港	
水质级别	II	II	III	II	II	

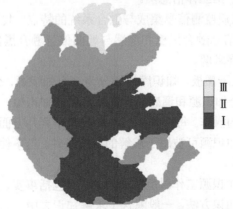

图 3-2 太湖水域水质级别分布状况

差, 主要因为生活和工业污水排放导致周边水质污染较为严重, 这与实际情况是相符合的。

3.3　基于黑板结构的信息融合专家系统

水环境监测信息有很多种类型, 比如人工监测信息、自动监测信息、遥感信息以及已有的相关知识, 广义的可分为地面传感器监测信息和遥感监测信息。不同类型的信息进行融合处理的方法也不同, 因此实现水质多源监测信息集成与融合需要多方面的专家知识, 以覆盖各类传感器的信息进行处理。系统如何针对具体信息选择最佳的融合处理方法是一个难题, 而人工智能中的专家系统的出现为解决这个问题提供了新的途径。

专家系统是基于知识推理来解决问题的, 通过建立包含相应领域大量知识的知识库和推理机, 来模拟专家解决问题的决策和推理能力。黑板结构的专家系统实际上是一种多专家合作系统, 适合于多传感器的多源监测信息集成与融合系统, 可以在较高层次上实现领域专家的信息集成与融合处理能力, 对于获取准确的水环境状况具有重要的现实意义。

3.3.1　功能模块及流程设计

基于黑板结构的多源监测信息融合专家系统设计模型如图 3-3 所示, 主要包括输入、黑板、知识库、数据库、综合控制、知识获取六个模块, 具体描述如下。

(1) 输入模块。由于水质监测的项目种类比较多, 包括综合性指标 [溶解氧 (DO)、悬浮物 (SS) 等]、水质污染指标 [生化需氧量 (BOD)、化学耗氧量 (COD)、总需氧量 (TOD) 等]、生物指标 (大肠杆菌群数、细菌总数等)、水文气象参数 (流量、流速、水深、潮级等), 再加上 3S 技术在其上的应用, 使其水环境监测信息形成空间、地面及水下三维立体信息网。

(2) 黑板。根据水质监测信息集成与融合系统的特点, 共采用三个黑板: 地面信息融合黑板、遥感信息融合黑板和遥感与地面信息融合黑板。三个黑板协调工作, 完成对问题的最终求解。

(3) 知识库。对应于黑板, 知识库被划分为三个知识源, 分别为地面信息融合知识源、遥感信息融合知识源和遥感与地面信息融合知识源。它们分别存放且相互独立, 各自完成自己的操作。每个知识源一般包含下列几方面内容。

触发条件: 描述知识源可被用于求解的状态条件。当条件满足时, 知识源被激活、调用, 执行其动作。

知识库: 存入该知识源工作时所需要的知识, 包括事实、规则、融合算法。

推理机制: 处理知识方法, 一般隐含于求解知识之中。

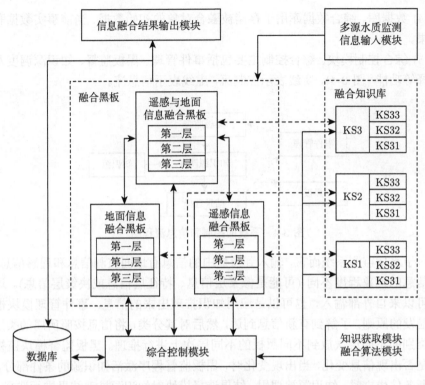

图 3-3 基于黑板结构的多源监测信息集成与融合专家系统模型

动作:描述知识源的行为,指出知识源被激活后应执行的动作序列——条件判断、基于知识的推理、运算,对黑板上相应的内容增删和修改等。

系统的知识库存放着丰富的水质监测知识,比如水域地理信息知识、遥感解译知识、水质等级判定知识、水质监测信息融合算法的选择知识和推理过程中所需要的各种信息,如水质模型参数、水环境各项标准知识 (如污水综合排放知识) 等。我们把水质监测信息融合所需的知识划分为三级,第一级为知识源选择知识;第二级为等级划分类型的判定知识以及融合算法模型选择知识;第三级为最后的结论以及环保措施等知识。

知识的表示方法有很多种,常用的有产生式规则表示、框架结构、逻辑表示法和原型表示法等。水质监测的领域知识形式多样,有事实、规则、过程性知识 (知识处理方法)、计算公式等。不同类型的知识有各自合适的表示方法,这就需要选取合适的表示模式。针对以上这些特点,我们将采用面向对象的知识表示方法,每个对象的所有属性、相关领域知识和数据处理方法等被封装在一起。知识源的对象表示均采用面向对象的知识表示。知识源的规则采用典型的产生式表示法。

(4) 数据库。综合数据库用于存储被融合对象的初始数据、当前事实数据和融合结果。

(5) 综合控制模块。综合控制主要包括事件管理、黑板监督、知识源调度及结果选择等功能 (图 3-4)，实线表示控制流，虚线表示信息流。

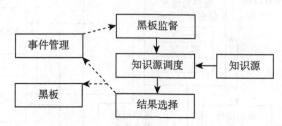

图 3-4　系统的控制和信息流程图

对于水质监测系统而言，输入到黑板中的信息有地面监测信息和遥感信息等，并且信息的抽象程度不同 (可能是像素层信息、特征层信息或决策层信息)。这些信息可以来自外部输入，也可以是应用知识推理出来的信息。事件管理模块根据消息触发的原则，了解到有新信息到达，然后对其分类，将信息按照所属的类别及所属类别的不同层次放到不同黑板的不同层次上进行推理。黑板监督模块监视黑板中是否出现信息变化，当出现变化时，黑板监督程序激活知识源的条件部分，当其判断条件成立时，知识源被调用。结果选择模块对知识源推理结果进行选择，建立新的推断中间结果序列，发送消息到事件管理模块，表明有新数据到来，从而完成控制流的反馈。基于黑板结构的多源监测信息集成与融合专家系统工作流程如图 3-5 所示。

(6) 知识获取模块。通过外部接口获得推理所需的领域知识、融合算法等。

3.3.2　验证与分析

本小节以我国太湖水域为研究资料，根据已获取的有关太湖水域的一些水质地面参数数据以及遥感信息，以我国《地表水环境质量标准》(GB 3838—2002) 为基准，通过上述基于黑板结构的多源监测信息集成与融合专家系统模型实现对太湖水质的评价。

1. 数据准备及知识库

地面监测点按常规监测站位置进行选取，这 12 个地面监测点分布于太湖的各个区域。其分布如图 3-6 所示，其中 ★1～★12 为地面监测点。本书仿真实验所采用的地面监测数据为 1997 年 5 月 4 日获取的 12 个地面监测点的水质参数。水质监测参数的数据从中国环境监测总站太湖流域国家环境监测网中心站获取，水质监测严格按照国家水质监测规范进行，同时进行了质量控制，数据翔实可信。

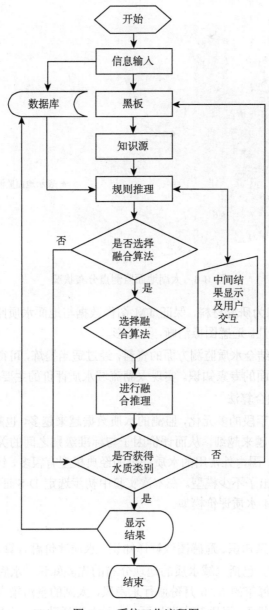

图 3-5 系统工作流程图

常用的遥感数据源主要有美国 Landsat-5 卫星的 TM 数据、法国 Spot 卫星的 Spot 数据和中巴卫星的 CBERS 数据。本小节选择美国 Landsat-5 卫星的 TM 图像数据作为遥感信息源,可以同时感测 7 个不同波段数据。为确保 Landsat-5 卫星监测与地面监测时间上尽可能接近,本次仿真实验同样选择监测时间为 1997 年 5

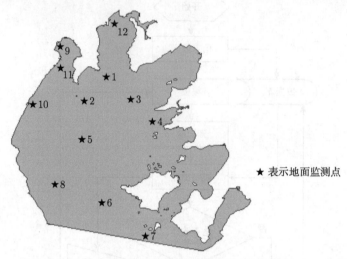

图 3-6　太湖地面监测点分布状况

月 4 日的 TM 图像为研究材料，保证 TM 图像数据与地面水质监测数据具有良好的相关性和可对比性。遥感图像清晰，无云彩。

　　水质评价模型结合水质监测方面的资料，经过适当提炼，可得到专家系统所需的有关水质评价方面的专家知识。实现太湖流域水质评价的主要相关知识如下。

　　1) 水质评价融合算法

　　随着水质监测手段的多元化，监测的水质数据越来越多，也越来越复杂，影响水质的因素也分得越来越细，从而评价因子与标准级别之间的关系就变得更加复杂和非线性。当前，国内外常用的水质评价的经典模型有很多，针对太湖流域的水质特点，也已经提出了不少模型。在本次实验中初步选定 D-S 证据理论、BP 神经网络、NNDS、SVM 水质评价模型。

　　2) 规则知识

　　主要有地理信息知识、遥感图像解译知识、水质评价融合算法选择知识等。

　　地理信息知识，包括水域水质的地理分布的先验知识、水底的地理结构知识等。考虑到太湖在每年的 5、6 月份盛行东南风，太湖的重污染水域主要是太湖的西北区域，如梅梁湖区；又因其在湖岸区，由于人类活动如污水排放、围网养殖等会加剧富营养化的发展，所以湖岸区污染较重。另外，从湖泊形态方面考虑，由于太湖湖体的地理结构近似为一个 "碟形"，湖心在整个太湖流域污染最轻。依据水质的污染轻重将太湖划分成 6 个湖区，并根据各个湖区的污染程度进行编码，如表 3-5 所示。

　　遥感图像解译知识是对遥感图像上 (通常是假彩色合成图像) 的水域进行目视

解译后再进行分类而获取的。在解译过程中，主要利用判读标志，它是依据判读特征以及成像时间、季节、图像种类、比例尺等因素制作而成的。水质分类的编码规则的制订：利用 TM 图像的 TM2、TM3、TM4 波段的假彩色合成图像对太湖流域进行目视解译，依据先验知识，在假彩色图像上，水质污染较重的区域往往呈现黑色，而污染较轻的区域则色调偏浅。根据上述分析，对太湖水质类别进行编码，如表 3-6 所示。其中，红色区域表示污染最严重，橘色的区域表示污染较重，紫色的区域表示污染中等，青绿色的区域表示污染最轻。

表 3-5   根据太湖的地理信息对各个湖区的污染程度编码

项目	东部湖岸区	南部湖岸区	北部湖岸区	西部湖岸区	湖心区	东太湖
污染程度编码	1	1	3	2	0	2

表 3-6   对太湖水质类别编码

项目	红色	橘色	紫色	青绿色
水质分类编码	6	5	4	3

水质评价融合算法选择知识主要是依据表 3-7 所示的水质监测信息融合算法选择规则的总体框架。

表 3-7   融合算法选择规则总体框架

是否有水质监测数据？					否
是					
是地面传感器信息还是遥感信息？					返回，不调用任何融合算法
地面传感器信息			遥感信息		
是评价监测点水质类别还是富营养化程度？			是否为多源遥感信息？		
水质类别	富营养化程度		是	否	
采用 BP 神经网络方法	是否有叶绿素 a，TH 参数数据？		采用神经网络-证据理论 (NNDS) 方法	采用支持向量机 (SVM) 进行水质反演或基于知识和遥感图像的神经网络水质反演模型	
	是	否			
	采用模糊证据理论	补足参数后采用模糊证据理论			

2. 试验过程及分析

以太湖 1997 年 5 月 4 日获取的遥感信息作为系统的输入信息，利用本专家系统对太湖流域水质进行评价。在实验分析中，将 TM 图像的灰度值转换为辐射值后作为一幅遥感图像，而将 TM 图像的主成分分量作为另外一幅遥感图像。上述两种图像可以模拟不同的遥感图像。用 TM 图像第 1 波段、第 2 波段、第 3 波段这三个波段的辐射值 (分别记做 r_1、r_2 和 r_3) 和主成分分量 (第 1、2 和 3 主分量

分别记做 p_1、p_2 和 p_3) 作为两组信源。选取其对应于监测点 1，2，11 的 TM 图像坐标作为原始输入数据，如表 3-8 所示。

表 3-8　对应于监测点 1，2，11 的 TM 图像坐标

监测点	TM 辐射值			TM 主成分分量		
	r_1	r_2	r_3	p_1	p_2	p_3
1	0.516	0.591	0.324	0.475	0.051	0.319
2	0.774	0.818	0.757	0.827	0.444	0.717
11	0.742	0.955	1.000	0.921	0.775	0.736

根据输入信息的特征，系统首先对其进行经验推理，监测点 1，11 位于西北区与湖心区交界位置，污染较严重；监测点 2 位于湖心区偏北，轻度污染。然后选择基于神经网络 —D-S 证据理论的水质评价模型进行融合推理。依据太湖的实际情况将水质分为五类（I ∼ II，II ∼ III，IV，V，劣V），可确定 BP 网络的希望输出编码如表 3-9 所示。按照融合推理结果与期望值的接近程度，推理出 1 号和 11号监测点的水质为IV类，2 号监测点的水质为 II ∼ III类，融合结果如表 3-10 所示。最后由经验推理结果可验证通过 NNDS 方法推理出的水质评价结果合理，从而得到最终的融合结果，并为下一步决策提供了依据。

表 3-9　BP 神经网络希望输出编码

太湖水质	I ∼ II	II ∼ III	IV	V	劣V
I ∼ II类水	0.1	0.1	0.1	0.1	0.9
II ∼ III类水	0.1	0.1	0.1	0.9	0.1
IV类水	0.1	0.1	0.9	0.1	0.1
V类水	0.1	0.9	0.1	0.1	0.1
劣V类水	0.9	0.1	0.1	0.1	0.1

表 3-10　融合结果

项目	监测点	I ∼ II	II ∼ III	IV	V	劣V	评价结果
BP 神经网络 1 输出	1	0.051	0.001	0.657	0.217	0.074	IV
	2	0.077	0.699	0.070	0.077	0.077	II ∼ III
	11	0.077	0.000	0.769	0.077	0.077	IV
BP 神经网络 2 输出	1	0.093	0.031	0.701	0.111	0.063	IV
	2	0.077	0.620	0.149	0.077	0.077	II ∼ III
	11	0.077	0.004	0.765	0.077	0.077	IV
融合结果	1	0.010	0.000	0.932	0.049	0.009	IV
	2	0.013	0.939	0.023	0.013	0.013	II ∼ III
	11	0.010	0.000	0.971	0.010	0.010	IV

3.4 水环境遥感与地理信息系统的信息集成

本节主要介绍水环境遥感与地理信息系统的信息集成应用系统。以太湖流域的水环境多源监测信息为对象，将灰度图像数据与地面实测数据相结合，设计了基于遥感 (RS)、地理信息系统 (GIS) 集成技术的太湖流域动态监测与分析方法，以 RS、GIS 和 Visual Basic 为工具，开发太湖水环境监测信息管理系统，并分析系统的组成，通过对实际监测数据的处理和表达，说明该系统在快速、高效、实时等方面具有较明显的优势。

GIS 具有数据的采集、编辑和图形处理功能，以及空间数据的管理、空间查询与空间分析能力，分析结果的各种输出与转化功能。对于各种地理信息系统，遥感是其重要的外部信息源，是其数据更新的重要手段。反过来，地理信息系统则可以提供遥感图像处理所需要的一些辅助数据，以提高遥感图像的信息量和分辨率。同时，地理信息系统可以将实地调查所获得的非遥感数据与遥感数据结合，提高遥感图像处理和解释的精度。RS 和 GIS 技术的整体结合是集 RS、GIS 功能于一体，构成高度自动化、实时化和智能化的地理信息系统，是空间信息实时采集、处理、更新及动态地理过程的现势性分析与提供决策辅助信息的有力手段。

3.4.1 遥感和地理信息系统信息集成

RS 和 GIS 是两个相互独立发展起来的技术领域，随着它们应用领域的不断开拓和自身的不断发展，即由定性到定量、由静态到动态、由现状描述到预测预报的不断深入和提高，它们的结合也逐渐由低级向高级阶段发展。RS 和 GIS 的结合，既可以保证地理信息系统具有高效和稳定的信息源，又可以对遥感信息进行实时处理、科学管理和综合分析，实现监测、预测和决策的目的。它们集成的技术方法可以包括：

(1) 遥感图像纠正。在地理信息系统支持下，根据坡向和遥感影像之间的相互关系，采用数字相关技术自动选取控制点，进行遥感影像的几何纠正。

(2) 复合显示。遥感与地理信息系统叠加复合显示，可以帮助用户快速而准确地选择训练样区或直接进行分类结果的屏幕编辑。

(3) 自动建立数字高程模型。采用视差模型可由遥感立体像直接生成数字高程模型，免去了地形等高线数字化的繁重工作，同时也避免了地面高程插值造成的误差。

(4) 专题信息自动或半自动提取。在地理信息系统支持下，由遥感影像自动或半自动提取专题信息，更新地理信息系统数据库。

(5) 遥感影像地理信息系统操作。调用地理信息系统图像操作功能处理遥感影像，包括数字变换、统计量算等。

(6) 遥感与地理信息系统集成技术系统。融遥感处理与地理信息系统功能为一体的集成系统。

(7) 遥感影像辅助 GIS 空间数据的获取与更新。GIS 空间数据的获取与更新需要遥感影像进行辅助。

RS 和 GIS 的集成并不是一个完全单向的操作，地理信息系统的信息也可以反馈到图像处理系统中，增强和完善图像处理系统的功能。例如，利用地理信息系统的叠置功能进行遥感影像与地理数据的信息复合，从而确定结构与目标之间的相互关系，这样就大大地增强了作业人员的判读能力。

3.4.2　遥感和地理信息系统集成系统的模式

地理信息系统与遥感技术作为地理信息产业的两大支撑点，经过多年相对独立的发展，已各具特点，在信息社会的各个领域将扮演越来越重要的角色。基于技术与应用的导引，地理信息系统与遥感技术的双向结合将是必然。世界各国学者已经或正在对二者的集成模式的实现进行深入的探索与研究。

目前遥感技术与地理信息系统客观上存在诸多不同之处，主要表现在以下几点：

(1) 获取信息的途径不同。遥感技术依靠各种遥感传感器获取地面目标的有关信息，地理信息系统则主要依靠数字化现有地图获得原始数据。

(2) 数据结构不同。遥感影像大多以栅格数据结构形式加以存储、管理；地图数字化后的信息主要以矢量数据结构进行存储、组织。

(3) 处理、分析数据方法不同。对栅格影像的处理主要基于像元的色调和灰度、形状大小和结构、阴影和图案以及基本要素与目标之间的空间关系等；矢量数据可以包含一定的拓扑关系且有相应的编码体系，处理基元为点、线、弧段的坐标序列及相应的属性信息。

(4) 结果表达方式不同。遥感影像的处理结果常表达为变换后的各种影像，地理信息系统对各种信息的综合处理结果的表达常为图形、图表或数字等形式。

因此，在研究具体的计算机实现及应用系统时，应顾及两者之间的各种客观差异，采取优势互补策略进行结合。遥感技术与地理信息系统具体结合的计算机实现应分为三个层次，即数据层的结合、功能实现层的结合与分析应用层的结合，并且由这三个层次共同构成一种集成系统实现的 "陀螺" 模式，如图 3-7 所示。

3.4.3　水环境遥感和地理信息系统的空间数据组织、管理与分析

区域或流域的大范围水环境自动监测系统是以计算机通信网络、数据库为基础，采用先进的水质水量实时监测设备，结合 3S(RS、GPS、GIS) 技术，实现水环

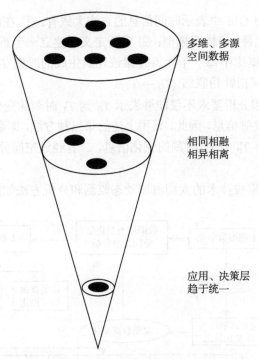

多维、多源
空间数据

相同相融
相异相离

应用、决策层
趋于统一

图 3-7　RS、GIS 集成系统实现的 "陀螺" 模式

境要素的实时、多维、多源、高效、高精度的在线监测，以及监测信息的处理、存储、分析管理、表达评估和决策支持。针对这样复杂的系统，将 RS 与 GIS 结合，充分利用二者之间的优势，对水环境多源监测信息进行分析和管理是必要的。下面对水质遥感信息与 GIS 的空间数据的组织、管理与评价进行分析讨论。

GIS 具有空间数据的输入与编辑、组织与分析、查询与管理以及制图输出等功能，因此适合用来管理环境数据。我国各地环境部门正在或即将运用 GIS 建立各自的环境管理数据库。但是，由于目前的 GIS 几乎都是静态地管理空间数据和属性数据，而水环境管理工作是一个动态的、日常的工程，因此，如何在现有 GIS 软件中表示水质变化的时间属性或者开发基于时空数据模型的 GIS 新软件，是 GIS 发展面临的一个新问题。

遥感数据的高分辨率、大范围、连续性的特点，可弥补在水质监测中常规监测方法的不足。GIS 的数据查询、分析与显示功能有助于遥感图像的识别和信息复合，并将识别的结果进行分析、图形显示。RS 可以大面积、迅速地提供水质信息，而且可以长时间跟踪监测。RS 能快速、动态地提供流域表面的信息。科研人员将遥感数据应用于太湖流域水质监测中，可以快速获取大比例尺的水环境变化信息。

目前，在现有的 GIS 中表示时间信息的方法大致有：① 在数据库中删除过时信息，用现状信息代替，即快照模型；② 重新定义和建立一个新的数据层，来反映变化信息；③ 为数据库中每一个元素存储该元素生成的时刻 T_0 和发生变化的时刻 T_1，在表中以时间指针相联结 $(T_0 \to T_1)$。

由于动态监测和分析要求不仅能够表示 T_0 到 T_1 时刻的变化，而且要生成 T_1 时刻的现状图和报表等信息，因此，采用上述的第三种方法，即数据库中既存储 T_0 时刻的数据，又保存 $T_0 \to T_1$ 时刻的变化信息，二者经过空间分析即可得到 T_1 时刻的现状数据。

基于 RS、GIS 集成技术的太湖流域动态监测和分析方法如图 3-8 所示。

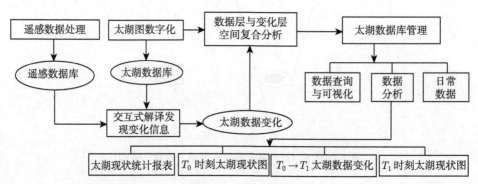

图 3-8　基于 RS、GIS 集成技术的太湖流域动态监测和分析方法

3.4.4　太湖水环境多源监测信息管理系统

流域水环境管理，就是为保障一定流域内生活或生产活动对水资源的需求，以防止水环境恶化或改善水环境质量为目标，对水资源利用及其他可能对水环境质量产生影响的活动进行的一系列调整、控制和协调活动。GIS 在区域水环境管理中的应用有以下两方面：一是区域内各种与水环境管理相关数据 (多源数据) 的存储、显示、查询、统计和输出；二是与各种评价模型、规划模型、水质模型及其他社会经济模型等相结合，集成为区域水环境管理信息系统、决策支持系统或专家系统，为区域水环境管理决策提供依据。

在太湖流域水质监测应用究中，将 RS 与 GIS 相集成，能发挥各自的优势。RS 能快速、动态地提供大面积流域表面的信息，GIS 是将空间信息和属性信息相结合处理的一种极为有效的工具，可以把分析结果以图形和报表的形式输出，使结果更直观。另外，GIS 还可以对大量的数据进行操作，可以进行一些复杂的计算。它可以通过对数据的分析，实现对太湖的监测分析和预测；同时可以对太湖进行规划和管理，为管理者提供决策。

1. 水环境监测参数的选择和数据的获取

目前，太湖主要的污染体现在水体的富营养化方面，根据这一污染特征，并参考监测站的监测参数，主要选取 SD(透明度)、DO(溶解氧)、BOD_5(5 日生化需氧量)、TN(总氮)、TP(总磷) 和叶绿素等监测参数进行分析。监测点位按照当地监测站的常规监测点位进行选取，共选取了 21 个监测点位 (图 3-9)，图 3-9 中的黑五角星表示监测点位置，其数据从江苏环境监测中心获得。

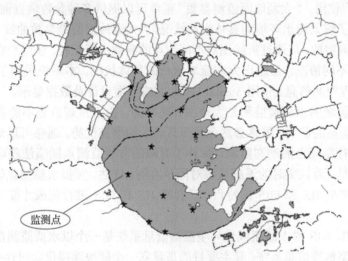

图 3-9   太湖水质监测点

2. 水环境监测分析

传统的表面水质测试方法主要是实地测量水质参数或取水样在实验室测定各个水质参数。尽管这种方法可以精确地测定出某一位置表面水质的各项指标，但成本高且耗时长，更为重要的是它不能给出这些表面水质指标在空间和时间上的分布状况。因此，迫切需要一种能有效地取代传统的水质监测方法的新的技术手段。遥感技术具有快速、大范围和周期性的特点，因此它可以有效地监测表面水质参数空间和时间上的变化状况。

本节提出灰度与地面实测数据相结合的方法，可快速、方便地评价水质的总体情况。其思路大致如下：① 取 TM 遥感图像及同一时期采样的数据；② 将 TM 遥感图像在某一实测点上进行灰度值提取；③ 通过这一实测点评价水质的总体情况，结合灰度值，可知灰度值对应的大致的水质的总体情况；④ 通过新的 TM 遥感图像在某点的新的灰度值与可知情况的灰度值进行比较，可大致判断水质的总体情况；⑤ 将多幅 TM 遥感图像进行比较后形成走势图，可方便、直观地评价水质的总体情况。

3. 太湖水环境监测信息管理系统的功能

太湖水环境监测管理信息系统的主要功能是为了方便对太湖的管理，促进太湖水资源的合理开发利用，为管理人员提供一套实用的应用系统。因此，从用户使用的角度出发，以日常业务管理需求为指导，强化对太湖基础地理特征、太湖水资源等数据的查询浏览和分析功能。该系统的主要功能包括文件、编辑、对象、查询、表、地图、窗口、工具、太湖地面监测参数及其曲线等。系统同时提供各种快捷菜单，方便用户使用。"太湖地面监测参数"菜单可以提供多种参数供查询、判断，让用户直观地了解太湖水环境的具体水质状况。"太湖地面监测参数曲线"菜单根据太湖地面监测参数，可通过折线图对不同测点的参数进行比较，让用户直观地了解各个测点的不同情况，反映出太湖流域水质的具体状况。本系统采用了 MapX 显示地图、管理空间信息，使用 Visual Basic 完成界面设计及数据显示。

区域或流域的水环境监测是大范围、动态的，由于常规监测不能满足对水质的大尺度、动态的监测，遥感必然会发挥其强大的潜在优势。遥感可以对大面积水域的水质进行空间上的动态监测，弥补了有限的常规监测点插值法获取全水域水质信息的不足，而且实时的遥感监测对同步监测、评估、预报水质变化等都具有现实的意义，根据 RS 和 GIS 的特点，只有将 RS 和 GIS 进行集成才能发挥各自的长处。

基于 RS、GIS 的太湖流域水环境监测信息系统是一个以水质监测参数为管理对象的应用型地理信息系统，其主要目的是建立一个能快速提供实时性强、真实准确的水质参数信息，并能实现快速查询、综合分析等操作，为水环境管理、发展预测、规划决策等提供可靠依据。多源水环境监测信息在地理信息系统中集成并分析，使区域水环境状况的表达和可视化更加直观、快速、实时和有效。

第4章　水环境多源监测信息融合的证据理论方法

证据理论作为一种数学工具，以其在不确定性的表示、量测和组合方面的优势，广泛应用于信息融合、模式识别、故障检测、人工智能等领域。

本章首先介绍证据理论的基本原理、基于证据理论的信息融合方法，然后介绍和讨论其在水环境监测中的应用。在此基础上进一步介绍和讨论模糊证据理论，以及神经网络与证据理论结合的信息融合方法和实验结果。最后，介绍基于多尺度融合的对象级高分辨率遥感影像变化检测方法和实验结果。

4.1　证　据　理　论

证据理论是 Dempster 首先提出后经 Shafer 系统化完善的，故又称为 Dempster-Shafer 理论 (简称 D-S 理论)。证据理论是一种不确定性推理方法，它与贝叶斯推理方法类似。证据理论用先验概率分配函数去获得后验的证据区间，证据区间量化了命题的可信程度和似然率。证据理论放松了贝叶斯方法需有统一的识别框架、完整的先验概率和条件概率知识等要求。另外，贝叶斯理论只能将概率分配函数指定给完备的互不包含的假设，而证据理论可将证据指定给互不相容的命题，也可指定给相互重叠、非互不相容的命题，也就是说，证据理论提供了一定程度的不确定性，这便是证据理论的优点所在[69−74]。

证据理论给了概率一种新的解释。首先，概率都可以看成是在为一个命题赋真值，只不过该真值并非非真即假或非假即真，而是可以取 [0,1] 内的所有值。换句话说，该命题为真的程度并非是 1 或 0，而是介入 0 与 1 之间的数。求某个命题的概率也即确定它为真的程度。对于概率推断的理解，Shafer 指出不仅要强调证据的客观性而且也要强调证据估计的主观性。数字化的概率并没有独立于人类判决的客观属性，在人思考之前也不会在人的头脑中存在。但是，人们可以在客观证据的基础上构造出这样一个数字化的概率来，在构造该概率的时候，可以分析证据。一开始，对证据的理解可能是含糊的，得到的概率也可能是非数字化的、无任何结构的，但随着这种含糊的、混乱的感觉逐渐深入，最后，能够确定出一个数字表示对该命题为真的信任程度。

综上所述，根据构造性解释，概率是在证据的基础上构造出对一命题为真的信任程度，简称置信度。这种理论称为证据的数学理论。证据是证据理论的核心，这是人们对有关问题所做的观察和研究的结果。决策者的经验知识及其对问题的观察研究都是用来做决策的证据。证据理论要求决策者根据拥有的证据,在假设空间(或称辨识框架) 上产生一个置信度分配函数,称 Mass 函数。Mass 函数可以看做是该领域专家凭借自己的经验对假设所做的评价,这种评价对于某一问题的最终决策者来说又可以看做是一种证据。

4.1.1　基本概念

证据理论是建立在一个非空集合 Θ 上的理论,Θ 称为辨识框架,Θ 由一系列互斥且穷举的基本命题组成。对于问题域中的任意命题 A,都应属于幂集 2^{Θ}。在 2^{Θ} 上定义基本可信任分配函数 (BPAF)m: $2^{\Theta} \rightarrow [0,1]$,$m$ 满足①$m(\varnothing) = 0$;②$\sum\limits_{A \subset \Theta} m(A) = 1$。$m(A)$ 表示证据支持命题 A 发生的程度,而不支持任何 A 的真子集。如果 A 为 Θ 的子集,且 $m(A) > 0$,则称为证据的焦元,所有焦元的集合称为核。证据是由证据体 $(A, m(A))$ 组成的,利用证据体可以定义 2^{Θ} 上的信任函数 Bel: $2^{\Theta} \rightarrow [0,1]$ 与似真函数 Pl: $2^{\Theta} \rightarrow [0,1]$:

$$Bel(A) = \sum_{B \subseteq A} m(B), \quad \forall A \subset \Theta \tag{4-1}$$

$$Pl(A) = 1 - Bel(A^c), \quad \forall A \subset \Theta \tag{4-2}$$

式中,A^c 为 A 的补集。

信任函数 $Bel(A)$ 表示全部给予命题 A 的支持程度;似真函数 $Pl(A)$ 表示不反对命题 A 的程度;$[Bel(A), Pl(A)]$ 构成证据不确定区间,表示证据的不确定程度。

这些基本概念说明证据的 BPA 分布表示获得的证据信息对焦元的支持程度;基元焦元的分布表征了证据信息对事物的真实属性的确定性支持程度,而其他非基焦元及 Θ 的分布则表征证据信息对事物的真实属性不能完全确定或完全无知的程度。由于存在非基焦元,使得证据可以表征不同层次上的抽象命题,这也是证据理论的优势之一。

4.1.2　Dempster 组合规则

1) 两个信任函数的组合规则

假设 Bel_1 和 Bel_2 是相同辨识框架 2^{Θ} 上的信任函数,具有基本可信任分配函数 m_1 和 m_2 以及核 $\{A_1, A_2, \cdots, A_n\}$ 和 $\{B_1, B_2, \cdots, B_n\}$,并假设 $\sum\limits_{i=j, A_i \cap B_j = \varnothing} m_1$ $(A_i) m_2(B_j) < 1$,于是,基本可信任分配函数 m: $2^{\Theta} \rightarrow [0,1]$ 对于所有基本信任分

配的非空集 A，有

$$m(A) = \frac{\sum\limits_{i=j,A_i \cap B_j = A} m_1(A_i) m_2(B_j)}{1-k} \tag{4-3}$$

式中，$k = \sum\limits_{i=j,A_i \cap B_j = \varnothing} m_1(A_i) m_2(B_j)$，它反映了证据冲突的程度；系数 $1/(1-k)$ 称为归一化因子，它的作用就是避免在合成时将非 0 的信任赋给空集 $\varnothing$。

2) 多个信任函数的组合规则

假设 $Bel_1, Bel_2, \cdots, Bel_n$ 都是相同辨识框架 2^Θ 上的信任函数，则 n 个信任函数的组合为

$$\{[(Bel_1 \oplus Bel_2) \oplus Bel_3] \oplus \cdots\} \oplus Bel_n \tag{4-4}$$

如果 $m_1, m_2, \cdots, m_n$ 分别代表 $Bel_1, Bel_2, \cdots, Bel_n$ 的基本可信任分配函数，则证据组合规则可以表示为

$$m = \{[(m_1 \oplus m_2) \oplus m_3] \oplus \cdots\} \oplus m_n \tag{4-5}$$

式中，$\oplus$ 表示直和，由组合证据获得的最终证据在组合完成过程中与次序无关，即满足结合率。

4.1.3 冲突证据组合方法

在多传感器信息融合系统中，获取的信息具有多源性和不确定性，这就使得信息源证据可能产生冲突。冲突并非单个证据焦元所造成，它可能是两个证据的误差、某种未知或不确定原因、外部扰动等因素造成的，而 Dempster 组合规则在组合冲突证据时会产生与直觉相悖的结论，即产生冲突证据的组合问题。因此，如何在证据高度冲突下实现多源信息的有效融合是一个迫切需要解决的问题。

针对冲突证据的组合问题，目前主要有两种解决策略：一种是修改 Dempster 组合规则；另一种是修改证据源模型，Dempster 组合规则不变。在修改 Dempster 组合规则策略中，认为在证据组合时，对交集为空的两个焦元的 BPA 处理不当，造成组合结果与直觉相悖的现象。解决冲突问题主要是解决如何将冲突重新分配的问题。这一类解决策略的代表是 Lefevre 等提出的统一信度函数组合方法，国内许多研究人员基于修改 Dempster 组合规则策略，对冲突证据的组合提出了新方法，并比较了各种改进方法的鲁棒性。总的说来，这些方法没有超出 Lefevre 方法的框架。

解决冲突证据组合问题的另一种策略以 Haenni 为代表。他认为 Dempster 组合规则本身没有错，在证据高度冲突时应该首先对冲突证据进行预处理，然后再使用 Dempster 规则。下面介绍一种基于修改模型的冲突证据组合方法。

1) 证据权值的确定

考虑焦元属性之间及证据之间的相互关联性对证据组合结果的影响,引入 Jousselme 等给出的一个距离函数,度量系统中各个证据间的支持程度。

定义 4.1　Θ 为一包含 n 个两两不同命题的完备的辨识框架,$P(\Theta)$ 是 Θ 所有子集生成的空间。设 $\Pi_{P(\Theta)}$ 是由 $P(\Theta)$ 中的元素组成的空间,如果 $\Pi_{P(\Theta)}$ 中的元素进行线性组合后,仍在 $\Pi_{P(\Theta)}$ 中,则 $\Pi_{P(\Theta)}$ 为证据焦元向量空间,其基为 $P(\Theta)$ 中的元素 $\{A_1, A_2, \cdots, A_m\}$。若 $\vec{V} \in \Pi_{P(\Theta)}$,则可表示为

$$\vec{V} = [\alpha_1, \alpha_2, \cdots, \alpha_m] \quad 或 \quad \vec{V} = \sum_{i=1}^{m} \alpha_i A_i \tag{4-6}$$

式中,$\alpha_i \in R, (i = 1, 2, \cdots, m)$。

定义 4.2　Θ 为一包含 n 个两两不同命题的完备的辨识框架,$\Pi_{P(\Theta)}$ 是 Θ 所有子集生成的空间。一个基本信任分配 (BPA) 是一个在 $\Pi_{P(\Theta)}$ 中以 $m(A_i)$ 为坐标系的向量 $\vec{m}$,表示为

$$\vec{m} = [m(A_1), m(A_2), \cdots, m(A_m)], A_i \in P(\Theta) \tag{4-7}$$

式中,$m(A_i) \geqslant 0, (i = 1, 2, \cdots, m)$,且 $\sum_{i=1}^{m} m(A_i) = 1$。

定义 4.3　Θ 为一包含 n 个两两不同命题的完备的辨识框架,m_i 和 m_j 是在辨识框架 Θ 上的两个 BPA,则 m_i 和 m_j 的距离可以表示为

$$d_{ij} = \sqrt{\frac{1}{2}(\vec{m}_i - \vec{m}_j) D (\vec{m}_i - \vec{m}_j)} \tag{4-8}$$

式中,D 为一个 $2^n \times 2^n$ 矩阵,矩阵中的元素为

$$D(A_i, A_j) = \frac{|A_i \cap A_j|}{|A_i \cup A_j|}, \quad (i, j = 1, 2, \cdots, m) \tag{4-9}$$

式中,$|\cdot|$ 表示焦元属性所包含的基元的个数。

具体的计算方法是

$$d_{ij} = \sqrt{\frac{1}{2}\left(\|\vec{m}_i\|^2 + \|\vec{m}_j\|^2 - 2\langle\vec{m}_i, \vec{m}_j\rangle\right)}$$

式中,$\|\vec{m}\|^2 = \langle\vec{m}, \vec{m}\rangle$,$\langle\vec{m}_i, \vec{m}_j\rangle$ 为两个向量的内积。

$$\langle\vec{m}_i, \vec{m}_j\rangle = \sum_{l=1}^{2^n}\sum_{p=1}^{2^n} m_i(A_l) m_j(A_p) \frac{|A_l \cap A_p|}{|A_l \cup A_p|}$$

设系统所收集的证据数目为 q，可以利用式 (4-8) 计算出证据体 m_i 和 m_j 之间的两两证据距离，并表示为一个距离矩阵：

$$DM = \begin{bmatrix} 0 & d_{12} & \cdots & d_{1j} & \cdots & d_{1q} \\ \vdots & \vdots & & \vdots & & \vdots \\ d_{i1} & d_{i2} & \cdots & d_{ij} & \cdots & d_{iq} \\ \vdots & \vdots & & \vdots & & \vdots \\ d_{q1} & d_{q2} & \cdots & d_{qj} & \cdots & 0 \end{bmatrix} \quad (4\text{-}10)$$

本节定义证据体 m_i 和 m_j 之间的相似性测度 S_{ij} 为

$$S_{ij} = 1 - d_{ij}, \quad (i, j = 1, 2, \cdots, q)$$

其结果用一个相似性矩阵表示：

$$SM = \begin{bmatrix} 1 & S_{12} & \cdots & S_{1j} & \cdots & S_{1q} \\ \vdots & \vdots & & \vdots & & \vdots \\ S_{i1} & S_{i2} & \cdots & S_{ij} & \cdots & S_{iq} \\ \vdots & \vdots & & \vdots & & \vdots \\ S_{q1} & S_{q2} & \cdots & S_{qj} & \cdots & 1 \end{bmatrix} \quad (4\text{-}11)$$

两个证据体之间的距离越小，它们的相似性程度就越大。本章指定系统中证据体 m_i 的支持度 $Sup(m_i)$ 为

$$Sup(m_i) = \sum_{\substack{j=1 \\ j \neq i}}^{q} S_{ij}, \quad (i = 1, 2, \cdots, q) \quad (4\text{-}12)$$

式 (4-12) 的计算是将相似性矩阵中每一行除自身的相似度之外的所有元素求和。可以看出，证据体 m_i 的支持度 $Sup(m_i)$ 反映的是 m_i 被其他证据所支持的程度，它是相似性测度的函数。如果一个证据体与其他证据体越相似，则认为它们相互支持的程度越高，这些证据相互支持对方。如果一个证据与其他证据相似程度越低，则认为它们相互支持的程度越低。将支持度归一化后就得到可信度，可信度反映的是一个证据的可信程度。一般认为，一个证据被其他证据所支持的程度越高，该证据就越可信。如果一个证据不被其他证据所支持，则认为该证据的可信度低。在求出一个证据 m_i 的支持度后，可以获得证据 m_i 的可信度 $Crd(m_i)$ 为

$$Crd(m_i) = \frac{Sup(m_i)}{\sum\limits_{i=1}^{q} Sup(m_i)}, \quad (i = 1, 2, \cdots, q) \quad (4\text{-}13)$$

式中, 可信度 $Crd\,(m_i)$ 作为证据 m_i 的权重, 且满足 $\sum\limits_{i=1}^{q} Crd\,(m_i) = 1$。

2) 基于修改模型的组合算法

在获得各个证据的权重后, 对冲突证据进行预处理, 然后再使用 Dempster 组合规则。具体方法如下:

令 $\alpha_i = Crd\,(m_i)\,(i = 1, 2, \cdots, q)$, 则对冲突证据 $m_i\,(i = 1, 2, \cdots, q)$ 进行预处理为

$$m_i' = \alpha_i \cdot m_i, (i = 1, 2, \cdots, q) \tag{4-14}$$

其相应的组合规则为

$$\begin{cases} m\,(A) = \dfrac{1}{1 - k'} \sum\limits_{A_i \cap A_j = A} m_1'\,(A_i)\,m_2'\,(A_j), & A \neq \varnothing \\ m\,(\varnothing) = 0, & \end{cases} \tag{4-15}$$

式中, $k' = \sum\limits_{A_i \cap A_j = \varnothing} m_1\,(A_i)\,m_2\,(A_j)$。

一个证据的权值反映其他证据体对该证据的支持程度。如果这种支持程度越高, 则相应的权值也就越高, 对组合结果贡献也就越大; 反之, 如果这种支持程度越低, 则相应的权值也就越低, 对组合结果贡献也就越小。但是, 上述组合方法, 也面临着 "一票否决" 问题及 "鲁棒性" 问题。为了解决这些问题, 本章引入平均证据 (即证据源中相对应的焦元 BPA 进行算术平均) 代替冲突证据, 具体算法如下:

Step1　依据冲突因子 k, 判断证据源是否有证据冲突。如果没有证据冲突, 则采用 Dempster 组合规则进行融合处理; 反之, 进行下一步。

Step2　基于证据源的 BPA 及其焦元属性, 由式 (4-6)~ 式 (4-13) 确定证据的权值。

Step3　计算证据源的平均证据。

Step4　将平均证据代替证据源中的冲突证据, 并继承相应的权值。

Step5　依据式 (4-14) 对证据模型进行修改; 然后, 通过式 (4-15) 对修改模型进行组合。

Step6　对组合后的焦元的 BPA 进行归一化处理。

该算法引入平均证据的作用有两个方面: 一是解决冲突证据组合中的 "一票否决" 问题及 "鲁棒性" 问题; 二是充分利用冲突证据信息, 避免证据有效信息的损失。平均证据在组合规则 [式 (4-15)] 中的作用能力受冲突证据的权值限制, 因此, 平均证据在组合时不会起主导作用, 也就是说, 证据组合过程中不会出现 "一票否决" 现象。

4.2 河口地面监测信息融合

以长江口水文站 2002 年 1~3 月份水质监测数据为对象,取四种常规的水质指标的测量值,作为融合输入数据 (表 4-1 中的数据是在同一监测断面,对不同监测深度的数据取均值)。引入证据理论对其进行融合处理,建立相应的评价模型,并与传统的 BP 神经网络评价模型进行比较,实验结果说明证据理论用于水质监测数据融合处理的效果,并分析 D-S 融合方法的优、缺点,同时也说明证据理论为水质评价提供了一个新的方法。

表 4-1 长江口地表水体环境质量 (部分)   (单位: mg/L)

月份	BOD$_5$	高锰酸盐指数	溶解氧	氨氮
1	0.95	2.28	10.8	0.213
2	1.58	2.55	10.55	0.378
3	0.9	3.03	10.5	0.37

4.2.1 信息融合模型

在水质监测中,每种监测项目的测量值相当于一个证据组,对于地面水环境质量在国家标准中将其划分为五类 (Ⅰ, Ⅱ, Ⅲ, Ⅳ, Ⅴ),地表水环境质量标准及 BP 网络希望输出值,如表 4-2 所示。水质的五种类型看作为一个辨识框架。其次,对每组证据赋予相应的可信任分配 (BPA),通过 Dempster 合成规则,构成新的可信任分配,形成一个新的证据组。最后,依据这个新的证据组以及目标判定原则对水质进行评价。

表 4-2 地表水环境质量标准及 BP 网络希望输出值

地表水环境 分类	BOD$_5$ /(mg/L)	高锰酸盐指数 /(mg/L)	溶解氧 /(mg/L)	氨氮 /(mg/L)	BP 网络希望 输出值
Ⅰ	3	2	7.5	0.15	1 0 0 0 0
Ⅱ	3	4	6	0.5	0 1 0 0 0
Ⅲ	4	6	5	1.0	0 0 1 0 0
Ⅳ	6	10	3	1.5	0 0 0 1 0
Ⅴ	10	15	2	2.0	0 0 0 0 1

在实际水质监测过程中,传感器对同一物理量的测量值受两个因素的影响:①传感器本身的工作性能;②传感器工作时的各种干扰情况,如机械噪声、电磁波的影响。一般的传感器由于机械、温度、压力等原因使其输出产生线性漂移,也就是说,测定值的平均值也在一定范围内产生漂移。因此,这里采用模糊逻辑理论来确定传感器的实际测量值与各个水质等级的相关程度。每种证据对应的基本可信

任分配值由监测人员或专家系统根据经验得到, 具体的基本可信任分配值情况见表 4-3。

表 4-3　水质监测数据的基本可信任分配值

水质监测数据	I	I、II	II	II、III	III	III、IV	IV	$m(\Theta)$
BOD_5	0.64	0.11	0.08	0.06	0.03	0.02	0.01	0.05
高锰酸盐指数	0.12	0.56	0.1	0.08	0.04	0.02	0.01	0.07
溶解氧	0.75	0.12	0.05	0.03	0.01	0	0	0.04
氨氮	0.06	0.23	0.57	0.07	0.02	0.02	0	0.03

4.2.2　基于证据理论的信息融合

基于证据理论, 对表 4-3 中水质指标数据进行融合, 其结果见表 4-4 和表 4-5。

表 4-4　BOD_5 和溶解氧指标数据融合 ($k = 0.2201$)

水质监测数据	I	I、II	II	II、III	III	III、IV	IV	$m(\Theta)$
BOD_5	0.64	0.11	0.08	0.06	0.03	0.02	0.01	0.05
溶解氧	0.75	0.12	0.05	0.03	0.01	0	0	0.04
融合结果	0.9006	0.0303	0.0522	0.0073	0.0055	0.001	0.0005	0.0026

注: 在 Dempster 组合规则中, k 是一个衡量用于融合的各个证据之间冲突程度的系数

表 4-5　BOD_5 和高锰酸盐指数指标数据融合 ($k = 0.239$)

水质监测数据	I	I、II	II	II、III	III	III、IV	IV	$m(\Theta)$
BOD_5	0.64	0.11	0.08	0.06	0.03	0.02	0.01	0.05
高锰酸盐指数	0.12	0.56	0.1	0.08	0.04	0.02	0.01	0.07
融合结果	0.656	0.1279	0.1698	0.0171	0.0164	0.0037	0.0022	0.0046

从表 4-4 和表 4-5 中可以看出, $m(\Theta)$ 明显减小, 说明信息融合降低了系统的不确定性, 同时融合后的 BPA 比融合前的 BPA 具有更好的可区分性。从表 4-4 的结果看出, 融合前两个水质指标 (BOD_5 和溶解氧) 中 I 类的 BPA 比其他类都大; 融合后 I 类的 BPA 为 0.9006, 比其他类也都大, 而且比融合前 BOD_5 或溶解氧的 BPA 大, 差距也更加明显。从表 4-5 的结果看出, 情况也是类似的。最后, 基于最大组合的 BPA, 确定水质级别为 I 类。因此, 依据融合后的数值来判别水质状况, 更有说服力, 同时也说明证据理论用于水质监测数据的融合处理是可行的。

4.2.3　基于 BP 网络的信息融合

BP 网络 (back-propagation NN) 是一种误差反向传播多层神经网络, 从信息融合的角度, 通过采用 BP 网络方法构建水质评价模型, 对水质进行评价, 以确定

水质等级。BP 网络的学习阶段的输入数据可通过国家标准规定的数值来确定, 希望输出数据见表 4-2。

考虑到既满足精度要求, 又提高学习效率, 对 BP 网络选择一个隐含层。然而, 对于隐含层单元数目的确定, 目前还没有理论做指导, 这里采用 "试错法" 来确定。试错法的基本步骤如下:

Step1 给定较小初始隐含层单元数, 构成一个结构较小的 BP 网络并对该网络进行训练, 如果训练次数足够多或者在规定的训练次数内没有满足收敛条件, 停止训练。

Step2 逐渐增加隐含层单元数, 形成新的网络重新训练, 直至达到收敛条件。

Step3 根据实验获得训练最大次数和最小次数以及它们与隐含层单元数的关系, 确定隐含层单元数。

输入层、输出层的单元数根据具体应用对象来确定。对于水质监测数据融合处理来说, 输入层单元数由水质监测参数 [由 5 日生化需氧量 (BOD_5)、高锰酸盐指数、溶解氧 (DO)、氨氮 (NH_3-N) 组成] 数目来确定 (4 个), 输出层单元数为 5, 即五类水 (Ⅰ、Ⅱ、Ⅲ、Ⅳ、Ⅴ), 隐含层单元数根据 "试错法" 确定为 9。

BP 网络的初始权值和阈值是任意设定的, 实验中可以通过 MATLAB 工具箱中 rand (·) 函数产生均匀分布随机数矩阵来确定 BP 网络的初始权值和阈值, 使其具有随机性, 控制误差 (一般根据实际情况而定) 定为 0.001, 网络的学习效率采用变步长法, 以加快网络的收敛速度。网络训练结果见表 4-6, 将训练结果与表 4-2 的希望输出值进行对比, 确定各月水质类别见表 4-6。

将监测数据与国家标准数据进行对比, 可以看出, 上述四个水质参数监测数据表示的类别大多在Ⅰ类附近, 而从表 4-6 中的评价结果可以看出, 基于 BP 网络的信息融合, 判别长江口流域 1~3 月水质类别也为Ⅰ类, 这个结果符合实际情况。这说明充分利用各个监测数据的信息及神经网络的特征提取特点, 进行融合处理, 可以获得较好的效果。

表 4-6 基于 BP 网络的长江口流域水质评价结果

月份	训练结果					评价结果 (月水质类别)
	Ⅰ	Ⅱ	Ⅲ	Ⅳ	Ⅴ	
1	1.0763	−0.0852	0.0183	0.0197	0.0069	Ⅰ
2	1.0709	−0.0816	0.0224	0.0197	0.0050	Ⅰ
3	1.0717	−0.0826	0.0226	0.0197	0.0051	Ⅰ

4.2.4 验证与分析

从信息融合结果可以看出, 基于证据理论和基于 BP 网络的水质评价模型的结果是一致的，且都能反映实际水质状况，因为水质类别的国家标准是个范围，上述四个水质参数监测数据同地表水国家标准相比，大多在Ⅰ类水附近。这论证了多源信息融合技术引入到水质监测数据处理中的可行性。基于这两种模型的融合系统表现出良好的容错性，即当某个传感器出现故障或监测失效时，二者的容错功能可以使监测系统正常工作，并输出可靠的信息，这对于水质监测来说尤为重要，因为水质监测参数的多样性、监测环境的复杂性，带来监测信息的不确定性，但这两种方法都有自己的特点。

目前，对证据理论中的信任函数有两种解释：一是源于 Dempster 的解释，即认为信任函数是概率的下界，似真函数是概率的上界，又因为证据理论也有类似概率的三公理，从而产生了信任函数是概率函数推广的结论；一是，以 Smets 为代表的学者认为信任函数仅表示证据，与概率函数没有直接关系，他建立的可传递信任模型把融合过程分成两步，首先是信任级，它只考虑证据影响信任程度，不加主观判断；其次是决策级，利用不充分融合原则将信任函数转化为赌博概率进行决策。这样，它与人的先逻辑思考再决策行动的过程相符，显得更客观。但无论基于哪一种解释，D-S 证据理论既可以处理数据级的信息，也可以处理特征级的信息，这为它的广泛应用奠定了基础。主要原因在于：

(1) 对不确定性信息的表示比较容易，如对命题 A 的信任程度：$[Bel(A), Pl(A)]$，构成证据不确定区间，而 $Pl(A) - Bel(A)$ 表示证据对命题 A 的不确定程度，而 BP 网络对不确定性信息的表示比较困难。

(2) 在不确定性信息的量测方面的优势比较明显，对命题信任程度的量化反映了各个水质参数参与评价的贡献大小，这是 BP 网络所不具有的。

(3) 将不确定性信息转化为证据并进行组合，其过程简洁明了，而 BP 网络采用黑箱模式，其过程难于理解。

因此，证据理论以其在不确定性的表示、量度和组合方面的优势以及在工程应用中表现出来的实用性能，逐步受到大家的重视。但是，基于 Dempster 组合规则对水质监测数据进行融合，有时会出现矛盾或与直觉相悖的结果，如表 4-7 所示。

表 4-7　BOD_5 和氨氮指标数据融合 $(k = 0.5037)$

水质监测数据	Ⅰ	Ⅰ、Ⅱ	Ⅱ	Ⅱ、Ⅲ	Ⅲ	Ⅲ、Ⅳ	Ⅳ	$m(\Theta)$
BOD_5	0.64	0.11	0.08	0.06	0.03	0.02	0.01	0.05
氨氮	0.06	0.23	0.57	0.07	0.02	0.02	0	0.03
融合结果	0.432	0.0808	0.4411	0.0192	0.0189	0.004	0.001	0.003

从表 4-7 中结果看出，融合后，Ⅰ类和Ⅱ类的 BPA 值相差很小，很难通过目标判定原则判定该流域水质的类别，主要因为 $k(k=0.5037)$ 值过大。如果 $k = 1$，证据完全冲突，不能使用 Dempster 组合规则进行信息融合；当 $k \to 1$ 时，证据高

度冲突，对于高度冲突的证据进行正则化处理将会导致与直觉相悖的结果。从上面的分析可以看出，表 4-7 中 BOD_5 指标证据和氨氮指标证据之间具有冲突性，称其为冲突证据。为了解决冲突证据组合问题，我们设计了基于修改模型的冲突证据组合方法。

对于水质评价，它有自己的特点，即如果对人类影响比较大的水质指标氰化物、挥发酚等超标，而其他水质指标都达到 I 类，那么该流域水质类别应与上述指标类别相同。这就是环境监测部门通常采用的单因子评价方法，即将每个水质监测参数与《地表水环境质量标准》(GB 3838—2002) 中的相应指标标准进行比较，确定该参数所属类别，最后选择其中最差级别作为该区域的水质状况类别。如果采用信息融合方法，就无法反映这种特点。为了克服此缺陷，需要先对不同重要程度的水质指标赋予不同的权重或优先级别，在此基础上，对 Dempster 合成规则及 BP 网络结构做出相应地调整，以突出个别水质指标，同时考虑其他水质指标的贡献。

4.3　证据理论信息融合计算分析软件

针对证据理论信息融合中计算量大的问题，本节介绍证据理论信息融合计算分析软件的设计开发。介绍计算分析软件的体系结构，并分析和说明其功能。最后，以多源水质监测数据为对象，采用计算分析软件进行融合计算分析，说明它能够减少计算量，同时具有操作简便、直观、高效、通用性强等特点。

4.3.1　信息融合计算分析软件设计开发

证据理论信息融合计算分析软件着眼于实际应用，通过合理的设计与开发，让计算机来完成证据组合中的大规模数据计算过程，使用户能够避开计算量大和过程烦琐等问题。

针对在证据理论多源信息融合中计算量大的问题，采用 Delphi 7 和 SQL Server 2000 等开发工具，设计并开发证据理论信息融合计算分析软件 (DSCA)。设计和开发本软件的主要目的有两个：①为了减少在对多源数据进行手工融合处理过程中所花费的大量人工计算的时间，降低劳动强度；②避免了在计算中容易出现的人为错误。

1. 软件体系结构

证据理论信息融合计算分析软件 (DSCA) 采用 Delphi 7 作为主要开发工具，设计并编写了软件中用于数据融合计算分析的核心算法以及全部的可视化界面，同时利用 SQL Server 2000 作为后台数据库，存储所有用于融合计算分析的多源数据。

为了更好地完成 DSCA 软件的开发，在软件的体系结构设计中采用了模块化设计，各个模块相互联系，完成不同的功能。DSCA 软件主要由多源数据输入模块、计算分析模块和结果输出模块三大部分组成，多源数据输入模块，采用 SQL Server 2000 数据库进行存储；计算分析模块是软件的核心模块，用来完成对多源数据的融合计算分析；结果输出模块输出融合结果，可以按用户的不同需求把结果显示到终端设备上。

DSCA 软件基于 Windows 平台，具有操作界面友好、直观、通用性强等特点，同时方便用户使用。采用 DSCA 软件进行融合计算分析，可以减少计算量、降低劳动强度。另外，DSCA 软件采用模块化设计，便于将来对软件进行升级和二次开发。

2. 软件主要功能

主要功能：DSCA 软件的主要功能是为了方便用户对多源数据进行融合计算分析，给用户提供友好的操作界面，并对原始数据以及融合处理后的结果以图形的形式显示出来，有利于用户对最终数据进行合理的分析。

各子功能介绍：DSCA 软件的主界面上提供文件、基本元素、合成计算、帮助等菜单。软件中同时也提供与各功能菜单相对应的快捷键，方便用户的使用。

下面对 DSCA 软件中主要的子功能进行详细介绍。

(1) 文件，包括新建文件、打开文件、初始化系统等选项。其中，新建文件选项用于数据融合计算中原始数据文件的建立和计算完成后原始数据文件的保存；打开文件选项用于对以前存储在数据库中的数据文件的提取；初始化系统选项用于在一次融合计算结束后对数据库中一些临时数据文件的处理。

(2) 基本元素，包括证据个数、证据名称、基元个数、辨识框架、焦元个数、焦元名称和焦元值选项，主要用于数据融合计算前相关数据的输入，为进行融合计算做准备。其中，证据个数选项用于选择融合计算中出现的证据的个数；证据名称选项用于输入融合计算中各个证据的名称；基元个数选项用于选择融合计算中出现的基元的个数；辨识框架选项用于输入融合计算中各个基元的名称；焦元个数选项用于选择融合计算中出现的焦元的个数；焦元名称选项用于输入融合计算中各个焦元的名称；焦元值选项用于在系统自动生成的临时矩阵中按照相应的证据名称和焦元名称输入融合计算中所需要的原始数据。在输入完融合计算的原始数据后，根据原始数据的数值，判断同一证据中所有的焦元值相加是否为 1。如果为 1，则可以不做任何修改而直接继承原始数据并提交；如果不为 1，则需要对原始数据进行归一化处理后再提交数据，此功能由显示界面窗口中两个不同的按钮 "证据源的 BPA" 和 "证据 BPA 的归一化" 分别实现。

(3) 合成计算，包括普通合成、自动带权合成和手动带权合成三个选项。用户可根据不同的需要选择不同的合成计算方式。其中，普通合成属于最简单的合成计算，用户在计算过程中不需要做任何干预；自动带权合成中的权重值由软件在融合计算过程中自动分配，也不需要用户手工干预，计算完成后可以显示出相应证据的权重值；手工带权合成在进行合成计算前需要手工输入各证据的权重值，然后再进行合成计算。

(4) 帮助，包括实例演示和关于本软件两个选项。其中，实例演示选项用于介绍 DSCA 软件的开发背景以及其目前的应用领域，并对软件做了简单的整体描述，最后以一个实例的形式来介绍整个软件的使用方法；关于本软件选项用于显示当前软件的版本号以及与软件开发相关的一些信息。

3. 软件的部分代码

下面列出软件中部分功能模块实现的代码，以供参考。

代码段 1 实现了证据组合所用算法中临时矩阵的建立，该临时矩阵的建立主要是为了方便用户对证据名称、焦元名称和焦元值的输入；代码段 2 实现了证据组合中用字符串表示的焦元名称之间交集的求解。相关代码如下所示。

代码段 1

```
Procedure Tcommonform.BuildMatrix(index:integer);
   Var
       i,j,n:integer;
Begin
       n:=Evidenceform.ADOTable1.FieldCount-1;
       SetLength(Temp_Matrix,n);
       For i:=0 To n-1 Do
           SetLength(Temp_Matrix[i],n);
       For i:=0 To n-1 Do
           For j:=0 To n-1 Do
               Temp_Matrix[i,j]:=temp_hypothesis.Value[i].Value*
                               m_hypotheses[index].Value[j].Value;
End;
```

代码段 2

```
Function Tcommonform.intersection(j,k:integer):string;
   Var
       Ev1,Ev2,tempstr,finalstr:string;
       i,n:integer;
```

```
Begin
    Ev1:=m_hypotheses[0].Value[j].name;
    Ev2:=m_hypotheses[1].Value[k].name;
    If (AnsiContainsStr(Ev2,Ev1)) Then
        result:=Ev1
    Else
    Begin
        i:=1;
        n:=Length(Ev1);
        finalstr:='';
        While (i<=n) Do
        Begin
            tempstr:=Ev1[i];
            If (AnsiContainsStr(Ev2,tempstr)) Then
            Begin
                finalstr:=finalstr+Ev1[i];
                i:=i+1;
            End
            Else i:=i+1;
        End;
        If (finalstr='') Then result:='empty'
        Else result:=finalstr;
    End;
End;
```

4.3.2   实例分析

近年来，为了解决水质污染问题，已经建立了许多水质监测系统，对水质状况进行有效的监测和管理。目前，水质监测数据的来源比较广泛，如通过人工监测或自动监测来获取数据，它们可以看做是通过广义传感器获得的数据，而这些数据又是多源的数据，所以对水质监测数据的处理过程是一个多传感器数据融合的过程。

下面以长江口水文站 2002 年 1~3 月水质监测数据为例，采用 DSCA 软件，对多源水质监测数据进行融合处理，同时对本软件的使用进行详细阐述。

在计算中需要进行数据融合的证据分别是 BOD_5 和溶解氧，数值为 2，在计算中为了方便输入分别用 m_1、m_2 来代替。数据融合中出现的焦元分别是Ⅰ、ⅠⅡ、Ⅱ、ⅡⅢ、Ⅲ、ⅢⅣ、Ⅳ和所有基元的全集 $m(\Theta)$，数值为 8，在计算中分别用

a、ab、b、bc、c、cd、d、abcd 来代替。根据上面对 DSCA 软件基本要素窗口中各个选项功能的介绍,由用户将数据融合计算中所需要的原始数据按规定进行输入。在判断是否要对原始数据进行归一化处理后提交最终数据。

提交数据后,用户可根据数据融合计算的需要,在软件主窗口的合成计算菜单项中选择相应的计算方式。本实例所选择的是普通合成方式,同时由于提供的原始数据中各证据的焦元值相加的结果为 1,因此在提交数据前不需要对数据进行归一化处理。

选择好合成计算方式后便开始进行数据融合处理,用户根据需要可以选择把原始数据的合成结果以图形的形式显示出来,最终的合成结果显示包括基本可信度分配函数值、信任函数值、似真函数以及反映各证据冲突程度的 K 值等。

通过对图形框显示窗口中给出的结果数据与原始数据的比较,说明融合计算降低了系统的不确定性,另外从合成结果显示中可以看出各焦元的 BPA 值在融合前后的变化情况,通过这些数据来对当前水质状况进行判别,更具有说服力。

4.4 湖泊富营养化状态评估的模糊证据理论方法

对于湖泊水体富营养化的评价由过去的单因子、单目标或确定性静态评价,发展到目前的多因子综合评价,这使得用于评价湖泊富营养化程度的水质监测数据的数量、类型越来越多。另外,湖泊水质环境的复杂性及湖泊水体富营养状况变化的突发性可能带来监测数据的模糊性、不确定性。如何有效地处理具有不确定性的水质监测数据,对于湖泊水体富营养化状况的综合评价,显得越来越重要。

近年来,国内外学者提出了特征法、参数法、图解法、生物指标法、营养状态指数法、Vollenweider 模型法、物元分析模型、集对分析理论、灰色系统、模糊综合评判法、人工神经网络模型等多种评价模型。由于影响富营养化程度的因素很多,评价因素与富营养化等级之间的关系复杂,各等级之间的关系模糊,并且这些方法均有其适用条件和局限性,因此至今尚未形成一种统一的、确定的评价模型。

实际上,综合评价湖泊水体富营养化状况是一个多源数据融合处理与状态估计、识别的过程,因为水质监测数据具有多源性,并且是对多个水质监测参数进行综合评价。因此,本节从信息融合的角度,处理水质监测数据和估计水体状态,目的是对湖泊水体富营养化状况进行综合评价,克服已有方法的局限性。

有学者将证据理论应用于水质监测数据融合与湖泊水体富营养化状况评估,但考虑到融合对象、目标具有模糊性和不精确性,仅依靠传统的证据理论难以奏效,因为传统的证据理论主要考虑"非此即彼"的现象。因此,需要将证据理论推广到模糊集,这种推广主要考虑当辨识框架中的焦元具有模糊性概念(如水域水质富营养化时如何评价区分富、中、贫区)时,如何对证据进行组合。

　　湖泊水体富营养状况的突发性, 会导致个别水质监测参数数据出现异常现象。如果采用模糊证据理论进行评价, 这种现象转变为某些焦点元素的显著变化, 这就要求基于模糊证据理论的信息融合具有反映这种变化的能力。但在目前, D-S 证据理论推广到模糊集方法中, 存在着信任函数对某些焦点元素的显著变化不敏感问题。因此, 本节将基于相似度的模糊证据理论对太湖水质监测数据进行融合处理, 目的是评价太湖水体富营养化状况, 其结果与营养状态指数法 (TSIM) 进行比较, 说明基于相似度的模糊证据理论的有效性和合理性。

　　通过对太湖区域 12 个监测点进行富营养化状况评估, 得出的评估结果符合实际情况, 验证了基于相似度的模糊证据理论能够处理如何评价区分水域水质富、中、贫情况, 及湖泊水体富营养状况的突发性带来的某些焦点元素的显著变化问题。与环境监测部门通常采用的营养状态指数法 (TSIM) 的评价结果进行比较, 发现两种方法的评价结果基本一致, 这说明应用基于相似度的模糊证据理论对区域富营养化状况进行评价是可行的, 评估结果是可信、可靠的。

　　通过实验, 可以看出, 对于具有模糊概念的湖泊水体富营养评价问题, 基于相似度的模糊证据理论对其表达非常方便、处理简单, 原因在于该方法结合了证据理论在不确定性的表示、量度和组合方面的优势及模糊集在处理模糊信息方面的优势。但是, 从实验分析可以看出, 采用基于相似度的模糊证据理论, 如果在证据比较多的情况下, 组合后得到不同焦元的个数急剧增加, 将导致证据组合的计算量呈指数级增加, 这是本方法需要改进的地方。

4.4.1　基于相似性的模糊证据理论

1. 模糊集合的包含度

　　在一个复杂系统中, 有许多不确定性的来源。随着人们研究范围的扩大, 研究的系统越来越复杂, 系统的复杂性与经典数学的精确描述越来越不协调。Zadeh 引入的模糊集合, 将经典集合模糊化, 使具有分明边界的集合变为具有不分明边界的模糊集合。模糊集合理论在复杂系统中得到了成功的应用, 特别是在模糊控制中, 取得了显著成果。包含度是将 "包含关系" 度量化, 从而包容了 "关系" 的不确定性。两个集合的包含度是指一个集合包含于另外一个集合的程度。

　　定义 4.4　设 X 是一论域, $\tilde{A}$ 和 $\tilde{B}$ 是 X 中的两个模糊子集合, 集合 $\tilde{A}$ 包含于集合 $\tilde{B}$ 的程度 $I\left(\tilde{A}\tilde{\subset}\tilde{B}\right)$ 称为包含度, 如果它满足以下四个条件:

(d1)$0 \leqslant I\left(\tilde{A}\tilde{\subset}\tilde{B}\right) \leqslant 1$;

(d2)$\tilde{A}\tilde{\subset}\tilde{B}$ 时, $I\left(\tilde{A}\tilde{\subset}\tilde{B}\right) = 1$;

(d3)$\tilde{A}\tilde{\subset}\tilde{B}\tilde{\subset}\tilde{C}$ 时, $I\left(\tilde{C}\tilde{\subset}\tilde{A}\right) \leqslant I\left(\tilde{B}\tilde{\subset}\tilde{A}\right)$;

(d4)$\tilde{A}\tilde{\subset}\tilde{B}$ 时, 对于任意模糊集合 $\tilde{C}$ 有 $I\left(\tilde{C}\tilde{\subset}\tilde{A}\right) \leqslant I\left(\tilde{C}\tilde{\subset}\tilde{B}\right)$.

条件 (d1) 是对包含度的规范化，包含度在 $[0,1]$ 中取值。条件 (d2) 表示包含度与经典包含的谐调性，经典包含关系是包含度为 1 的特殊情况。条件 (d3) 与 (d4) 是包含度的单调性。粗略地说，一个较小的集合比较容易包含在一个较大的集合中。满足上述条件的包含度 $I\left(\tilde{A} \tilde{\subset} \tilde{B}\right)$ 的形式有很多，如：

设 X 是一论域，$\tilde{A}$ 和 $\tilde{B}$ 是 X 中的两个模糊子集合，$N\left(\tilde{A}\right)$ 表示 $\tilde{A}$ 中元素的个数，对于 $\tilde{A}, \tilde{B} \tilde{\subset} X$，记

$$I\left(\tilde{A} \tilde{\subset} \tilde{B}\right) = \frac{N\left(\tilde{A} \cap \tilde{B}\right)}{N\left(\tilde{A}\right)}$$

则 $I\left(\tilde{A} \tilde{\subset} \tilde{B}\right)$ 为 $\tilde{A}$ 关于 $\tilde{B}$ 的包含度。

在 D-S 证据理论产生不久，一些学者将其推广到模糊集，结合 D-S 证据结构，提出不同的模糊信任函数的表示方式，归结起来为下列形式：

$$Bel\left(\tilde{B}\right) = \sum_{\tilde{A}} I\left(\tilde{A} \tilde{\subset} \tilde{B}\right) m\left(\tilde{A}\right) \tag{4-16}$$

式中，$I\left(\tilde{A} \tilde{\subset} \tilde{B}\right)$ 为集合 $\tilde{A}$ 包含于集合 $\tilde{B}$ 的包含度，不同的学者提出不同的定义形式，如：

Ishizuka 等将 $I\left(\tilde{A} \tilde{\subset} \tilde{B}\right)$ 定义为

$$I\left(\tilde{A} \tilde{\subset} \tilde{B}\right) = \frac{\min_{\theta}\left\{1, 1 + \left[\mu_{\tilde{B}}\left(\theta\right) - \mu_{\tilde{A}}\left(\theta\right)\right]\right\}}{\min_{\theta} \mu_{\tilde{A}}\left(\theta\right)} \tag{4-17}$$

Ogawa 等提出：

$$I\left(\tilde{A} \tilde{\subset} \tilde{B}\right) = \frac{\sum_{\theta} \min\left\{\mu_{\tilde{A}}\left(\theta\right), \mu_{\tilde{B}}\left(\theta\right)\right\}}{\sum_{\theta} \mu_{\tilde{B}}\left(\theta\right)} \tag{4-18}$$

Yage 提出：

$$I\left(\tilde{A} \tilde{\subset} \tilde{B}\right) = \min_{\theta}\left\{\max \mu_{\tilde{A}}\left(\theta\right), \mu_{\tilde{B}}\left(\theta\right)\right\} \tag{4-19}$$

式中，$\theta = \{\theta_1, \theta_2, \cdots, \theta_n\}$ 为辨识框架。

后来，Yen 分析式 (4-17)～ 式 (4-19) 指出存在三个方面的缺陷：①信任函数 Bel 对焦元的变化不敏感；②$I\left(\tilde{A} \tilde{\subset} \tilde{B}\right)$ 表达式不唯一；③作为上、下概率的信任函数 Bel 和似真函数 Pl 没有合理的解释。因而他利用线性规划的方法把与概率相容的信任函数和似真函数推广到模糊集，相应的公式为

$$Bel\left(\tilde{B}\right) = \sum_{\tilde{A}} m\left(\tilde{A}\right) \sum_{\alpha_i} \left(\alpha_i - \alpha_{i-1}\right) \inf_{\theta \in \tilde{A}_{\alpha_i}} \mu_{\tilde{B}}\left(\theta\right) \tag{4-20}$$

$$Pl\left(\tilde{B}\right) = \sum_{\tilde{A}} m\left(\tilde{A}\right) \sum_{\alpha_i} (\alpha_i - \alpha_{i-1}) \sup_{\theta \in \tilde{A}_{\alpha_i}} \mu_{\tilde{B}}(\theta) \tag{4-21}$$

Yen 提出的方法相当于包含度 $I\left(\tilde{A} \tilde{\subset} \tilde{B}\right) = \sum_{\alpha_i} (\alpha_i - \alpha_{i-1}) \inf_{\theta \in \tilde{A}_{\alpha_i}} \mu_{\tilde{B}}(\theta)$，但是这种定义的包含度虽然对上述三个问题的解决前进了一步，但效果不太明显。特别是第三种缺陷，Yen 的方法仍然对信任函数 Bel 和似真函数 Pl 没有合理的解释。

Yang 等[56]针对信任函数 Bel 和似真函数 Pl 对焦元的变化不敏感，提出一种新的信任函数结构，为

$$Bel\left(\tilde{B}\right) = \sum_{\tilde{A}} m\left(\tilde{A}\right) \sum_{\alpha} \frac{|\theta_\alpha|}{|\tilde{A}|} \inf_{\theta \in \tilde{A}_{\alpha_i}} \mu_{\tilde{B}}(\theta) \tag{4-22}$$

$$Pl\left(\tilde{B}\right) = \sum_{\tilde{A}} m\left(\tilde{A}\right) \sum_{\alpha} \frac{|\theta_\alpha|}{|\tilde{A}|} \sup_{\theta \in \tilde{A}_{\alpha_i}} \mu_{\tilde{B}}(\theta) \tag{4-23}$$

式中，$\theta_\alpha = \{\theta \mid \mu_{\tilde{A}}(\theta) = \alpha\}$，$\alpha \in [0,1]$，$|\theta_\alpha| = \sum_{\theta \in \theta_\alpha} \mu_{\tilde{A}}(\theta)$，$\left|\tilde{A}\right| = \sum_{\theta} \mu_{\tilde{A}}(\theta)$。这种结构能够在一定程度上克服上述问题，并能获取更多的变化信息。然而，这种方法也存在任函数 Bel 和似真函数 Pl 对焦元的变化不敏感问题。因此，从相似度的角度，进行 D-S 证据理论的模糊推广，可解决上述问题。

2. 模糊集合的相似度

两个模糊集合的相似度是指一个集合相似于另外一个集合的程度。

定义 4.5　设 X 是一论域，$\tilde{A}$ 和 $\tilde{B}$ 是 X 中的两个模糊子集合，存在一实函数 $S : F \times F \to R^+$，若实函数 S 满足下列条件：

(s1) $0 \leqslant S\left(\tilde{A}, \tilde{B}\right) \leqslant 1$；

(s2) $S\left(\tilde{A}, \tilde{B}\right) = S\left(\tilde{B}, \tilde{A}\right)$；

(s3) $S\left(\tilde{A}, \tilde{A}\right) = 1$；

(s4) $\tilde{A} \tilde{\subset} \tilde{B} \tilde{\subset} \tilde{C}$ 时，则 $S\left(\tilde{A}, \tilde{B}\right) \geqslant S\left(\tilde{A}, \tilde{C}\right)$，$S\left(\tilde{B}, \tilde{C}\right) \geqslant S\left(\tilde{A}, \tilde{C}\right)$。

则称实函数 $S\left(\tilde{A}, \tilde{B}\right)$ 为集合 $\tilde{A}$ 相似于集合 $\tilde{B}$ 的相似度。

条件 (s1) 是对相似度的规范化，相似度在 $[0,1]$ 中取值；条件 (s2) 表示相似度函数 S 满足交换律；条件 (s3) 是模糊集合与其自身之间的相似度为 1；条件 (s4) 是相似度的单调性。

如果相似度 $S\left(\tilde{A}, \tilde{B}\right)$ 满足：

(s5) $S\left(\tilde{A}, \tilde{B}\right) = S\left(\tilde{B}, \tilde{A}\right) \Leftrightarrow \tilde{A} = \tilde{B}$；

则称相似度 $S\left(\tilde{A}, \tilde{B}\right)$ 为严格相似度。

满足上述条件的相似度 $S\left(\tilde{A}, \tilde{B}\right)$ 的形式有很多，如：

设 X 是一论域，X 的基为 n，两个模糊集合 $\tilde{A}, \tilde{B} \subseteq X$，$\tilde{A} = [a_1/x_1, a_2/x_2, \cdots, a_n/x_n]$，$\tilde{B} = [b_1/x_1, b_2/x_2, \cdots, b_n/x_n]$，有

$$S\left(\tilde{A}, \tilde{B}\right)_1 = 1 - \frac{1}{n} \sum_i |a_i - b_i|$$

$$S\left(\tilde{A}, \tilde{B}\right)_2 = 1 - \frac{1}{\sqrt{n}} \sqrt{\sum_i [a_i - b_i]^2}$$

$$S\left(\tilde{A}, \tilde{B}\right)_p = 1 - \left\{\frac{1}{n} \sum_i |a_i - b_i|^p\right\}^{\frac{1}{p}}, (p \geqslant 1)$$

很明显，$S\left(\tilde{A}, \tilde{B}\right)_1$、$S\left(\tilde{A}, \tilde{B}\right)_2$、$S\left(\tilde{A}, \tilde{B}\right)_p$ 满足条件 (s1)~(s4)。

确定相似度函数 $S\left(\tilde{A}, \tilde{B}\right)$ 有两个关键之处，一是论域的确定，其次是寻找满足条件 (s1)~(s4) 的函数。其实，不同的应用对象，相应的相似度函数 $S\left(\tilde{A}, \tilde{B}\right)$ 的表示形式也不相同。本章针对证据推理向模糊集扩展的情况，将模糊集合的相似度引入到证据空间中，确定模糊焦元之间的相似性程度，以便确定信度函数的贡献因子及相应的组合规则。

3. 证据推理的模糊集扩展

1) 信任函数的扩展

考虑到传统的证据推理在不确定性的表示和组合方面的优势，在向模糊集推广和扩展过程中，本章采用基于模糊集合的相似度确定信任函数的贡献因子。

在证据推理中，证据的信任程度是通过信任区间表示，信任函数值作为上界，似真函数作为下界。在一个辨识框架内，一个焦元的信任函数值是所有该焦元子集的 BPA 值之和；一个焦元的似真函数值是所有与该焦元的交集不为空集的焦元的 BPA 值之和。然而，当焦元为模糊集时，这种关系转化为模糊集合之间的关系。考虑到模糊集合之间相似性的特点，这里引入模糊集合相似度，定义信任函数的贡献因子。

定义 4.6(信任函数贡献因子)　设一辨识框架 $\Theta = \{\theta_1, \theta_2, \cdots, \theta_n\}$，$\theta_i \in R^+$ $(i = 1, 2, \cdots, n)$，$\tilde{A}, \tilde{B}$ 为其上的模糊焦元，$\tilde{A}, \tilde{B} \in \tilde{P}_\Theta$，

$$\tilde{A} = (\mu_{\tilde{A}}(\theta_1)/\theta_1, \mu_{\tilde{A}}(\theta_2)/\theta_2, \cdots, \mu_{\tilde{A}}(\theta_n)/\theta_n),$$

$$\tilde{B} = (\mu_{\tilde{B}}(\theta_1)/\theta_1, \mu_{\tilde{B}}(\theta_2)/\theta_2, \cdots, \mu_{\tilde{B}}(\theta_n)/\theta_n),$$

则模糊焦元 $\tilde{A}$ 对 $Bel\left(\tilde{B}\right)$ 的贡献因子为

$$F_*\left(\tilde{B};\tilde{A}\right) = 1 - \frac{1}{\left|\tilde{A}\right|}\sum_i^{\left|\tilde{A}\right|}\left|\mu_{\tilde{B}}\left(\theta_i\right) - \mu_{\tilde{A}}\left(\theta_i\right)\right| \tag{4-24}$$

式中，$\left|\tilde{A}\right|$ 为模糊焦元 $\tilde{A}$ 的基（$\tilde{A}$ 包含基元的个数）。

定义 4.7(似真函数贡献因子)　设一辨识框架 $\Theta = \{\theta_1, \theta_2, \cdots, \theta_n\}$, $\theta_i \in R^+$, $(i = 1, 2, \cdots, n)$, $\tilde{A}, \tilde{B}$ 为其上的模糊焦元，$\tilde{A}, \tilde{B} \in \tilde{P}_\Theta$,

$$\tilde{A} = (\mu_{\tilde{A}}\left(\theta_1\right)/\theta_1, \mu_{\tilde{A}}\left(\theta_2\right)/\theta_2, \cdots, \mu_{\tilde{A}}\left(\theta_n\right)/\theta_n),$$

$$\tilde{B} = (\mu_{\tilde{B}}\left(\theta_1\right)/\theta_1, \mu_{\tilde{B}}\left(\theta_2\right)/\theta_2, \cdots, \mu_{\tilde{B}}\left(\theta_n\right)/\theta_n),$$

则模糊焦元 $\tilde{A}$ 对 $Pl\left(\tilde{B}\right)$ 的贡献因子为

$$F^*\left(\tilde{B};\tilde{A}\right) = 1 - \frac{1}{\left|\Theta\right|}\sum_i^{\left|\Theta\right|}\left|\mu_{\tilde{B}}\left(\theta_i\right) - \mu_{\tilde{A}}\left(\theta_i\right)\right| \tag{4-25}$$

式中，$\left|\Theta\right|$ 为辨识框架 Θ 的基（Θ 包含基元的个数）。

由此可以获得模糊证据推理的信任函数，其表示形式如下：

$$Bel\left(\tilde{B}\right) = \sum_i F_*\left(\tilde{B};\tilde{A}_i\right)m\left(\tilde{A}_i\right) \tag{4-26}$$

$$Pl\left(\tilde{B}\right) = \sum_i F^*\left(\tilde{B};\tilde{A}_i\right)m\left(\tilde{A}_i\right) \tag{4-27}$$

如果考虑辨识框架中基元的重要程度，则相应的贡献因子定义如下：

定义 4.8　设一辨识框架 $\Theta = \{\theta_1, \theta_2, \cdots, \theta_n\}$, $\theta_i \in R^+ (i = 1, 2, \cdots, n)$, θ_i 对应的权值为 $\omega_i(i = 1, 2, \cdots, n)$, $\tilde{A}, \tilde{B}$ 为其上的模糊焦元，$\tilde{A}, \tilde{B} \in \tilde{P}_\Theta$,

$$\tilde{A} = (\mu_{\tilde{A}}\left(\theta_1\right)/\theta_1, \mu_{\tilde{A}}\left(\theta_2\right)/\theta_2, \cdots, \mu_{\tilde{A}}\left(\theta_n\right)/\theta_n),$$

$$\tilde{B} = (\mu_{\tilde{B}}\left(\theta_1\right)/\theta_1, \mu_{\tilde{B}}\left(\theta_2\right)/\theta_2, \cdots, \mu_{\tilde{B}}\left(\theta_n\right)/\theta_n),$$

则模糊焦元 $\tilde{A}$ 对 $Bel\left(\tilde{B}\right)$, $Pl\left(\tilde{B}\right)$ 的贡献因子分别为

$$F_*\left(\tilde{B};\tilde{A}\right)_\omega = 1 - \frac{1}{\left|\tilde{A}\right|}\sum_i^{\left|\tilde{A}\right|}\omega_i\left|\mu_{\tilde{B}}\left(\theta_i\right) - \mu_{\tilde{A}}\left(\theta_i\right)\right|$$

$$F^*\left(\tilde{B};\tilde{A}\right)_\omega = 1 - \frac{1}{|\Theta|}\sum_i^{|\Theta|}\omega_i\left|\mu_{\tilde{B}}(\theta_i) - \mu_{\tilde{A}}(\theta_i)\right| \tag{4-28}$$

将式 (4-28) 中的 $F_*\left(\tilde{B};\tilde{A}\right)_\omega$，$F^*\left(\tilde{B};\tilde{A}\right)_\omega$ 分别代替式 (4-26)、式 (4-27) 中的 $F_*\left(\tilde{B};\tilde{A}_i\right)$，$F^*\left(\tilde{B};\tilde{A}_i\right)$，得到权值的信任函数度量方法。

以上对信任函数的模糊集扩展只考虑了模糊焦元是有限集合的情况，对于模糊焦元是无限集合的情况，本章有如下定义。

定义 4.9 设一辨识框架 $\Theta = (\theta_1,\theta_2,\cdots,\theta_n,\cdots)$，$\theta_i \in R^+ (i = 1,2,\cdots,n,\cdots)$，$\tilde{A}$，$\tilde{B}$ 为其上的模糊焦元，$\tilde{A},\tilde{B} \in \tilde{P}_\Theta$，$\tilde{A} = (\mu_{\tilde{A}}(\theta_1)/\theta_1, \mu_{\tilde{A}}(\theta_2)/\theta_2, \cdots, \mu_{\tilde{A}}(\theta_n)/\theta_n, \cdots)$，$\tilde{B} = (\mu_{\tilde{B}}(\theta_1)/\theta_1, \mu_{\tilde{B}}(\theta_2)/\theta_2, \cdots, \mu_{\tilde{B}}(\theta_n)/\theta_n, \cdots)$，则模糊焦元 $\tilde{A}$ 对 $Bel\left(\tilde{B}\right)$，$Pl\left(\tilde{B}\right)$ 的贡献因子分别为

$$F_*\left(\tilde{B};\tilde{A}\right)_\infty = 1 - \frac{1}{|\tilde{A}|}\int_{|\tilde{A}|}\left|\mu_{\tilde{B}}(\theta) - \mu_{\tilde{A}}(\theta)\right|\mathrm{d}_\theta$$

$$F^*\left(\tilde{B};\tilde{A}\right)_\infty = 1 - \frac{1}{|\Theta|}\int_{|\Theta|}\left|\mu_{\tilde{B}}(\theta) - \mu_{\tilde{A}}(\theta)\right|\mathrm{d}_\theta \tag{4-29}$$

2) 基于相似度的模糊证据组合规则

模糊证据推理的组合规则采用 Haenni 思想，即修改信任分配模型而不改变 Dempster 组合规则的形式，因为 Dempster 组合规则具有良好的性质。在进行证据组合之前，需要对模糊焦元的 BPA 值进行修正。本章基于模糊集合之间的相似性，确定模糊焦元 $\tilde{C}$ 与模糊焦元 $\tilde{A}$ 之间的相似度作为权值，对模糊焦元 $\tilde{A}$ 的 BPA 值进行修正，其权值 $\omega\left(\tilde{C},\tilde{A}\right)$ 为

$$\omega\left(\tilde{C},\tilde{A}\right) = 1 - \frac{1}{|\Theta|}\sum_i\left|\mu_{\tilde{C}}(\theta_i) - \mu_{\tilde{A}}(\theta_i)\right| \tag{4-30}$$

假设 Bel_1 和 Bel_2 是相同辨识框架 $\Theta = \{\theta_1,\theta_2,\cdots,\theta_n\}$ 上的信任函数，具有基本可信任分配函数 m_1 和 m_2 以及模糊焦元 $\{\tilde{A}_1,\tilde{A}_2,\cdots,\tilde{A}_p\}$ 和 $\{\tilde{B}_1,\tilde{B}_2,\cdots,\tilde{B}_q\}$，于是，基本可信任分配函数 $m: 2^\Theta \to [0,1]$ 对于所有基本信任分配的非空集 $\tilde{C}$，有

$$m\left(\tilde{C}\right) = m_1 \oplus m_2\left(\tilde{C}\right)$$

$$= \frac{\displaystyle\sum_{\tilde{A}_i \cap \tilde{B}_j = \tilde{C}}\omega\left(\tilde{C},\tilde{A}_i\right)m_1\left(\tilde{A}_i\right)\omega\left(\tilde{C},\tilde{B}_j\right)m_2\left(\tilde{B}_j\right)}{1 - \displaystyle\sum_{\tilde{A}_i\tilde{B}_j}\left[1 - \omega\left(\tilde{A}_i \cap \tilde{B}_j,\tilde{A}_i\right)\omega\left(\tilde{A}_i \cap \tilde{B}_j,\tilde{B}_j\right)\right]m_1\left(\tilde{A}_i\right)m_2\left(\tilde{B}_j\right)} \tag{4-31}$$

式中，$\omega\left(\tilde{C},\tilde{A}_i\right)$ 为模糊焦元 $\tilde{A}_i\,(i=1,2,\cdots,p)$ 的权值；$\omega\left(\tilde{C},\tilde{B}_j\right)$ 为模糊焦元 $\tilde{B}_j\,(j=1,2,\cdots,q)$ 的权值。

类似，这里也可以考虑辨识框架 $\Theta=\{\theta_1,\theta_2,\cdots,\theta_n\}$ 中元素的重要性程度，则相应的权值及组合规则为

$$\omega'\left(\tilde{C},\tilde{A}\right)=1-\frac{1}{|\Theta|}\sum_i\alpha_i\left|\mu_{\tilde{C}}\left(\theta_i\right)-\mu_{\tilde{A}}\left(\theta_i\right)\right| \tag{4-32}$$

$$m'\left(\tilde{C}\right)=m_1\oplus m_2'\left(\tilde{C}\right)$$

$$=\frac{\displaystyle\sum_{\tilde{A}_i\cap\tilde{B}_j=\tilde{C}}\omega'\left(\tilde{C},\tilde{A}_i\right)m_1\left(\tilde{A}_i\right)\omega'\left(\tilde{C},\tilde{B}_j\right)m_2\left(\tilde{B}_j\right)}{1-\displaystyle\sum_{\tilde{A}_i\tilde{B}_j}\left[1-\omega'\left(\tilde{A}_i\cap\tilde{B}_j,\tilde{A}_i\right)\omega'\left(\tilde{A}_i\cap\tilde{B}_j,\tilde{B}_j\right)\right]m_1\left(\tilde{A}_i\right)m_2\left(\tilde{B}_j\right)} \tag{4-33}$$

式中，α_i 为 $\theta_i\in\Theta$ 的权值；$\omega'\left(\tilde{C},\tilde{A}_i\right)$ 为模糊焦元 $\tilde{A}_i\,(i=1,2,\cdots,p)$ 的权值；$\omega'\left(\tilde{C},\tilde{B}_j\right)$ 为模糊焦元 $\tilde{B}_j\,(j=1,2,\cdots,q)$ 的权值。

4.4.2　湖泊富营养化状态估计与评价模型

在基于证据理论的多传感器信息融合中，多源互补信息经过融合以后，怎样依据融合结果判断目标或得到所需要的结论，即决策规则选择问题，对于一个信息融合系统来说是至关重要的。对于水质监测数据来说，基于证据理论融合处理后，面临着评价问题，即如何根据水质监测数据融合结果进行水质评价。本节采用最大组合的基本信任分配 (BPA) 值的决策规则，建立水质评价模型。

首先，根据融合后的模糊焦元 BPA 计算类别焦元的信任函数值。这个过程分两步：一是确定融合后的模糊焦元 BPA 对类别焦元的信任函数 (Bel) 的贡献因子 [式 (4-24)]；二是依据贡献因子计算类别焦元的 Bel 值 [式 (4-26)]。其次，依据式 (4-26) 计算类别焦元的信任函数值，选择其中信任函数值最大的类别作为最终评价结果。如假设类别焦元 $B_1,B_2,\cdots,B_n$，通过式 (4-26) 计算得其信任函数值分别为 $Bel\,(B_1),Bel\,(B_2),\cdots,Bel\,(B_n)$，则最终的评价结果为 $B^*=\max\limits_i\{Bel\,(B_i)\}$。

4.4.3　验证与分析

1. 水质监测数据

依据太湖实际情况及收集到的相关资料，本节选择与太湖富营养化状况直接有关的叶绿素 a(Chl a)、总磷 (TP)、总氮 (TN)、化学需氧量 (COD)、透明度 (SD) 作为估计与评价指标。下面以太湖 2003 年 8 月的水质监测数据为对象，取其中的 12 个监测点，具体监测数据见表 4-8。

表 4-8 太湖水质评价参数的实测数据

监测点	Chl a/(mg/L)	TP/(mg/L)	TN/(mg/L)	COD/(mg/L)	SD/m
五里湖心	0.068	0.15	3.85	6.5	0.30
闾江口	0.036	0.22	1.32	5.5	0.20
拖山	0.021	0.05	1.03	5.3	0.35
百渎口	0.055	0.16	1.75	7.3	0.20
沙墩港	0.014	0.03	1.35	5.7	0.70
大浦口	0.052	0.23	1.14	10.7	0.20
平台山	0.006	0.05	1.77	3.4	0.80
漫山	0.01	0.1	1.22	4.4	0.90
大雷山	0.01	0.06	1.36	6.1	0.65
小梅口	0.006	0.08	1.41	3.6	0.80
泽山	0.008	0.05	1.49	3.6	1.20
胥口	0.005	0.05	0.87	3.7	0.50

2. 水质状态估计和评价标准的确定

水质状态估计和评价标准的确定是湖泊富营养化程度评价中极为重要的一环。目前,我国还没有完全统一的关于湖泊营养类型的划分标准。为了对太湖富营养化程度进行评价,参考相崎宇弘和郁根森 2 种标准并结合太湖具体情况,给出评价太湖富营养化程度的 5 个评价指标 8 种类型的评价标准,如表 4-9 所示。

表 4-9 太湖富营养化程度的评价标准

营养类型	Chl a/(mg/L)	TP/(mg/L)	TN/(mg/L)	COD/(mg/L)	SD/m
贫营养化	0.0016	0.0046	0.079	0.48	8.00
贫－中营养化	0.0041	0.0100	0.160	0.96	4.40
中营养化	0.0100	0.0230	0.310	1.80	2.40
中－富营养化	0.0260	0.0500	0.650	3.60	1.30
富营养化	0.0640	0.1100	1.200	7.10	0.73
重富营养化	0.1600	0.2500	2.300	14.00	0.40
严重富营养化	0.4000	0.5550	4.600	27.00	0.22
异常富营养化	1.000	1.2300	9.100	54.00	0.12

3. 证据获取

由于各评价指标具有不同的量纲,且类型不同,故指标间具有不可公度性。因此,在进行评价时首先消除不同量纲的影响,同时结合模糊证据理论的特点,将每一个指标的监测数据转化为相应的证据,依据监测人员或专家系统的经验,确定每种证据对应的 BPA。

根据近年来太湖的水质状况,选择辨识框架为 $\Theta = \{1, 2, 3\}$,其中:1 表示贫营养;2 表示中营养;3 表示富营养。相应的模糊子集为 $\{\tilde{A}_1, \tilde{A}_2, \tilde{A}_3, \tilde{A}_4, \tilde{A}_5, \tilde{A}_6, \tilde{A}_7,$

$\tilde{A}_8\Big\}$，其具体数值及代表的水质类别如下：

$\tilde{A}_1 = \{1/1, 0.50/2, 0.25/3\}$　　　　　　　　贫营养化

$\tilde{A}_2 = \{0.65/1, 0.55/2, 0.25/3\}$　　　　　　贫—中营养化

$\tilde{A}_3 = \{0.5/1, 1/2, 0.5/3\}$　　　　　　　　中营养化

$\tilde{A}_4 = \{0.25/1, 0.65/2, 0.55/3\}$　　　　　　中—富营养化

$\tilde{A}_5 = \{0.25/1, 0.5/2, 1/3\}$　　　　　　　富营养化

$\tilde{A}_6 = \{0.1/1, 0.2/2, 1/3\}$　　　　　　　重富营养化

$\tilde{A}_7 = \{0.1/2, 1/3\}$　　　　　　　　　严重富营养化

$\tilde{A}_8 = \{1/3\}$　　　　　　　　　　　异常富营养化

以五里湖心为例，依据监测人员或专家系统的经验，将水质参数 Chl a、TP、TN、COD、SD 数据，转化为证据的 BPA，其值见表 4-10。

表 4-10　　不同证据的 BPA

证据	$\tilde{A}_1$	$\tilde{A}_2$	$\tilde{A}_3$	$\tilde{A}_4$	$\tilde{A}_5$	$\tilde{A}_6$	$\tilde{A}_7$	$\tilde{A}_8$
Chl a	0	0	0	0.1	0.8	0.1	0	0
TP	0	0	0	0.2	0.6	0.2	0	0
TN	0	0	0	0	0.1	0.3	0.5	0.1
COD	0	0	0	0.2	0.7	0.1	0	0
SD	0	0	0	0	0	0.3	0.6	0.1

4. 实验结果分析

从表 4-10 可以看出，证据数为 5，模糊焦元个数为 8，其组合后得到的不同焦元个数为 218。考虑到模糊焦元 $\tilde{A}_1, \tilde{A}_2, \tilde{A}_3$ 相对于这 5 个证据的 BPA 值都为 0，如果组合式 (4-31) 分子中含有 $\tilde{A}_i\,(i = 1, 2, 3)$ 中的任何一个，则组合结果为 0，即如果有模糊焦元 $\tilde{A}_1, \tilde{A}_2, \tilde{A}_3$ 之一参加组合，其结果不变且都为 0，因此，不考虑模糊焦元 $\tilde{A}_1, \tilde{A}_2, \tilde{A}_3$ 参加组合的情况。对于剩下的 5 个模糊焦元 $\tilde{A}_4, \tilde{A}_5, \tilde{A}_6, \tilde{A}_7, \tilde{A}_8$，其相应的 5 个证据依据式 (4-30)、式 (4-31) 进行组合，得到不同的组合焦元个数为 31。由表 4-10 证据 BPA 分布的特点，最后得到 9 种不同的组合焦元 $\tilde{C}_1, \tilde{C}_2, \cdots, \tilde{C}_9$，其 BPA 见表 4-11。式中，$\tilde{C}_1 = \{0.25/1, 0.65/2, 0.55/3\}$，$\tilde{C}_2 = \{0.25/1, 0.5/2, 1/3\}$，$\tilde{C}_3 = \{0.1/1, 0.2/2, 1/3\}$，$\tilde{C}_4 = \{0.1/2, 1/3\}$，$\tilde{C}_5 = \{1/3\}$，$\tilde{C}_6 = \{0.25/1, 0.5/2, 0.55/3\}$，$\tilde{C}_7 = \{0.1/1, 0.2/2, 0.55/3\}$，$\tilde{C}_8 = \{0.1/2, 0.55/3\}$，$\tilde{C}_9 = \{0.55/3\}$。

表 4-11　　证据组合后模糊焦元的 BPA

项目	$\tilde{C}_1$	$\tilde{C}_2$	$\tilde{C}_3$	$\tilde{C}_4$	$\tilde{C}_5$
BPA	0.0000	0.0000	0.00745	0.0197	0.07285
项目	$\tilde{C}_6$	$\tilde{C}_7$	$\tilde{C}_8$	$\tilde{C}_9$	—
BPA	0.0000	0.01004	0.2035	0.0866	—

得到焦元 $\tilde{C}_1, \tilde{C}_2, \cdots, \tilde{C}_9$ 的 BPA 之后，采用式 (4-24)、式 (4-26) 计算类别焦元 $\tilde{A}_1 \sim \tilde{A}_8$ 的 *Bel* 值，结果见表 4-12。从表 4-12 看出，焦元 $\tilde{A}_7$ 的 *Bel* 值最大，因此，太湖区域五里湖心的富营养状况为严重富营养。

表 4-12 证据组合后模糊焦元 $\tilde{A}_1 \sim \tilde{A}_8$ 的信任函数值

项目	$\tilde{A}_1$	$\tilde{A}_2$	$\tilde{A}_3$	$\tilde{A}_4$
Bel	0.22711	0.22328	0.24052	0.29693

项目	$\tilde{A}_5$	$\tilde{A}_6$	$\tilde{A}_7$	$\tilde{A}_8$
Bel	0.26661	0.30272	0.31271	0.301

与五里湖心的富营养状况评价过程类似，可得到其他 11 个位置的富营养状况，结果见表 4-13。从表 4-13 可以看出，2003 年 8 月太湖区域富营养化状况分布为整个区域基本上都属于中—富营养化状态，北部区域比南部区域富营养状况严重，东部情况较好，这一结果符合实际情况。

表 4-13 太湖 12 个位置的富营养化评价结果比较

监测点	TSIM	本书方法	监测点	TSIM	本书方法
五里湖心	富营养	严重富营养	平台山	中营养	中营养
闾江口	富营养	富营养	漫山	中营养	中—富营养
拖山	富营养	富营养	大雷山	中营养	中—富营养
百渎口	富营养	重富营养	小梅口	中营养	中营养
沙墩港	富营养	富营养	泽山	中营养	中营养
大浦口	富营养	重富营养	胥口	中营养	中—贫营养

环境监测部门采用的 TSIM 法对这 12 个监测点的评价结果见表 4-13。从表 4-13 的评价结果看，本书的评价方法与 TSIM 方法基本一致。由于环境监测部门将区域富营养状况分为 3 个等级：富营养化、中营养化、贫营养化，而本节将其分为 8 个等级 ($\tilde{A}_1 \sim \tilde{A}_8$)，比环境监测部门分的等级要细，相应地出现细微的差异。如果采用环境监测部门对区域富营养状况的划分等级，即富营养、中营养、贫营养 3 个等级，由表 4-13 看出，依据本节的方法，判定五里湖心的富营养状况为富营养 $\left(Bel\left(\tilde{A}_5\right) = \max\left\{ Bel\left(\tilde{A}_1\right), Bel\left(\tilde{A}_3\right), Bel\left(\tilde{A}_5\right) \right\} \right)$，与 TSIM 方法一致，其他 11 个监测点的富营养状况评价结果与 TSIM 方法评价结果一致。分析比较表明，基于相似度的模糊证据理论对区域富营养化状况的评价结果与 TSIM 方法的评价结果一致，这说明应用本节方法得到的估计与评价结果是可靠的。

4.5   湖泊富营养化状态评估的 BP 网络证据理论方法

随着水质监测手段的多元化，监测到的水质数据种类越来越多，也越来越复杂。这些数据之间可能存在冗余、互补，也可能相互矛盾。传统的在多源水质监测数据与水质类型之间建立映射关系 (模型) 的方法已不能完全满足需要，同时监测环境的复杂性以及传感器的不精确性，使得监测数据具有模糊性、不精确性及不确定性。

用单一神经网络进行水质参数融合处理时，其输出结果不稳定，有时会出现不确定的结果，这会造成评价决策困难。一种可行的方法是用神经网络作多次融合处理，然后再将多次融合结果取统计平均作为评价决策依据，但是这种方法没有从根本上消除神经网络的固有缺陷。

证据理论应用于水质评价，由于基本可信度的分配函数 BPAF(basic probability assignment function) 不容易确定，在实际应用中大都由统计方法或凭经验公式得出，带有一定的主观性，故单一的证据理论方法难以准确地确定 BPAF。

本节介绍一种 BP 神经网络和证据理论相结合的信息融合方法，并将其应用于湖泊水体富营养化评价。该方法是将多个 BP 神经网络的输出结果作为证据理论的基本可信度分配函数，然后，依据组合规则进行融合、最终作出对湖泊水体富营养化程度的评价。该方法能够降低单一 BP 神经网络评价输出结果的不稳定性，且提高了融合处理的可信度和精度。以太湖水质监测数据为例进行实证分析，并与营养状态指数方法以及单个 BP 神经网络方法进行比较分析。

4.5.1   BP 网络证据理论方法

在对已有文献进行分析的基础上，将 BP(back-propagation) 神经网络方法和证据理论方法结合起来，首先采用神经网络的输出结果来构造证据理论的基本可信度分配函数，即把每个神经网络的输出作为证据，然后经证据理论融合，得到水质评价结果。基于 BP 网络–证据理论的多源信息融合水质评价方法如图 4-1 所示。由于单个 BP 网络输出结果的不稳定性，所以采用多个 BP 网络形成多条基本可信度分配函数作为证据理论的证据输入，通过证据理论的组合规则进行计算，最后，依据新的可信度分配函数值判断湖泊水体富营养化的程度。

图 4-1   基于 BP 网络–证据理论的多源信息融合水质评价方法示意图

在水体测点的各测量数据之间，它们的相关性很小，再经 BP 网络的非线性映射后，可认为输出结果之间是相互独立的，符合证据理论的组合证据必须独立要求，可将 BP 网络的每一输出结果占该次全部输出结果的百分比值，作为对某一水质类别支持的确定性证据。另外，由于 BP 网络本身的误差和不可靠性，加上水质监测数据对某一水质类别的不完全确定性支持，使得 BP 网络输出会出现误差，这种误差可作为不确定性证据。基于 BP 网络证据理论的方法是将上述这种误差用 BP 网络平方和误差函数 (SSE) 的值表示。对每一个水体测点经多个 BP 网络处理，就得到多条相应的 D-S 证据。

基于 BP 网络证据理论的方法采用的基本可信度分配函数 BPAF 公式如下：

$$
\begin{cases}
m_i(j) = \dfrac{C_i(j)}{\displaystyle\sum_j C_i(j)} \times R(i) \\
m_i(\theta) = 1 - R(i)
\end{cases}
\quad (j = 1, \cdots, n; i \text{为水质类别}) \tag{4-34}
$$

式中，$m_i(j)$ 为基本可信度分配函数；$m_i(\theta)$ 为不确定分配函数 (表示 BP 网络的不可靠性)；$C_i(j)$ 为测量数据的 BP 网络输出结果；$R(i)$ 为 BP 网络处理的可靠性 (在实际应用中应包括水质监测传感器的可靠性，因为 BP 网络对不同的水质监测传感器的可靠性不一样)。

4.5.2 监测数据选择与验证分析

采用太湖流域 2003 年 8 月上旬 21 个水文站测点的监测数据进行实验，取四种常规总磷 (TP)、高锰酸盐指数 (COD_{Mn})、总氮 (TN)、叶绿素 a(Chl a) 的水质指标的测量值作为数据融合处理的基本数据，融合处理评价结果与营养状态指数 (TSI) 标准比较。

BP 网络是一种误差反向传播多层神经网络，考虑到既满足精度要求，又提高学习效率，在实验中采用三层的 BP 神经网络，并给定网络的误差，设计合理的网络权值和神经元阈值。针对水质监测数据融合处理来说，输入层单元数由水质监测参数数目来确定 (实验中选 4 个)；输出层单元数为 3 个，即三种类别水质 (富营养类、中营养类、贫营养类) 所对应的确定性证据的数目；隐含层单元数采用 "试错法" 确定为 9 个。

由于水质监测数据具有多源性，为了加快 BP 神经网络的收敛速度，在进行网络学习和识别时，对于初始监测的水质参数数据，需要将这四组数据进行规范化处理，规范化的值域为 (0, 1)。

对 2003 年 8 月上旬太湖 21 个水文站测点的数据依据营养状态指数 (TSI) 标准，按照富、中、贫营养化重新细分，取 TSI 的值小于 52 为贫营养，52 到 62 之间为中营养，大于 62 的为富营养。

　　21 个测点数据选其中的 15 个作为样本数据用来训练 BP 网络，另外 6 个测点数据作为验证数据。用训练好的网络的误差性能函数 (SSE) 值作为 D-S 的不确定性证据。实验中采用 $i = 3$，即采用三个 BP 网络。$C_1(j)$ 是测点数据经 BP 网络的输出结果，因水质类别分为富、中、贫三类，所以 j 取 3，根据式 (4-34) 可算出 $m_i(j)$。

　　实验中，训练样本的 BP 网络输出结果及期望值见表 4-14(以 BP 网络 1 为例)，6 个验证数据的 BP 网络输出结果见表 4-15。表 4-14 中的 15 个训练样本的实际输出值和期望输出值，对应于表 4-15(验证数据计算结果) 中的 BP 网络的输出结果。

表 4-14　训练样本的 BP 网络输出结果及期望值

测点名称 及编号	营养 状态	TSI 标准	BP 网络的实际输出			BP 网络期望 输出值
			贫营养	中营养	富营养	
椒山 7#	中营养	58.36377	0.0628	0.8536	0.1490	0.1　0.9　0.1
乌龟山 8#	中营养	60.43678	0.0448	0.8611	0.1546	0.1　0.9　0.1
漫山 9#	中营养	53.15813	0.1893	0.6193	0.2267	0.1　0.9　0.1
平台山 10#	贫营养	48.14677	0.9162	0.1016	0.0736	0.9　0.1　0.1
四号灯标 11#	贫营养	49.65903	0.9176	0.0881	0.1203	0.9　0.1　0.1
泽山 12#	贫营养	50.96902	0.7781	0.1832	0.1279	0.9　0.1　0.1
大雷山 13#	中营养	53.15813	0.2299	0.7526	0.0574	0.1　0.9　0.1
沙渚 14#	中营养	57.76902	0.0447	0.9001	0.1219	0.1　0.9　0.1
百渎口 15#	富营养	69.88227	0.0556	0.1735	0.8336	0.1　0.1　0.9
大浦口 16#	富营养	69.33201	0.0456	0.2228	0.8168	0.1　0.1　0.9
新塘港 17#	贫营养	46.35813	0.9167	0.0870	0.0840	0.9　0.1　0.1
沙塘港 18#	富营养	73.91929	0.0605	0.1044	0.8899	0.1　0.1　0.9
五里湖心 19#	富营养	71.96377	0.0755	0.1781	0.7995	0.1　0.1　0.9
胥口 20#	贫营养	46.35813	0.6745	0.2714	0.0905	0.9　0.1　0.1
犊山口 21#	富营养	68.94724	0.1020	0.1822	0.7975	0.1　0.1　0.9

　　表 4-15 中的数据是经过公式计算的值。从表 4-15 看出，仅以 BP 网络给出评价决策水质的类别，有时会出现误差。如从表 4-15 中的拖山水文站测点来说，"BP 网络 2" 给出了富营养化，如将 "BP 网络 1、2、3" 三个的输出结果用证据理论再进行融合，得出的水质是中营养化的评价与 TSI 标准得到的结果相符。

　　中桥水厂与拖山水文站测点类似，输出结果为中营养，但经证据理论融合处理后，得出富营养类别。闾江口、新港口水文站测点在 BP 网络给出的结果对贫营养的支持程度不大，如用证据理论再来对 BP 网络结果作出评价决策，对贫营养支持率明显增大，这表明经证据理论融合提高了对评价决策的可信度。沙墩港和小梅口

表 4-15 验证数据计算结果

测点名称及编号	TSI 标准	融合方法	贫营养 $m_i(j)$	中营养 $m_i(j)$	富营养 $m_i(j)$	不确定 $m_i(\theta)$
拖山 1#	中营养	BP 网 1	0.0355	0.6703	0.2242	0.0700
		BP 网 2	0.0566	0.3902	0.4086	0.1447
		BP 网 3	0.0611	0.4228	0.4136	0.1025
		BP&D-S	0.0083	0.7056	0.2829	0.0035
闫江口 2#	富营养	BP 网 1	0.0465	0.1036	0.7798	0.0700
		BP 网 2	0.0077	0.3208	0.5268	0.1447
		BP 网 3	0.0904	0.2289	0.5783	0.1025
		BP&D-S	0.0057	0.0618	0.9299	0.0025
小梅口 3#	贫营养	BP 网 1	0.6580	0.1402	0.1318	0.0700
		BP 网 2	0.5353	0.2371	0.0829	0.1447
		BP 网 3	0.6560	0.2409	0.0006	0.1025
		BP&D-S	0.9231	0.0654	0.0091	0.0026
新港口 4#	贫营养	BP 网 1	0.6876	0.1104	0.1320	0.0700
		BP 网 2	0.5106	0.2263	0.1184	0.1447
		BP 网 3	0.7426	0.1537	0.0013	0.1025
		BP&D-S	0.9510	0.0366	0.0102	0.0024
中桥水厂 5#	富营养	BP 网 1	0.0563	0.4506	0.4231	0.0700
		BP 网 2	0.1177	0.1495	0.5881	0.1447
		BP 网 3	0.0550	0.2608	0.5817	0.1025
		BP&D-S	0.0137	0.1784	0.8045	0.0034
沙墩港 6#	中营养	BP 网 1	0.0614	0.8347	0.0339	0.0700
		BP 网 2	0.0797	0.6866	0.0890	0.1447
		BP 网 3	0.0749	0.6472	0.1755	0.1025
		BP&D-S	0.0073	0.9811	0.0100	0.0018

在用证据理论融合后也都对对应的水质类别增大了支持力度。

图 4-2 是 TSI 标准和 "BP 神经网络 1、2、3" 以及本节新方法的水质评价结果图。图中的纵轴：0~1 表示贫营养，1~2 表示中营养，2~3 表示富营养。图中的横轴表示水体测点：1 为拖山，2 为闫江口，3 为小梅口，4 为新港口，5 为中桥水厂，6 为沙墩港。

BP 网络和证据理论相结合的信息融合方法应用于湖泊水体富营养化的评价，需要进一步的研究的问题是：① 选择更合理的利用 BP 神经网络建立的基本可信度分配函数；② D-S 理论不确定性证据的计算；③ 选择几个 BP 网络才能既减少网络的不稳定性带来的影响，又能让证据理论组合计算量在适度的可接受范围内。

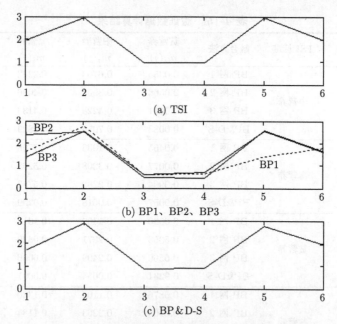

图 4-2　TSI 标准，BP 神经网络以及新方法水质评价结果的比较

纵坐标：0~1 表示贫营养；1~2 表示中营养；2~3 表示富营养。横坐标：1 为拖山；2 为闽江口；

3 为小梅口；4 为新港口；5 为中桥水厂；6 为沙墩港

4.6　遥感与地面监测结合的湖泊水质状态评估

为进一步提高湖泊水质状况识别的准确性，本节介绍一种基于神经网络–证据理论的遥感图像数据融合处理方法，并以太湖水质监测数据为例进行了实证分析。该方法先对不同的遥感输入图像，采用各自相应的神经网络进行处理，然后对神经网络输出的结果做归一化处理，再利用证据理论进行融合，最终给出水质的识别结果。该方法的优点：①可增加水质识别的容错性；②由于融合了多源水质遥感图像的数据，因而水质状况识别的可信度更高。

4.6.1　研究背景

在湖泊水质监测及水质状况识别中，基于地面监测的传统方法，虽然具有监测水质参数广的优点，但是易受人力、物力和气候、地形、水文等条件的限制，而且存在地面监测站布设的经验性和监测船在水面上行进时，破坏了监测区域的水质状况等缺点，难以实现连续、快速的监测。而遥感监测，由于具有观测范围广、观测周期短、数据时效性强、全天候及动态监测等优点，因此对传统的地面监测方法是一个有效的补充。

利用遥感进行水质监测及水质状况识别，从本质上来说，是一个不确定性问题，因为遥感数据与地面监测的水质参数及状况之间的回归模型常常难以确定，需要大量的试验。神经网络模型是一种有效的非线性逼近方法，能较好地实现从输入到输出状态空间的非线性映射，但是采用神经网络模型时，却要求有足够多的且正交完备的训练样本集，由于地面监测点的数量总是有限的，从而导致经训练后的神经网络模型推广性能变差。虽然 Kenier 所采用的交叉训练的方法使神经网络的推广性能有所提高，并可以在一定程度上提高水质监测的可信度，但是仅通过对单一结构的神经网络模型本身的改进，仍较难从根本上解决问题。

由于水环境信息关联性强、复合因素多，且水质参数及状况专题信息提取的难度高，因此单靠一个遥感图像的监测信息是不完全、不一致的。改进的方法是采用多光谱、雷达等多遥感图像获取数据来进行融合处理。Zhang 等联合应用 TM 遥感图像和 ERS-2 SAR 图像进行融合处理，建立 BP 神经网络，其输入为 7 个 TM 波段数据和 SAR 数据，输出层为叶绿素 a、悬浮物等具体的水质参数，但 Zhang 的方法对 TM 图像和 SAR 图像数据的融合处理仍采用的是单一结构的神经网络模型。林志贵[12]、徐立中等[38]将证据理论方法应用于水质监测与评价中，提出了一种多源水质监测数据融合处理评价模型，他们所做的实验工作是采用长江口水文站水质监测数据来对水质状况进行识别。本节介绍的方法是在此基础的改进。

4.6.2 神经网络证据理论方法

基于神经网络–证据理论的遥感图像数据融合处理方法的系统结构框图如图 4-3 所示，其主要由神经网络部分和证据推理部分组成。其中神经网络主要实现遥感图像数据与水质类别之间的映射，即先初步判别水质类别，形成 n 个证据，然后输入给证据推理部分，依据证据组合规则进行计算，并根据计算结果判别，来得到最终的水质类别。

该方法的优点为：

(1) 可利用多个遥感图像，融合处理多个传感器在空间和时间上的冗余或互补信息，使水质判别的结果更准确，可信度更高。

(2) 湖泊水质类别的数目一般是 5~8 类，由于本方法一般采用的遥感图像数目为 2~4 个，所以证据组合的计算量不会呈指数级增长。

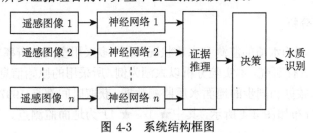

图 4-3 系统结构框图

1. 神经网络

对于神经网络模型的选择, 尽管 BP 神经网络有一些固有的缺点, 但是由于 BP 神经网络是全局逼近网络, 因而 BP 神经网络具有较好的推广性能。BP 神经网络的神经元采用的传递函数通常是 Sigmoid 型可微函数, 所以可以实现输入和输出间的任意非线性映射。在本方法中, n 个神经网络都采用 BP 神经网络。另外, 一般三层的网络就可以实现任意非线性映射, 所以本书的 BP 神经网络选择三层, 即输入层、隐层和输出层。其中, 由于每个遥感图像的光学性质不同、波段不同, 所以每个 BP 神经网络的输入层的神经元数目可由所采用的具体遥感图像确定, 隐层的神经元数目在网络训练过程中确定, 而输出层的神经元数目根据水质类别的编码确定。

在本方法中, 神经网络主要是用来获取水质类别的证据, 尽管为了使获取的证据可信度更高, 神经网络要求有大量样本的学习, 但实际情况是, 用于水质监测点的数量总是受限制的, 因而导致用来训练 BP 神经网络的样本偏少, 为了使神经网络的推广性能较好, 本节采用交叉训练的方法, 即先把有限的样本集随机地分为训练集和验证集, 而且训练集的数目要多于验证集的数目, 然后利用这些不同的训练集和验证集来训练神经网络, 最后通过比较, 找出训练误差最小的网络结构作为最终的 BP 神经网络结构。

2. 证据组合的算法实现

由于上述经过 "交叉训练" 的 BP 神经网络所获取的知识不亚于该领域专家的知识, 再对 BP 神经网络输出的结果归一化, 就可以作为 BPA。设第 n 个 BP 神经网络的输出是 $y_{n,i}$, 其中 $n = 1, 2, \cdots, N$, N 是 BP 神经网络的总个数, $i = 1, 2, \cdots, C$, C 是水质类别分类种数, 而将 $y_{n,i}$ 归一化后得到:

$$\widehat{y}_{n,i} = y_{n,i} \left/ \sum_{i=1}^{i=C} y_{n,i} \right. \tag{4-35}$$

然后将 $\widehat{y}_{n,i}$ 作为 BPA 值, 再利用证据组合规则, 即可得到最终的水质类别评价结果。

4.6.3　验证与分析

目前, 对于湖泊水质的监测及水质状况识别, 多采用空间分辨率较高的陆地卫星 (如 TM 等) 进行研究。本实验分析以太湖为例, 所采用的原始信息包括 Landsat 5 TM 遥感图像数据和同步的地面水质监测数据, 获取时间都是 1997 年 5 月 4 日。地面监测点的分布如图 4-4 所示, 其中★ 1～ ★ 11 为地面监测点。

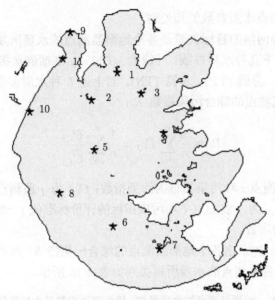

图 4-4　太湖水质地面监测点分布图 (部分)

1. 数据的预处理

在实验分析中, 将 TM 图像的灰度值转换为辐射值后作为一幅遥感图像, 而将 TM 图像的主成分分量作为另外一幅遥感图像。由于证据理论的组合规则要求组合的证据必须是独立的, 虽然 TM 图像的辐射值和主分量具有一定的相关性, 但是经过 BP 网络的训练 (非线性映射), 其得出相应的证据可以近似认为是独立的, 所以上述的模拟不同的遥感图像, 用来验证本方法是可行的。具体实现方法是在对 TM 图像进行大气校正的基础上, 用 TM 图像第 1 波段、第 2 波段、第 3 波段 3 个波段的辐射值 (分别记做 r_1、r_2 和 r_3) 和主成分分量 (第 1、2 和 3 主分量分别记做 p_1、p_2 和 p_3) 分别作为 BP 神经网络 1 的输入和 BP 神经网络 2 的输入。

1)TM 图像数据预处理

预处理包括辐射校正、几何校正和大气校正, 其中主要是大气校正。一般可通过 3 种途径, 即辐射传递方程式计算法、野外波谱测试回归法及多波段图像对比分析法进行大气校正。本实验采用多波段图像对比法中的直方图法, 将 TM 图像的第 1 波段、第 2 波段、第 3 波段这 3 个波段的灰度值分别减去 17、11 和 8, 然后利用 ENVI 3.4 将 TM 图像灰度值转换为辐射值。

2) 各个地面监测点的坐标转换

实验利用 MapInfo 7.0 来获取与各地面监测点相对应的 TM 图像的坐标。

3) 各地面监测点水质参数的预处理

由于 BP 神经网络的目标矢量是各个地面监测点的水质所属类别, 因此针对各监测点, 选择如下几种水质参数: 叶绿素 a(Chl a)、高锰酸盐指数 (COD_{Mn})、生化需氧量 (BOD_5)、总磷 (TP)、总氮 (TN)。对上述 5 种水质参数, 采用平均污染指数法求取某个监测点的综合污染指数 P_j:

$$P_j = \frac{1}{n}\sum_{i=1}^{n}P_{i,j} = \frac{1}{n}\sum_{i=1}^{n}\frac{C_{i,j}}{\widehat{C}_{i,j}} \tag{4-36}$$

式中, $P_{i,j}$ 为 j 监测点 i 项污染指标的污染指数; $C_{i,j}$ 为 j 监测点 i 项污染指标的年平均浓度值; $\widehat{C}_{i,j}$ 为 j 监测点 i 项污染指标的评价标准值 (一般取 III 类标准); n 为选取污染指标的项数。

根据式 (4-36), 先求出各个地面监测点的综合污染指数, 再对污染指数进行划分, 其所确定出的各监测点的水质所属类别如表 4-16 所示。

表 4-16　地面监测点的水质参数、综合污染指数及水质类别划分

项目	监测点 1	监测点 2	监测点 3	监测点 4	监测点 5
Chl a/(mg/L)	0.039	0.022	0.016	0.017	0.013
COD_{Mn}/(mg/L)	10.0	4.2	5.1	3.7	3.5
BOD_5/(mg/L)	1.4	1.6	1.7	1.4	1.3
TP/(mg/L)	0.130	0.110	0.080	0.070	0.100
TN/(mg/L)	5.43	2.39	4.42	2.96	3.58
P_j	5.76	3.10	4.12	3.04	3.60
水质类别	IV	II ~ III	IV	II ~ III	II ~ III
项目	监测点 6	监测点 7	监测点 8	监测点 9	监测点 10	监测点 11
Chl a/(mg/L)	0.016	0.017	0.008	0.047	0.016	0.022
COD_{Mn}/(mg/L)	2.7	2.5	2.3	5.9	4.0	5.0
BOD_5/(mg/L)	1.1	1.8	0.8	4.3	3.8	5.7
TP/(mg/L)	0.110	0.100	0.200	0.560	0.090	0.100
TN/(mg/L)	3.07	1.92	7.33	6.88	3.91	6.69
P_j	3.37	2.57	6.74	10.37	3.94	6.11
水质类别	II ~ III	II ~ III	IV	V	II ~ III	IV

依据太湖流域的实际情况, 综合污染指数与水质类别的量化关系为: ①$P_j \leqslant 2.0$, 以 I ~ II 类水质为主, 水质良好; ②$2.0 < P_j \leqslant 4.0$ 时, 以 II ~ III 类水质为主, 水质一般; ③$4.0 < P_j \leqslant 8.0$ 时, 以 IV 类水质为主, 水质较差; ④$8.0 < P_j \leqslant 12.0$ 时, 以 V 类水质为主, 水质很差; ⑤$P_j > 12.0$ 时, 以劣 V 类水质为主, 水质特别差。

4) 水质类别的编码

根据以上分析, 确定 BP 神经网络的希望输出编码如下。I ~ II 类水编码为: 0.1 0.1 0.1 0.1 0.9; II ~ III 类水编码为: 0.1 0.1 0.1 0.9 0.1; IV 类水编码为: 0.1 0.1 0.9

0.1 0.1；V 类水编码为：0.1 0.9 0.1 0.1 0.1；劣 V 类水编码为：0.9 0.1 0.1 0.1 0.1。

2. 实验分析

为了使 BP 神经网络的训练不至于出现训练饱和现象，需对网络的输入进行归一化处理。在 BP 神经网络交叉训练过程中，首先，不失一般性使 BP 神经网络 1 和 BP 神经网络 2 的训练样本和验证样本的划分一致，其次再逐渐调整隐层神经元数目，通过验证样本的验证精度、训练时间和迭代次数的对比来确定 BP 神经网络 1 和 BP 神经网络 2 的隐层神经元数目，经试验确定隐层神经元数目都为 10，网络的输入、目标及训练集和验证集的划分如表 4-17 和表 4-18 所示。其中训练集用于对 BP 神经网络进行训练，而验证集则用于在对 BP 神经网络训练的同时监控网络的训练进程。

表 4-17　经过交叉训练确定的神经网络输入、目标及样本集的划分 1

项目		训练样本							
		3	4	5	6	7	8	9	10
BP 神经网络 1 输入	r_1	0.677	0.645	0.807	0.774	0.807	0.807	0.129	0.774
	r_2	0.773	0.818	0.864	0.818	0.864	0.909	0.182	0.818
	r_3	0.487	0.568	0.730	0.622	0.595	0.757	0.243	0.730
BP 神经网络 2 输入	p_1	0.663	0.682	0.844	0.778	0.796	0.863	0.141	0.817
	p_2	0.174	0.298	0.399	0.283	0.238	0.438	0.127	0.412
	p_3	0.258	0.242	0.571	0.472	0.325	0.490	0.948	0.668
目标		0.1	0.1	0.1	0.1	0.1	0.1	0.1	0.1
		0.1	0.1	0.1	0.1	0.1	0.1	0.9	0.1
		0.9	0.1	0.1	0.1	0.1	0.9	0.1	0.1
		0.1	0.9	0.9	0.9	0.9	0.1	0.1	0.9
		0.1	0.1	0.1	0.1	0.1	0.1	0.1	0.1

表 4-18　经过交叉训练确定的神经网络输入、目标及样本集的划分 2

项目		验证样本		
		1	2	11
BP 神经网络 1 输入	r_1	0.516	0.774	0.742
	r_2	0.591	0.818	0.955
	r_3	0.324	0.757	1.000
BP 神经网络 2 输入	p_1	0.475	0.827	0.921
	p_2	0.051	0.444	0.775
	p_3	0.319	0.717	0.736
目标		0.1	0.1	0.1
		0.1	0.1	0.1
		0.9	0.1	0.9
		0.1	0.9	0.1
		0.1	0.1	0.1

验证样本的输出如表 4-19 所示。

表 4-19　BP 神经网络的输出结果

项目	监测点	输出				
BP 神经网络 1 输出	1	0.1125	0.3296	0.9990	0.0006	0.0781
	2	0.1000	0.1000	0.0914	0.9087	0.1000
	11	0.0999	0.1001	0.9995	0.0005	0.1001
BP 神经网络 2 输出	1	0.0832	0.1469	0.9256	0.0411	0.1230
	2	0.1000	0.1000	0.1935	0.8064	0.1000
	11	0.1002	0.1005	0.9955	0.0045	0.1001

对表 4-19 中 BP 神经网络 1 和 BP 神经网络 2 的输出先进行归一化处理，分别得到各类水质的 BPA 值，然后再将两者的 BPA 值进行融合，即进行证据组合，其结果如表 4-20 所示。

根据表 4-20 的证据组合结果，再结合水质类别的编码，就可以很容易看出 1、2 和 11 号地面监测点的水质类别判断正确。虽然 BP 神经网络 1 和 BP 神经网络 2 对 1、2 和 11 号监测点的水质判别也是正确的，但是所判断的水质所属类别与其他类别的差距较小 (以归一化的输出为参考)。以 1 号地面监测点为例，其 BP 神经网络 1 判别属于 IV 水质的概率为 0.657，而属于 V 类水质的概率为 0.217；BP 神经网络 2 判别属于 IV 水质的概率为 0.701，而属于 V 类水质的概率为 0.111；但是通过证据组合得到属于 IV 水质的概率为 0.932，而属于 V 水质的概率为 0.049，可见通过证据组合以后，属于某一类水质的 BPA 值与其他类别的 BPA 值的差距拉大，也即各地面监测点水质类别判断正确的可信度增大了。

表 4-20　BP 神经网络 BPA 值及融合结果

项目	监测点	I ～ II	II ～ III	IV	V	劣 V
BP 神经网络 1 输出	1	0.051	0.001	0.657	0.217	0.074
	2	0.077	0.699	0.070	0.077	0.077
	11	0.077	0.000	0.769	0.077	0.077
BP 神经网络 2 输出	1	0.093	0.031	0.701	0.111	0.063
	2	0.077	0.620	0.149	0.077	0.077
	11	0.077	0.004	0.765	0.077	0.077
融合结果	1	0.010	0.000	0.932	0.049	0.009
	2	0.013	0.939	0.023	0.013	0.013
	11	0.010	0.000	0.971	0.010	0.010

3. 与单一神经网络的比较分析

为了说明本节新方法比采用单一神经网络进行水质状况识别方法更具有优越性，从 "邻域参考" 和 "经验参考" 方面加以比较分析。所谓 "邻域参考" 就是考虑到某一地面监测点及其邻域的水质应具有相同的类别；所谓 "经验参考" 就是根据太湖的地理信息知识来识别水质类别 (如太湖的西北区，水质多为 V 类或劣 V 类，而南区水质则多为 II ~ III 类)。

1) 邻域参考

以 3 号地面监测点及其邻域某一点为例，对本书方法与神经网络方法的水质识别效果加以说明。若已知 3 号地面监测点的水质类别为 IV 类，则 3 号监测点周围的小区域的水质也应该为 IV 类水质。在对应的 TM 图像中，选取和 3 号监测点相距 2 个像素的某一点，其对应的经过归一化处理的辐射值 r_1、r_2 和 r_3 分别为 0.6774、0.7273 和 0.4595，经过归一化处理的主分量值 p_1、p_2 和 p_3 分别为 0.6160、0.2655 和 0.2081。在进行水质识别时，先把该点辐射值输入到 BP 神经网络 1、将主分量值输入到 BP 神经网络 2，然后分别对两个 BP 神经网络的输出进行归一化，得到归一化的输出值分别为 [0.0857 0.0963 0.9873 0.0114 0.1057]、[0.1 0.1 0.1284 0.8716 0.1]。由此判断 BP 神经网络 1、BP 神经网络 2 识别的水质分别为 IV 类、II ~ III 类，到底哪一类更可靠呢？把两类输出经 D-S 证据组合后的 BPA 值为 [0.052 0.058 0.766 0.060 0.064]，取与 BPA 值最大值对应的水质类别为识别结果，因此可判定与该点对应的水质类别为 IV 类水质，可见这种判断结果与邻域法的判别是一致的，这表明尽管 BP 神经网络 2 水质识别错误，但经过 D-S 证据推理融合后仍可以给出正确的水质判别。

2) 经验参考

以太湖 TM 图像的西北某一点为例来进行说明，该点对应的经过归一化处理的辐射值 r_1、r_2 和 r_3 分别为 0.2581、0.091 和 0.1351，而经过归一化处理的主分量值 p_1、p_2 和 p_3 分别为 0.1612、0 和 1，然后把该点的辐射值和主分量值分别输入到 BP 神经网络 1 和 BP 神经网络 2，再分别对两个 BP 神经网络的输出进行归一化，得到归一化的输出分别为 [0.1036 0.8971 0.0005 0.9653 0.1]、[0.1753 0.9991 0.0004 0.022 0.066]，由 BP 神经网络 1 的输出可判断该点的水质类别是 II ~ III 类，而由 BP 神经网络 2 的输出则可以判定该点的水质类别是 V 类，两者判定也不一致，由于根据经验法，太湖的西北区是重污染区，所以判定该点的水质类别是 V 类是合理的。根据经证据组合以后的 BPA 值为 [0.019 0.951 0.000 0.023 0.007]，可以判定水质类别是 V 类，其与经验法的判定是一致的。由此可见，当用 BP 神经网络 1 进行水质识别错误时，而经过 D-S 证据推理融合后，却可以给出正确的水质判别。

由上述分析可见，当两个神经网络对某一点的水质类别判定出现不一致时，证据组合仍可以给出正确的水质判别，这表明系统具有容错性，同时也说明，证据组合判别的水质较单一的神经网络方法更趋于合理。

进一步的研究工作是获取太湖同一时间的不同遥感图像 (光学遥感图像及 SAR

图像等),以便研究新方法用于太湖水质识别和评价软件系统的开发。

4.7 基于多尺度融合的对象级高分辨率遥感影像变化检测

4.7.1 问题分析

对象级变化检测方法 (object-based change detection,OBCD) 利用了对象固有形状及尺寸提取对象的特征,能够更加有效地识别对象内部的变化信息,是提高高分辨率遥感影像变化检测精度的根本途径。在众多变化检测算法中,遥感影像空间信息的多尺度分析始终是提高检测精度的重要手段之一。多尺度变化检测方法主要利用了变化信息的尺度相关性,即单一的尺度不足以提取不同尺寸、不同形状对象内部的全部特征。根据人类的视觉系统及专家知识,多尺度分析工具与对象级变化检测相结合能更加深刻地分析单个对象及其在两幅图像间的变化信息,检测结果较单一尺度更加可靠。尽管基于多尺度分析的 OBCD 算法能够有效提高算法的可靠性与准确性,但也面临如下几个主要的问题与挑战。

首先,多尺度下的对象级变化检测尽管可以直接利用光谱特征比较对象间的变化信息,但仅利用光谱特征不仅对图像配准精度有较高要求,同时对孤立点及噪声的鲁棒性较差,因此额外的特征,如纹理特征等,正越来越多地应用到对象级变化检测中。图像的纹理特征能够描述局部区域的空间颜色分布和光强分布。纹理特征种类众多且提取方法多样,如采用 LBP 方法 (local binary patterns) 提取影像的 LBP 纹理特征;利用灰度共生矩阵 (gray level co-occurrence matrix) 提取影像的对比度、熵特征等。在多尺度影像中如何定义合适的描述子从而综合反映对象的纹理特征与光谱特征,是提高检测精度的关键问题。其次,在绝大多数多尺度 OBCD 算法中,图像分割过程中提取的对象光谱与纹理信息仅仅被用于定位对象的边界,而没有被进一步用于后续的变化检测。这种策略不但割裂了影像分割与变化检测之间的联系,还会导致已有对象特征信息的丢失甚至重复计算。最后,多尺度变化检测在各个尺度中会产生不同的检测结果,因此设计有效的融合策略是另一个关键问题。

针对以上问题,本节提出了一种基于多尺度融合的对象级高分辨率遥感影像变化检测方法,主要包括数据准备与预处理、对象提取、对象特征提取及比较、多尺度融合。

4.7.2 对象提取

在几何配准的基础上,首先采用基于小波变换与改进 JSEG 算法的多尺度分割算法 WJSEG(Wavelet-JSEG) 算法提取对象所在的区域。选择 WJSEG 算法的主要原因包括:在分割过程中,WJSEG 算法会产生多尺度 J-image 序列。J-image

反映了原始影像的颜色分布，这也就是说 J-image 实质上是一幅包含尺度特征的梯度影像。因此，在不同时相影像的 J-image 中，对分割结果中的某一个对象只利用光谱特征进行相似性描述，即实际反映了对象在不同影像间光谱特征、纹理特征与尺度特征的相似性，能够有效克服单纯利用原始影像光谱特征所存在的不足。同时，这也意味着在后续的多尺度变化检测中无需重新计算多尺度影像。另外，与国际知名商业软件 eCognition 等相比，采用 WJSEG 算法不但能够准确地提取对象，更有利于提高变化检测过程的算法透明性与鲁棒性。

需要指出的是，在本节提出的算法中，将选择多时相影像中受到噪声以及阴影影响较小的一幅影像进行分割，并依据图像配准建立的坐标间映射关系。通过将所提取的边界分别叠加于多时相影像对应的所有尺度 J-image 影像中，从而获得统一的对象集合。另一方面，如果确实需要对每个时相的影像单独进行分割，从不同时相影像中获得的分割结果可基于配准的结果叠加在一起，并获得统一的对象集合，这两种分割方式在本节所提出的检测方法中都是被允许的。而无论采用哪种分割方式，在利用 WJSEG 算法进行分割时，计算 J-image 序列所采用的特定尺寸窗口应保持一致，以保证多时相遥感影像能够获得相同尺度下的多尺度 J-image 序列。

4.7.3 对象特征提取及比较

在提取对象后，需要选择合适的相似性度量来描述对象在不同时相影像中的相似性。常见的相似性度量包括各种距离如欧氏距离、马氏距离等，还包括直方图匹配、协方差等。Wang 等[53]提出的 SSIM(structural similarity) 综合考虑了向量的均值、方差和协方差，能够很好地表示向量间的相似性。向量 x 与 y 之间的结构相似度 $S(x,y)$ 定义如下：

$$S(x,y) = [l(x,y)]^\alpha \cdot [c(x,y)]^\beta \cdot [s(x,y)]^\gamma \tag{4-37}$$

式中，

$$l(x,y) = \frac{2\mu_x\mu_y + C_1}{\mu_x^2 + \mu_y^2 + C_2} \tag{4-38}$$

$$c(x,y) = \frac{2\sigma_x\sigma_y + C_2}{\sigma_x^2\sigma_y^2 + C_2} \tag{4-39}$$

$$s(x,y) = \frac{\sigma_{xy} + C_3}{\sigma_x\sigma_y + C_3} \tag{4-40}$$

式中，μ_x，μ_y，σ_x，σ_y，σ_x^2，σ_y^2，σ_{xy} 分别是 x 与 y 的均值、标准差、方差和协方差；α，β，γ 是 3 个分量的权重；C_1，C_2，C_3 是为了防止当分母接近零时产生不稳定现象所添加的常数。

当 $\alpha = \beta = \gamma = 1$, $C_3 = C_2/2$ 时，式 (4-37) 可简化为

$$S(x,y) = \frac{(2\mu_x\mu_y + C_1)(2\sigma_{xy} + C_2)}{(\mu_x^2 + \mu_y^2 + C_2)(\sigma_x^2 + \sigma_y^2 + C_2)} \tag{4-41}$$

$S(x,y)$ 越大，对象在两时相影像间的变化越小，相似度越高。另外，根据 SSIM 定义可以看出，SSIM 还具有如下特点：

(1) 有界。$S(x,y) \in [0,1]$。

(2) 对称。$S(x,y) = S(y,x)$。

(3) 最大值唯一。当且仅当 $x = y$ 时，$S(x,y) = 1$。

满足以上三个条件的相似性度量通常被认为能够更好地描述向量间的相似性。

与 SSIM 相比，各种"距离"不满足有界的条件，直方图匹配不具有对称性，协方差则不满足最大值唯一条件。因此，本节选择 SSIM 作为对象间的相似性度量。在某一尺度 J-image 中，计算分割结果中所有对象在两个时相影像间的 SSIM，进而可获得单一尺度下的变化检测结果。

4.7.4　多尺度融合

考虑到对象和变化信息对尺度的依赖性，为进一步提高变化检测精度，本节将两种决策级融合策略应用到所提出的对象级变化检测方法中。在融合过程中，本节进一步对对象的变化强度的等级进行了划分，将分割结果中的所有对象划分为剧烈变化、明显变化及非变化三类，以便为野外实际作业提供有价值的目标靶区。

1. 基于 D-S 证据理论的融合策略

D-S 证据理论利用多源信息对系统的整体进行归纳和分析，从而获得正确的决策，是一种解决不确定性推理问题的有效工具。其主要特点包括：满足比贝叶斯概率论更弱的条件；具有直接表达"不确定"和"不知道"的能力；不但允许将信度赋予假设空间的单个元素，而且还能赋予它的子集。基于这些优点，本节提出了一种基于 D-S 证据理论的多尺度融合策略 (下文中简称"证据融合策略")。D-S 证据理论的基本概念如下：

定义 U 是一个识别框架，在 U 上的基本概率分配 BPAF(basic probability assignment formula) 是一个函数 m: $2^U \rightarrow [0,1]$，且 m 满足

$$m(\varnothing) = 0 \tag{4-42}$$

$$\sum_{A \subseteq U} m(A) = 1 \tag{4-43}$$

式中，若 A 满足 $m(A) > 0$，A 称为一个焦元 (focal elements)，$m(A)$ 表示证据对 A 的一种信任度量。Dempster 合成规则 (Dempster's combinational rule) 定义如下：

对于 $\forall A \subseteq U$，U 上的 n 个 mass 函数 $m_i (i = 1, 2, \cdots, n)$ 的 Dempster 合成法则为

$$m = m_1 \oplus m_2 \oplus \cdots \oplus m_n(A) = \frac{1}{K} \sum_{\cap B_i = A} \prod_{1 \leqslant i \leqslant n} m_i(B_i) \tag{4-44}$$

式中，K 为归一化常数，其反映了证据的冲突程度，定义如下：

$$K = \sum_{\cap B_i \neq \varnothing} \prod_{1 \leqslant i \leqslant n} m_i(B_i) \tag{4-45}$$

在证据融合策略中，定义 D-S 理论框架 $U : \{JL, MX, N\}$。其中，JL 代表剧烈变化类；MX 代表明显变化类；N 代表非变化类。因此 2^U 的非空子集包括：$\{JL\}$，$\{MX\}$，$\{N\}$，$\{JL, MX, N\}$。对于每一个对象 $R_i (i = 1, 2, \cdots, P, P$ 是分割结果中对象的总数)，定义 S_{ik} 为 R_i 在不同时相间相同尺度 J-image 间的 SSIM，进而根据如下公式建立相应的 BPAF。

$$m_{ik}(\{JL\}) = (1 - S_{ik}) \times T \times \alpha_k \tag{4-46}$$

$$m_{ik}(\{MX\}) = (1 - S_{ik}) \times (1 - T) \times \alpha_k \tag{4-47}$$

$$m_{ik}(\{N\}) = S_{ik} \times \alpha_k \tag{4-48}$$

$$m_{ik}(\{JL, MX, N\}) = 1 - \alpha_k \tag{4-49}$$

式中，阈值 T 决定了剧烈变化类中变化的剧烈程度，$\alpha_k \in (0, 1)$，$(k = 1, 2, \cdots, M, M$ 是分割中尺度的总数) 代表了某一尺度对判别的信任度。根据 J-value 的定义可知，较小的尺度适合于检测对象的细节变化，而较大的尺度则能够有效减少噪声以及孤立点的干扰。因此，涉及的参数及阈值可根据经验或具体应用的实际需求人工设定。

定义决策规则如下：

Step1　对象 R_i，利用不同尺度下的 S_{ik} 计算 $m_i(\{JL\})$，$m_i(\{MX\})$，$m_i(\{N\})$ 和 $m_{ik}(\{JL, MX, N\})$：$m = m_1 \oplus m_2 \oplus \cdots \oplus m_M$。

Step2　若 $m_i(\{JL\}) > 0.8$ 或者 $m_i(\{MX\}) > 0.2$ 且 $m_i(\{JL\}) > 0.6$，则 R_i 为剧烈变化对象。

Step3　若 $m_i(\{MX\}) > 0.4$ 或者 $m_i(\{N\}) < 0.7$，则 R_i 为明显变化对象。

Step4　否则，R_i 为非变化对象。

Step5　重复 Step1 到 Step4，遍历分割结果中所有对象，获得最终的检测结果。

2. 加权融合策略

为了进一步证明与单一尺度的变化检测相比，采用多尺度分析能够较有效地提高检测精度，并获得更加可靠的检测结果，融合策略 2 采用简单的加权融合 (下文简称 "加权融合策略")。定义 $\alpha_l \in (0,1)$ 为单一尺度下检测结果所占的权重，其中 $l = 1, 2, 3, \cdots, M$。融合策略 2 的决策规则如下所示：

Step1 对于每个 R_i，S_{ik} 的合成公式为：$S_i = \alpha_1 \times S_{i1} + \alpha_2 \times S_{i2} + \cdots + \alpha_M \times S_{iM}$。

Step2 若 $S_i \in [0.85, 1]$，则 R_i 为非变化对象。

Step3 若 $S_i \in [0.3, 0.85)$，则 R_i 为明显变化对象。

Step4 否则，R_i 为剧烈变化对象。

Step5 重复 Step1 到 Step4，遍历分割结果中所有对象，获得最终的检测结果。

4.7.5 方法实现流程

综上所述，本节提出算法的具体实现流程如图 4-5 所示。

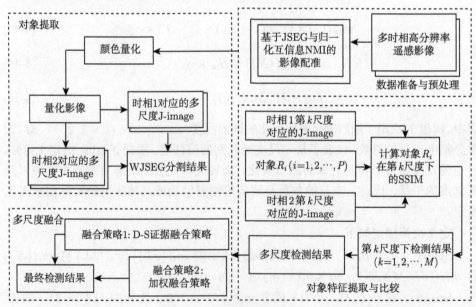

图 4-5　算法流程图

如图 4-5 所示，首先采用配准算法对多时相高分辨率遥感影像进行配准，进而采用 WJSEG 算法实现对象的提取。为了获得统一的地理对象，分割结果获得的边界将基于配准结果直接映射到不同时相影像的所有 J-image 影像中去。因此，对于分割结果中的每一个对象 R_i，在不同时相影像的相同尺度 J-image 中都能够确定

与 R_i 对应的区域。在此基础上，计算单一尺度下每个 R_i 的 SSIM，进而通过所提出的两种不同的融合策略获得变化检测结果，从而完成整个检测过程。

4.7.6 验证与分析

为全面地分析算法的性能，实验采用两组不同传感器类型的多时相高分辨率遥感影像，一方面将所提出算法分别与传统像素级、对象级变化检测算法进行比较，另一方面分析了尺度变化及不同融合策略对变化检测的影响。

实验中，传统像素级的变化检测方法选择经典的多波段变化矢量方法 (CVA, change vector analysis) 以及 Bruzzone 等提出的改进 CVA-EM 算法。CVA-EM 算法在 CVA 差异影像的基础上，通过引入 EM 算法估计高斯模型的相关参数，有效提高了检测精度。实验中两种算法 GMM 的分支数均设定为 2。对象级变化检测方法选择与 Hall 等提出的 MOSA(multi-scale object-specific approach) 检测方法。MOSA 算法采用基于标记点的多尺度分水岭分割算法分析并提取对象，进而采用阈值自适应的差值法获得最终的变化结果，能有效检测与尺度相关的变化信息。Hall 等认为 MOSA 算法中最精细尺度的检测效果最佳，因此本节只对该尺度检测结果进行精度评价。

1. 数据集 1 实验

实验数据集 1 由配准后影像#1、#2(图 4-6) 组成。影像#1 与影像#2 分别为 2009 年 3 月及 2012 年 2 月获取的航空遥感 DOM(digital orthophoto map) 数据，所在地区为中国江苏省南京市河海大学江宁校区，空间分辨率为 0.5m，图像

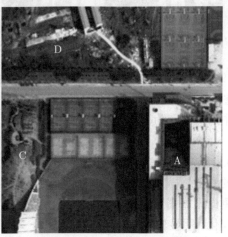

(a) 影像#1 2009 年河海大学江宁校区　　　　(b) 影像#2 2012 年河海大学江宁校区

图 4-6 数据集 1 航空遥感 MODIS 数据

大小为 512×512 像素。

由于数据集 1、数据集 2 影像的采集时间分别为冬末春初 (2~3 月) 及春末夏初 (6~7 月)，因此植被覆盖类别相近，有利于进行变化监测。比较数据集可以发现，场景中存在典型的地物变化 (如既有结构复杂的人造目标发生变化，也有微小的植被细节变化等)，都包含丰富的地物种类如植被、湖泊、道路、建筑等。另外，受光照变化影响，数据集 1 中影像#2 存在大量阴影区域。因此，在数据集 1 中，本节选择对影像#1 进行分割。

计算 J-value 的窗口被设定为 20×20 像素、10×10 像素和 5×5 像素，因此 $M = 3$。图 4-7(a) 和图 4-7(b) 展示了用 20×20 像素窗口计算的最大尺度 J-image 影像，称为尺度 1。

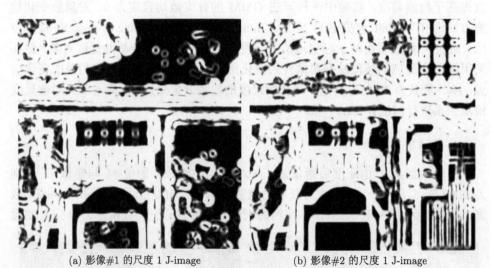

(a) 影像#1 的尺度 1 J-image　　　　　(b) 影像#2 的尺度 1 J-image

图 4-7　不同时相影像的 J-image

采用 WJSEG 方法在影像#1 中提取的边界和一个对象 R_i 如图 4-8 所示。图 4-9 展示了在影像#2 的第二尺度 (用于计算 J-value 的窗口尺寸为 10×10 像素) 中对象 R_i 对应的区域。

令参数 $C_1 = 0.2, C_2 = 0.8$。在证据融合策略中，令参数 $T = 0.3, \alpha_1 = 0.7, \alpha_2 = 0.8, \alpha_3 = 0.9$。为了能够进一步分析及比较两种融合策略的性能，加权融合策略中的参数 $\alpha_1, \alpha_2, \alpha_3$ 赋值与证据融合策略相同。数据集 1 中两种融合策略的变化检测结果如图 4-10(a) 和图 4-10(b) 所示。在图中，不同颜色代表对象分别属于剧烈变化、明显变化和非变化区域。

图 4-11、图 4-12 和图 4-13 分别展示了采用 MOSA、CVA 和 CVA-EM 算法的变化检测结果。

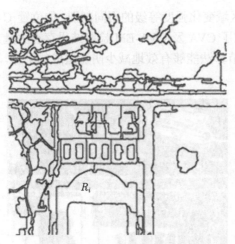

图 4-8 影像#1 的分割结果

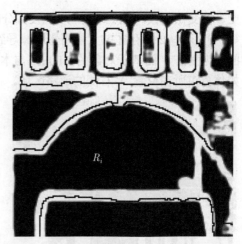

图 4-9 R_i 在影像#2 第二尺度中对应的区域

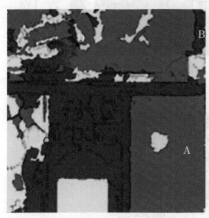

(a) 证明融合策略

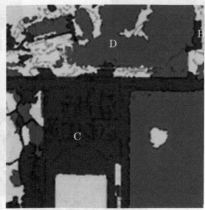

(b) 加权融合策略

剧烈变化区域

明显变化区域

非变化区域

图 4-10 本节方法数据集 1 检测结果

为便于目视分析，影像上标识了 2009~2012 年河海大学江宁校区实际地物变化位置，主要变化包括建筑物、篮球场、植被以及其他不规则的人造目标。变化位置 A 为新建的学校体育馆；B 为新建的篮球场，相邻蓝色区域为新建的手球场；C 为退化的草坪；D 为建筑工人搭建的临时板房。

通过目视分析对比图 4-10 与图 4-11、图 4-12、图 4-13 可以看出：①CVA 及 CVA-EM 主要漏检了位置 B 的篮球场与手球场区域；MOSA 对复杂的结构变化检测效果较差，如位置 D。②本节算法的两种融合策略都有效地监测到了 4 个标识位置的变化信息。两种融合策略监测结果对规则的人造目标如位置 A、B 检测结果基本相同，差异主要体现在多种目标混杂的复杂背景区域，加权融合策略检测出了更多的变化区域，如位置 D 等，以及部分区域变化强度等级的不同判别，如位置 C 等。③影像#2 中存在的大量阴影区域导致了 CVA 及 CVA-EM 检测结果存在大量的"伪变化"，而基于对象的 MOSA 与本节算法能够有效地减少阴影造成的干扰，如体育馆所在位置 A 右侧的道路区域。

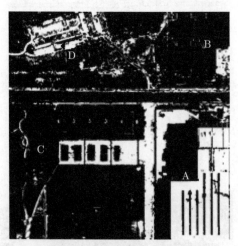

图 4-11　MOSA数据集1检测结果　　　　　　图 4-12　CVA数据集1检测结果

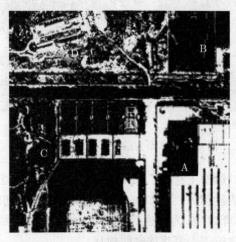

图 4-13　CVA-EM 数据集 1 检测结果

为进一步定量分析不同检测方法的性能，在实地考察和对影像可视化分析的基础上，从数据集 1 中选择一组包含 7523 个变化像元与 8861 个不变像元的样本数据，将其视为参考变化结果，采用误检率、漏检率、总体精度、Kappa 系数 4 个指标来评价不同算法的性能，如表 4-21 所示。

表 4-21 数据集 1 变化检测精度及误差

方法/指标	总体精度/%	误检率/%	漏检率/%	Kappa 值
证据融合策略	87.3	11.12	17.21	0.7212
加权融合策略	86.8	12.95	15.96	0.7074
MOSA	84.64	14.35	16.49	0.6878
CVA	81.2	13.29	30.5	0.6531
CVA-EM	83.5	12.59	23.32	0.6796

通过表 4-21 可以看出：①本节提出的多尺度对象级变化检测算法明显优于其他两种像素级检测方法以及 MOSA 检测算法，与目视分析结果一致。两种融合策略的总体精度与 Kappa 系数分别达到 87.3%和 0.7212，86.8%和 0.7074，漏检率远低于两种像素级检测算法；虽然证据融合策略漏检率略高于 MOSA 算法，但误检率更低且总体精度更高。②证据融合策略采用了基于 D-S 证据理论的决策融合，在实验中性能最优，仅漏检率略高于加权融合策略。③加权融合策略对不同尺度的检测结果采用了简单的加权数据融合，误检率略高于 CVA-EM 算法，但漏检率最低。

2. 数据集 2 实验

数据集 2 采用空间分辨率为 5m 的 SPOT 5 全色–多光谱融合影像#3、#4 (图 4-14)，尺寸均为 1024×1024 像素。融合波段包括全色波段以及红、绿、近红外波段。影像#3 与影像#4 的获取时间分别为 2004 年 6 月及 2008 年 7 月，所在地区为中国上海。

(a) 影像#3 2004 年上海地区　　　　　(b) 影像#4 2008 年上海地区

图 4-14 数据集 2 SPOT 5 全色–多光谱融合数据

与数据集 1 相比，数据集 2 的分辨率略低且背景更加复杂，因此在对象提取时采用更小的窗口尺寸：9×9 像素、7×7 像素以及 5×5 像素。设定 $C_1 = 0.2, C_2 = 0.8$，阈值 $T = 0.4$，$\alpha_1 = 0.8$，$\alpha_2 = 0.9$，$\alpha_3 = 0.95$。检测结果如图 4-15 所示。

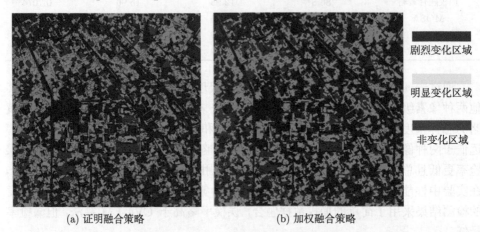

剧烈变化区域

明显变化区域

非变化区域

(a) 证明融合策略　　　　　　　　　　(b) 加权融合策略

图 4-15　本节方法数据集 2 检测结果

采用 MOSA，CVA 算法以及 CVA-EM 算法检测结果如图 4-16、图 4-17 和图 4-18 所示。

图 4-16　MOSA 数据集 2 检测结果　　　　　图 4-17　CVA 数据集 2 检测结果

参照数据集 1 实验，选取图像上一组包含 7523 个变化像元与 8861 个不变像元的样本数据，将其视为参考变化结果，计算不同方法的检测精度指标，如表 4-22 所示。

图 4-18   CVA-EM 数据集 2 检测结果

表 4-22   数据集 2 变化检测精度及误差

方法/指标	总体精度/%	误检率/%	漏检率/%	Kappa 值
证据融合策略	85.2	13.75	18.98	0.7058
加权融合策略	85.1	14.83	15.42	0.6996
MOSA	83.7	15.02	17.25	0.6857
CVA	80.6	16.39	29.32	0.6531
CVA-EM	81.2	14.59	24.57	0.6647

　　通过上表可以看出：①数据集 2 实验结果的精度指标与数据集 1 获得的结论基本相同。由此可见，与传统单一尺度的像素级变化检测算法相比，本节提出的基于对象的多尺度变化检测方法在高分辨率遥感影像变化检测中能够显著提高检测精度，同时有效减少"伪变化"。另一方面，与常规对象级检测方法相比，本节算法除漏检率与 MOSA 算法相当外，其他各项精度指标尤其是总体精度及 Kappa 系数均明显优于 MOSA 算法。②在数据集 2 中各算法总体检测精度较数据集 1 均有所下降，主要是数据集 2 中影像空间分辨率降低造成的。空间分辨率的降低导致了场景中包含多个目标的混合像元比例增加，同时增加了分割算法准确定位对象边缘的难度。③两组实验结果表明证据融合策略可以有效抑制误检率而加权融合策略可以有效降低漏检率。因此在具体应用中，可从降低误检率和漏检率两方面的实际要求选择合适的融合策略。

3. 尺度依赖性及融合策略分析

　　为进一步分析变化对尺度的依赖性以及两种融合策略对检测结果的影响，实验从两个方面进行了比较：检测结果的精度评价以及不同变化强度区域所占面积的比例。

　　参照上文两组实验，对多尺度 J-image 影像序列中的每一个尺度 J-image 分别进行变化检测，利用 SSIM 检测变化对象的判别区间与加权融合策略的判别区间相同。不同尺度以及不同融合策略获得的总体精度、误检率、漏检率以及 Kappa 系数如图 4-19 所示。

　　通过比较图 4-19 中各个尺度及不同融合策略检测结果的精度指标可以得出如下结论：单一尺度下的变化检测结果间存在较大的差异，各项检测精度指标都明显低于两种融合策略，进一步证明了变化信息对尺度具有依赖性，单一尺度的检测结果并不可靠，而多尺度融合策略能有效提高变化检测精度。同时，通过与表 4-21 和表 4-22 的比较可以看出，所提出算法在单一尺度下获得的总体精度依然相当或明显好于 CVA 和 CVA-EM 算法。

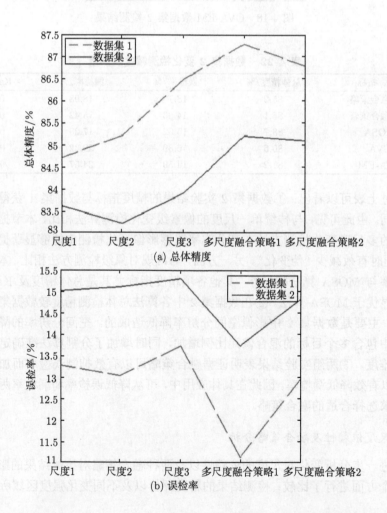

(a) 总体精度

(b) 误检率

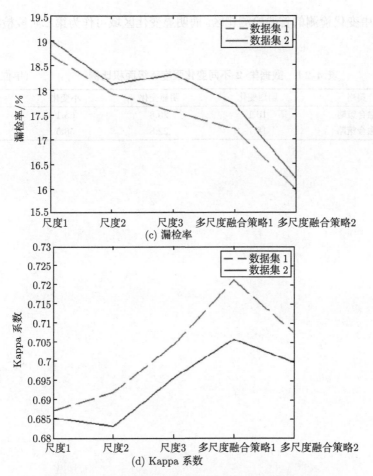

图 4-19 尺度依赖性分析及两种融合策略精度评价

4. 不同融合策略变化强度差异分析

通过对两组实验中两种融合策略的检测结果进行统计分析,属于不同变化强度的区域所占的比例如表 4-23 和表 4-24 所示。

表 4-23 数据集 1 不同变化强度等级面积比例 （单位: %）

融合策略	剧烈变化	明显变化	不变化	总计
证据融合策略	11.3	10.4	78.3	100
加权融合策略	10.2	16.6	73.2	100

从表中可以看出,两种融合策略检测出的剧烈变化区域面积相当 (分别为 10.2%~11.3%及 16.1%~18.7%),且大部分区域重叠。因此,剧烈变化区域可设定为

实际应用中变化检测的首要检测靶区。而明显变化区域可作为第二阶段检测的重点区域。

表 4-24　数据集 2 不同变化强度等级面积比例　　　　　　（单位：%）

融合策略	剧烈变化	明显变化	不变化	总计
证据融合策略	16.1	20.8	63.1	100
加权融合策略	18.7	22.8	58.5	100

第5章 灌区水情信息源分析及渠系水情态势评估系统

灌区水情信息主要来源于传统的人工观测数据以及近几年逐步建立起来的水情自动采集系统、信息管理系统等。由于现有实时信息源的覆盖面极为有限，难以直接通过多传感器信息融合途径实现准确估计和预测实体状态的目的。设法利用渠系水流非恒定流仿真模型等领域知识，增加新的信息源是一条可行的技术途径，对此需要加以分析。同时，为构建一个较为完整的灌区渠系水情态势评估方法，还需要针对灌区特点，研究提出基于信息融合的态势评估体系结构，并明确其信息融合的功能模型和结构模型。

5.1 灌区渠系水情态势评估需求分析

全国现有设计灌溉面积 2 万 hm² 以上的大型灌区 430 多处，设计灌溉面积0.33 万 ~2 万 hm² 的重点中型灌区 1500 多处，由于建设投入和维护更新费用等方面的限制，灌区信息化系统的覆盖范围受到很大限制，灌区运行调度仍面临实时水情数据不足的问题。与此同时，基于实时监测数据的灌区渠系水情态势预测、分析、判断评价等应用研究明显滞后，依靠相互孤立的水情监测数据实际上仍难以进行有效调度，灌区信息系统处于"重硬轻软"的状况，有限的实时监测数据尚难以发挥更大作用[75-82]。

灌区建设关系国家粮食安全和主要农产品的稳定供应，随着农业现代化的推进和灌区工程改造的顺利进行，灌区信息化建设已被提到重要议事日程。《全国大型灌区续建配套与节水改造规划》要求积极稳妥地推动大型灌区信息化建设，提高灌区现代化管理水平、提高管理效率、降低管理成本，把计算机技术、自动控制技术、信息技术、系统工程技术、地理信息系统等应用于灌区管理。但因历史欠账多，信息化基础设施极为薄弱，加上灌区数量巨大，不可能走依靠大量投入硬件设备首先实现灌区自动化、进而实现信息化的传统技术路线。我国灌区信息化建设应该也必须走"应用至上、业务驱动、硬件建设适度、软件功能齐全、便于操作、便于维护"的技术路线。因此，积极引进先进的信息技术，挖掘并充分利用灌区已有各种信息资源，研究基于多源信息融合的灌区渠系运行态势评估方法及其关键技术，改变灌区运行调度仍主要依靠管理者经验这一状况，是当前我国灌区信息化建设提出的重要课题。

5.1.1　国内外研究现状

1. 灌区水情信息化研究现状

国外已广泛开展灌溉渠系自动化与灌区水管理技术的研究，并构建了集"信息采集—处理—决策—信息反馈—监控"为一体的灌区用水信息调度系统。如美国自 20 世纪 60 年代中期开始渠系自动化的研究，实现了水资源合理配置和灌溉系统优化调度。美国垦务局等单位曾尝试渠系自动化，主要是通过建立自动闸门等控制设备进行水量的分配，借此提高灌溉系统的自动化程度。美国加州大学灌溉培训与研究中心曾在美国的部分灌区试验过不需要电子和动力设备的水力自动闸门，造价比较低，效果良好。美国佛罗里达大学针对佛罗里达州的农业特点开发了 AFSIRS 系统，用户可以使用该系统，根据作物类型、土壤情况、灌溉系统、生长季节、气候条件和管理方式等诸多变量，估计出对象区域的灌溉需水量。该系统收集了佛罗里达州 9 个气象观测站的长期观测资料，比较全面地反映了佛罗里达州的气象条件，在佛罗里达州得到广泛应用。澳大利亚对灌区灌溉管理也十分重视，澳大利亚农业产量研究机构 (APSRU) 研究开发了 APSIM 系统，该系统通过一系列互相独立的模块 (如生物模块、环境模块、管理模块等) 来表现被模拟的灌溉系统，这些模块之间通过一个通信框架 (也称为引擎) 进行连接。日本自 20 世纪 70 年代后期开始执行 "农业水利设施水管理系统化" 国家级研究项目，致力于研究开发并广泛应用灌区水管理自动化技术，全面实现了灌区水情、雨情、工情、视频等信息的采集、传输、处理、存储的自动化以及泵站、闸门的现地自动控制和远程集中控制，较为偏远的监测、监控站点实现了无人值守，大幅度提升了日本全国农田水利工程的运行调度水平和安全性能。

国外关于渠系优化配水方面的研究也比较早，主要针对不同季节或季节内农场灌溉水资源的优化配置问题。随着遥感技术和计算机技术的发展，许多国外科研工作者在研究渠系优化配水过程中，对利用遥感图像解译获得土壤墒情数据进行了深入的理论研究，并取得了一定的进展。

国内部分灌区自 "十五" 期间开始进行信息化建设试点，目前多数试点灌区已经初步搭建起水情自动采集、闸门远程控制、视频监视、通信网络、计算机网络、数据库等灌区信息化系统的框架。还通过 "948" 项目引进了由澳大利亚 Rubicon 公司研制开发的全渠道控制系统，该系统充分体现了灌溉供水的安全性、公平性、可靠性和灵活性。灌溉季节可将每段渠道视为一个 "蓄水池"，渠道上的每个闸门自动调节，通过计算机和通信网络对整个灌区或部分灌溉区域的输配水进行管理，实现整个渠系网络的全局控制和水量的智能化调配。

　　国内还围绕灌区水情信息化进行了多方面的相关研究。例如,中国灌溉排水发展中心从不同角度研究并提出了我国大型灌区信息系统的体系结构、主要功能以及实现信息化的关键技术。

2. 计算机仿真技术在水利工程建设和管理方面的研究现状

　　计算机仿真技术在国内外水利工程建设和管理中已有深入研究和广泛应用,如洪水演进、溃坝过程、明渠非恒定流、流域水资源管理、区域排水、土壤水盐运动、面源污染等。如美国 ASCE 灌溉渠系水力模拟专门委员会曾组织研究人员对 USM、CARIMA、Canal、Duflow、Modis 等模型进行分析和比较,从技术要求、模拟能力以及适用性等角度提出了渠道非恒定流模拟的评估标准。

　　计算机仿真技术在明渠非恒定流特别是明渠调水工程方面的研究,对本书研究具有较为直接的参考和借鉴意义。国外针对灌区渠系运行数值仿真技术也进行了系统地研究和应用。如日本在执行"农业水利设施水管理系统化"国家级研究项目时,研究并广泛应用了计算机模拟技术,全面提升了灌区工程的设计水平和运行管理水平,但其目的主要是从系统化角度测试灌排系统或重要建筑物的运行能力,比较技术改造方案和运行调度方案。国内对此也曾进行过一些研究。总体上,国内针对灌区渠系运行仿真技术的研究项目不多,取得的应用成果更为有限,目前尚处于起步阶段。

5.1.2　存在的问题

1. 单纯依赖灌区水情监测数据难以准确进行态势预测

　　随着信息化及相关技术的快速发展,取得的科技成果和已经建立的工业基础完全可以支持灌区水情监测、监控系统的建设,但基于建设费用、维护更新费用等方面的考虑,我国灌区信息化系统的覆盖范围受到很大限制。通常在水源、渠首、干渠上的主要节制闸等处设置监测站并提供实时监测数据,但干渠的绝大多数渠段及一般建筑物、支渠及支渠建筑物则较少有实时监测数据,斗渠等用水的实时监测数据更为缺乏。此外,监测数据局限于已经过去的时间和已经发生的事件,单纯依赖监测数据外推系统未来状态存在很大的不确定性。就是说,尽管部分灌区初步建立起水情监测系统,但通过有限的实时监测数据仍难以全面把握灌区渠系的运行状态以及未来的变化趋势,灌区运行调度面临实时水情数据不足和监测系统难以充分发挥作用的问题。

2. 已建灌区渠系运行仿真系统尚不能反映实际系统运行状态

　　已经研究开发的灌区渠系运行计算机仿真系统主要针对非在线应用目的,如用于工程或设施的设计或改进设计方案比选、测试系统或重要建筑物的运行能力、管理设施的性能、评估运行方案的合理性和可行性、揭示存在的问题、探求改进措施等。尽管实时仿真被认为是仿真的高级模式，也只是强调"所设计的仿真系统与所仿真的系统具有相同的时间行为"，并不针对自动跟踪和在线运行的要求，故研究重点在于快速算法、并行算法等。灌区渠系运行计算机仿真系统难以在线运行的主要原因是实际系统存在不确定性，其影响随时间不断积累，最终导致计算机仿真系统显著偏离实际系统。实现灌区渠系运行仿真系统自动跟踪实际系统需要必要的实时反馈信息，这些信息既包括灌区水情实时监测系统可以提供的水源、闸门等重要设施的实时监测数据，也包括灌区水情实时监测系统尚不能完全提供的用水状况、一般闸门操作等信息，这些设施的实际运行状态往往存在显著的不确定性，如何估计并考虑这些不确定性是一个尚未解决的问题。

3. 已有预报校正方法尚难用于灌区渠系水情态势评估

信息融合的多数研究局限于 JDL 模型的第一、二层次，在高层次实现的信息融合成果很少。另外，尽管信息融合理论和技术在民用领域得到重视，取得了一些研究成果和应用成果，但与军事领域比较差距明显。就水利工程领域而言，水情信息融合研究在水文预测预报方面已经取得一些研究成果，但适用于灌区的并不多见。一方面，由于渠道不同于天然河道，其间存在众多在运行期间需要经常调节的节制闸、分水闸等控制建筑物，水流不仅要服从水动力学方程，而且受制于这些建筑物的控制模型和调度规则，难以完全线性化，也难以直接采用卡尔曼滤波等广泛使用的校正方法。另一方面，灌溉系统的不确定性不仅显著，而且除随机性、模糊性、不精确性外，还具有明显的不遵守用水计划的 "非计划性"，难以完全归结为系统噪声，需要另行考虑。总之，尽管近几年来信息融合在洪水预报实时校正、水文测验和数据处理、水旱灾害管理、水资源和水环境评价等领域受到广泛关注，但已有水情信息融合研究成果尚难以直接用于灌区渠系水情态势评估。

5.2　灌区业务流程和信息流程

灌区运行管理涉及的主要业务内容是农田灌溉和排水，部分灌区还承担工业和生活供水、发电、防汛等任务。农田灌溉和排水业务包括制定灌区灌溉计划 (包括引水计划、配水计划、用水计划等)、灌区排水计划、运行调度和实时监测、用水计量、运行记录整编以及征收水费等业务，还要承担与此有关的工程管理等业务。灌区工程设施包括水源工程、各级灌溉渠道和排水沟道、泵站、进水闸、节制闸、分水闸、泄水闸、排水闸、量测水设施、田间工程以及渡槽、倒虹吸、跌水等其他工程设施等。灌区通过对这些工程设施的科学调度维持良好的灌溉、排水秩序，保证工程设施安全运行，满足灌溉排水需要，实现工程运行管理目标。灌区业务和信息流程如图 5-1 所示，其中信息源主要包括位于水源、进水闸、泵站、渠道断面、渠系建筑物等处的自动或人工观测站点，运行调度中可以控制的对象主要是各类闸门、水泵等。

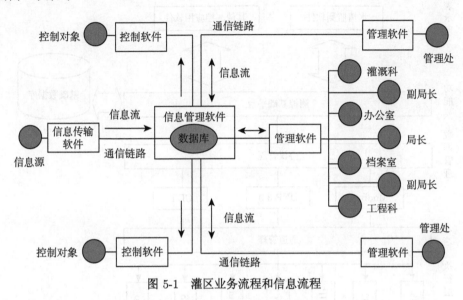

图 5-1 灌区业务流程和信息流程

5.3 灌区水情监测数据的适用性和局限性分析

5.3.1 灌区水情信息的种类

灌区水情信息主要包括河流的水位、断面流量，水库的入库流量、下泄流量、蓄水量，灌区渠首引水流量、退水流量，各级渠道的水位 (水深)、断面流量、流速等，闸门上下游水位 (水深)、开度、过闸流量等，水泵的扬程、流量、效率等，以及各类用水流量等。灌区水情监测的目的是采集、处理、传输、存储以及应用上述信息。

灌区水情数据数量多、分布范围广、数据采集难度大。这些数据按照采集方式分为人工测报和自动测报，目前以人工测报为主，即使建立了水情监测系统的灌区也只有部分重要水情数据采用自动测报方式。

5.3.2 灌区水情监测系统的功能和结构

灌区水情监测系统能否作为灌区渠系水情信息融合的信息源及其应用上的限制，无疑对构建灌区渠系水情态势评估系统具有重要影响，对此需要进行分析。典型的灌区水情实时监测监控系统通常划分为数据采集、闸门监控、视频监视、数据传输和计算机网络、数据库、业务应用等子系统,其体系结构如图 5-2 所示,各子系统的功能和结构分述如下。

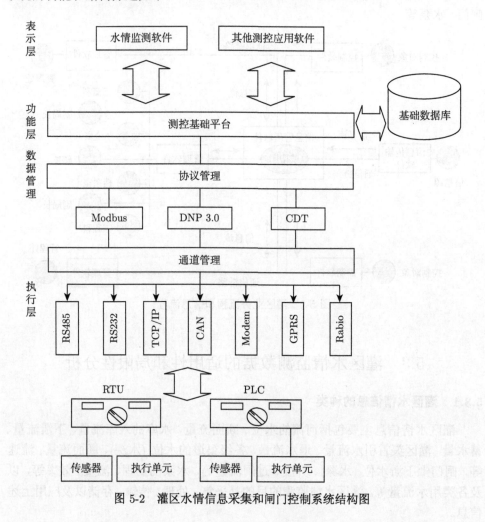

图 5-2　灌区水情信息采集和闸门控制系统结构图

1. 数据采集子系统

静态资料通常在信息化建设过程中由人工收集、整理并录入灌区基础数据库,仅在必要时予以更新;动态资料需要根据其特点定期或不定期进行采集,然后更新数据库。对实时数据而言,由于其更新时间短,且灌区管理需要及时掌握这些数据,所以靠人工采集已不能适应灌区运行调度需要,需要采用自动化技术进行实时信息采集。

目前，我国灌区已经建立的数据自动采集系统主要包括对水源状况、重要闸门运行状况、大中型泵站运行状况、骨干渠道交接水断面水情、重要配水点配水状况以及水质、气象、土壤墒情等信息进行自动采集。灌区信息自动采集系统目前主要参照水文自动测报系统构建，其工作方式有自报式、应答式以及混合式，其中应答式除可即时招测外，定时招测的时间间隔一般为 10~20min。水工建筑物的安全监测信息等变化较为缓慢的监测项目一般采用定时报送结合人工指令响应的工作方式；变化频繁或重要信息常采用混合工作方式，即当监测数据超过规定变化范围时主动上报监测数据，同时响应监测中心招测指令反馈最新监测数据。

数据自动采集系统由现场监测设备和接收端设备组成。典型现场监测设备和接收端设备如图 5-3 所示，现场监测站设备包括 RTU(遥测单元)、水位传感器、流量传感器、通信单元和供电单元等；接收端设备包括通信控制机、数据库服务器和水情工作站等。灌区水情信息自动采集系统的接收端和现场监测端采取"一对多"或"多对多"的布置方式，但一个监测对象(渠道断面、工业用水户等)基本上只设一个监测站，一个监测项目(水位、流量等)也只设一个相应的传感器，信息上没有冗余。

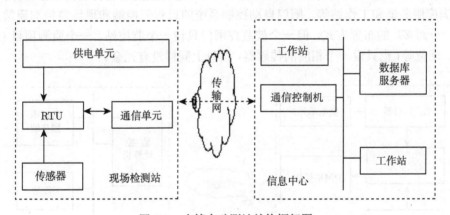

图 5-3 水情自动测站结构框架图

随采集对象不同，使用的传感器也不相同，除水位传感器、流量传感器外，还使用水质传感器、雨量传感器、土壤墒情传感器等。水位传感器大多使用浮子式水位计、压力式水位计以及超声波水位计，分辨率可以达到 1cm，满足或基本满足有关规范要求。流量的量测方法比较多样，各具优缺点。小型渠道基本上采用专用量水建筑物量水，精度可满足管理需要，技术上可以实现在线监测，但因数量多，管理维护难度大，目前只有极少部分实现了自动监测。大中型渠道传统上采用流速仪测流，精度较高但费时费力，只能每天测量几次，实时性不强。在灌区信息化建设中，部分大中型渠道采用明渠超声波测流，量测精度较高且可在线监测，但建设费用较高；有的大中型渠道利用闸门量测水，精度取决于现场率定和流态变化，一般情况下精度不高但可在线监测。泵站管道输水部分采用电磁流量计量测水，实时性和精度均较好。

2. 闸门监控子系统

广义的渠系自动化系统是指包括渠道量测水、闸门自动控制、用水决策等在内的完整的测量、控制、决策、调度系统，而狭义的渠系自动化系统则仅指闸门自动控制。闸门自动控制在发达国家已有广泛应用，如美国农场的有压灌溉系统多采用自动控制方式运行；日本灌区的主要闸门也大多实现了现地自动控制和远程集中控制，可以无人值守自动运行。闸门自动控制在我国尚处于起步阶段，这与我国灌区建设标准偏低、管理水平不高、劳务费用便宜等原因有关，也与自动化设备维护费用高、对运行环境要求苛刻等原因有关。

闸门自动控制系统由现场监控设备和远程监控端设备组成。典型现场监控设备和远程监控端设备如图 5-4 所示，现场监控设备包括 PLC(可编程控制器) 监控单元、水位传感器、闸位传感器和供电单元等；远程监控端设备包括监控计算机、数据库服务器和工作站等。闸门自动控制系统的远程监控端和现场监控端通常采取"一对多"的布置方式，但一个被监控闸门只设一个监控站，一个监测项目 (水位、闸位等) 也只设一个相应的传感器，信息上同样没有冗余。

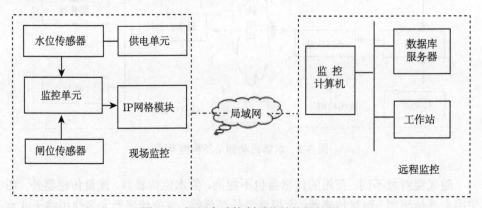

图 5-4　闸门自动控制系统结构框架图

闸门自动控制方式主要有设定开度、设定下泄流量、设定上游水位、设定下游水位四种。其中设定开度最为简单，采用开环控制即可实现；其他三种控制方式因受水流变化影响，需要具备闭环控制功能才可以实现。这四种控制方式在国外均有应用，但我国目前的闸门自动控制系统通常只采用设定开度一种控制方式，部分由国外引进的设备虽具有其他控制方式，但因种种原因并未得到实际应用。

3. 视频监视子系统

实现闸门自动控制特别是远程控制需要配备现场视频监视功能,除全面监视机房设备的运转情况外,开启闸门和水泵时还需要观察机房周边渠道的状况,如有人过渠或在渠道中放牧、牲畜等情况时,必须及时发出警报,避免发生溺水事故。

闸门视频监视系统由现场视频监视设备和接收端设备组成。典型现场视频监视设备和接收端设备如图 5-5 所示,现场视频监视设备包括视频编码器、监视计算机、摄像机等;接收端设备包括监视计算机、视频服务器等。

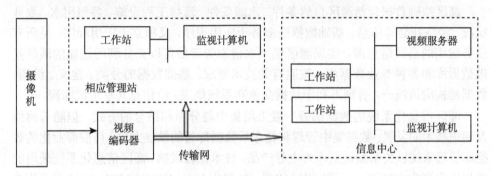

图 5-5　视频监视系统结构框架图

4. 数据传输和计算机网络子系统

灌区通信系统覆盖面积大,区域内地形复杂,野外节点多,且有时无市电供给,通信链路总长大多在几十公里以上,甚至几百公里,因此对投资和技术都提出了很高的要求。目前电信无线公网已基本覆盖大部分灌区,且信号质量较好。因此在电信部门可以提供数据传输业务以及信道租用费用可以接受的情况下,信息采集点一般利用 GPRS 或 GSM 方式传输数据。闸门控制信号以及视频监视信息一般只在闸侧与现地控制室之间传输,距离较短,故不少都采用敷设光缆的方式。需要远程 (如由闸门测控站到信息中心) 传输视频信号时,通常租用公网,如 VPN/SDH 或通过宽带上网传输,但也有不少灌区采用自建光纤或扩频微波等通信链路方式。信息分中心和信息中心之间,一般通过电信宽带接入,借助互联网 (Internet) 实现信息的双向传输。今后,电信公网的覆盖面将越来越宽、可靠性越来越高、租用费用越来越低,将成为灌区通信的主要方式。

大型灌区一般实行分级管理,各级管理机构往往分布在不同地点,且计算机应用日渐普及。为了方便各计算机之间实现数据共享,信息化建设试点灌区除在各级管理机构内部建设了计算机局域网外,还建设了计算机广域网,以便所属管理机构之间进行数据通信。另外,为了利用 Internet(互联网) 上丰富的资源和更好地对外交流,通常还将局域网与 Internet 互联。

5. 数据库子系统

灌区业务涉及的信息可以分为五类：灌区基础数据、灌区实时数据、灌区多媒体数据、灌区超文本数据及灌区空间数据。灌区数据使用对象按照地理属性划分一般有三种：一是各个监测站点的现地使用者；二是属地管理站所 (信息分中心) 的使用者；三是管理局及各职能科室 (信息中心) 的使用者。信息存储与管理是整个灌区信息化应用系统建设的基础，它的设计及架构合理与否关系到整个系统的运行效率。

灌区基础数据包括灌区自然条件、水源条件、灌排工程设施、各级用水、农业状况、经济社会等信息。基础数据既服务于应用程序，又独立于应用程序，是所有业务应用的公共信息源，实现灌区渠系水情态势评估可以充分利用已建的灌区基础数据库和各种专业数据库。按照有关技术要求，基础数据的分类、定义、编码、数据结构应该统一，否则不利于数据交换和系统集成，给信息共享造成障碍。

灌区信息化系统的数据部署一般采用集中与分布相结合的方式，但随着网络及通信技术的发展，数据集中管理将是今后数据部署的发展方向。目前商业化的数据库管理系统以关系型数据库为主导产品，技术比较成熟。灌区信息化系统采用的数据库主要为 SQL Server 和 ORACLE，而 SYBASE、INFORMIX、DB2 等则很少应用。

6. 业务应用子系统

灌区业务管理的主要内容包括建设管理、运行管理、事务管理三大类，业务应用软件建设也是围绕这三项内容配置。建设管理应用软件包括：建设项目管理、灌区工程管理等；运行管理应用软件包括：编制用水计划、水情信息采集、视频监视、墒情监测预报、运行调度、闸门控制、灌溉资料整编、水费计收以及防汛调度等；事务管理应用软件包括：灌区综合信息管理、档案管理、办公自动化、财务管理、门户网站等。

随着现代决策技术和智能技术的发展，决策支持系统在灌区管理决策中发挥着越来越重要的作用。建立灌区输配水和用水管理决策支持系统，对于提高管理水平和用水效率，节约用水具有实际意义。输配水和用水管理决策支持系统主要包括灌区需、配水计算机模拟，水量调度及决策支持，测水量水及水费征收，地表水和地下水联合调度等十分丰富的内容。图 5-6 是灌区配水调度管理系统功能模块划分，显然这仅是灌区业务应用的基本框架，并未涉及数据挖掘、信息融合、决策支持等关键技术，也未提出灌区渠系水情态势预测、判断评价等深度应用。灌区渠系水情态势评估可以显著提升灌区业务应用水平，也可为其他应用提供更为系统的信息支撑。

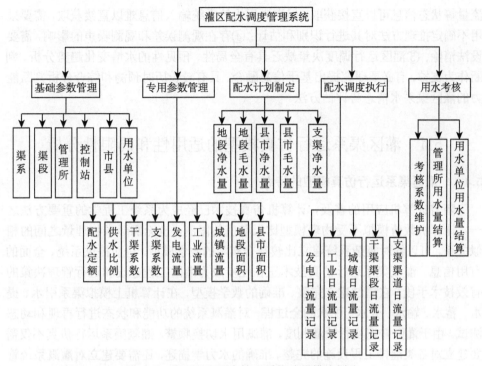

图 5-6 灌区配水调度管理系统功能模块划分

5.3.3 适用性和局限性

通过分析灌区水情监测系统的体系、结构、功能，可以看出现有灌区水情监测系统具备水情信息采集、传输、储存、处理等基本能力，但水情信息应用特别是深度应用明显滞后。灌区渠首和总干渠、干渠以及部分支渠的重要控制断面设有闸门监测监控站或水位监测站，可以直接提供实时水位、闸位等监测信息，实时流量信息则需由经率定的水位–流量关系推算。灌区用水基本上未包括在水情实时监测范围内，即除少数重要工业用水、城市供水等设有专门实时监测站外，一般的工业用水和绝大部分灌溉用水通常只进行计量，并不进行实时监测和在线管理。

从灌区水情信息融合的角度出发，可总结如下：①灌区水情监测数据可以作为信息融合的主要信息源，信息采集、传输、储存及处理能力对信息融合体系结构没有明显制约，但一个监测数据目前仅依赖于一个传感器，没有信息冗余，信息融合不可能采用多传感器信息融合的思路，需要设法引入其他信息源或设法关联已有信息；②实时监测信息能及时、准确地反映灌区渠系水情状况，但空间上覆盖面很有限，时间上局限于过去和现在，相互之间缺乏关联，单纯依靠实时监测数据外推渠系水情未来变化往往当水情变化趋势发生改变时给出错误结果；③重要的水位、流量等状态信息可以直接获取，但灌溉用水等系统输入信息难以直接获取，需要采用不确定推理方法对其进行识别和估计；④存在观测误差和观测噪声的影响，需要设法消除；⑤灌区运行调度决策缺乏具有全局性、预见性的水情变化趋势分析、判断作为支撑，有必要研究提出基于信息融合、具有较长历时预测和综合分析判断能力的灌区渠系水情态势评估方法。

5.4　灌区渠系运行仿真模型的适用性和局限性分析

5.4.1　灌区渠系运行仿真模型的特点

随着计算机应用的普及，计算机仿真技术已经成为系统工程学的重要方法之一。计算机数值模拟不受物理模型比尺取值的限制，也无需寻求物理量之间的相似关系，可以针对复杂系统建立比较符合实际的数学模型，进而提供系统、全面的有用信息。灌溉渠系运行仿真技术正在逐步成为灌区工程建设和运行管理决策的有效技术手段，它通过建立完整、准确的数学模型，在计算机上模拟渠系引水、提水、蓄水、输水、分水、配水的全过程，对灌溉系统的功能和状态进行再现和动态测试。由于灌区普遍实行轮灌制度，灌溉用水切换频繁，灌溉渠系运行仿真不仅需要建立对各类灌排工程设施的完整、准确的水力学描述，还需要建立对灌溉系统管理调度功能、管理调度规则的数学描述[83−100]。

5.4.2　灌区渠系运行仿真模型组成和基于的领域知识基础

基于公认的领域知识提出了功能结构较为完整的灌区渠系运行仿真模型。鉴于本书研究拟引入仿真模型参与信息融合，以弥补水情监测数据并无冗余的不足，故对其分析如下。

1. 明渠非恒定流基本方程

灌排工程设施的水力学描述主要是指对明渠水流的数学描述。明渠水流通常简化为一维流，泵站、多孔节制闸附近的水流虽可局部采用二维流处理，并可设法处理局部二维网格与一维网格的水力衔接，但考虑到实现灌区渠系水情信息融合的特定目的和精度要求，也可以一维水流近似处理。恒定流的描述虽然简单，计算量小，但渠系的增水和减水是灌溉管理中经常发生的调度现象，水源至田间的距离又很长，渠系水流和管理调度的动态特性不能忽视。因此，本研究的灌区渠系运行仿真采用非恒定流模型。明渠一维非恒定流的基本方程 (圣维南方程) 为如下所示的运动方程和连续方程。

$$\frac{1}{g}\frac{\partial V}{\partial t} + \frac{1}{g}\frac{\partial}{\partial x}\left(\frac{V^2}{2}\right) + \frac{\partial h}{\partial x} + S_0 + S_\mathrm{f} = 0 \tag{5-1}$$

$$\frac{\partial A}{\partial t} + \frac{\partial (AV)}{\partial x} = q + q_{\mathrm{h}} \tag{5-2}$$

式中，V 为流速 (m/s)；h 为水深 (m)；S_0 为渠底坡降；S_{f} 为水力坡降，$S_{\mathrm{f}} = \dfrac{N^2 \cdot V \cdot |V|}{R^{4/3}}$（$N$ 为糙率，R 为水力半径）；A 为过水断面面积 (m²)；q 为渠道单位长度上横向流入、流出流量，约定流入取 "+"，流出取 "−"；q_{h} 为渠道单位长度的损失流量；t 为时间 (s)；x 为沿渠道计算的距离 (m)，约定自上游向下游为 "+" 方向。

2. 明渠非恒定流的差分方程

一维非恒定流的基本方程通常可以采用差分法或特征曲线法求其数值解。考虑到该数学模型主要处理明渠水流，故采用差分法求解。在对式 (5-1) 和式 (5-2) 离散化的同时可以实现线性化，但鉴于灌溉渠系存在众多在运行期间需要经常调节的闸门等控制建筑物，水流不仅要服从上述圣维南方程，而且受制于进水闸、节制闸、分水闸以及用水等的控制模型和调度规则，仅仅对式 (5-1) 和式 (5-2) 线性化对于本书研究并无实际意义，故只作离散化处理。由于隐式求解圣维南方程具有稳定、精确度高等优点，应用较多，但要将节制闸分离出去或单独进行计算。灌区实际上不仅有为数众多的节制闸、分水闸，而且各类用水控制闸门的数量巨大，隐式求解的优点难以体现。明渠一维非恒定流的 "中心差分" 格式表达式是显式，便于在流量节点插入各种渠系建筑物的水力学模型和控制调度模型、在水位节点插入用水的水力学模型和运行规则模型，且在稳定性和计算量方面也可以满足灌区水情信息融合的要求，故本书采用这种离散化方式。

一维非恒定流的中心差分计算网格如图 5-7 所示，n 表示计算时间，i 和 j 表示计算距离，"●" 表示水深计算节点，"○" 表示流速计算节点。可以看出，中心差分法的水深点和流速点在空间和时间上都是相互错开的。

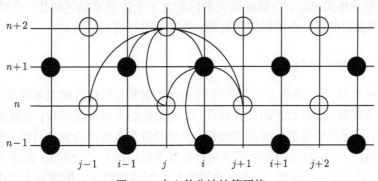

图 5-7 中心差分法计算网格

在图 5-7 所示的计算网格中, 距离方向上采用中心差分, 时间方向上采用向后差分, 即可用下述差分方程近似代替一维非恒定流基本方程。

$$V_j^{n+2} - V_j^n + \frac{\Delta t}{2\Delta x}[(V^2)_{j+1}^n - (V^2)_{j-1}^n] + \frac{g\Delta t}{\Delta x}(h_i^{n+1} - h_{i-1}^{n+1})$$

$$+ \frac{g\Delta t}{\Delta x}(Z_i - Z_{i-1}) + g\Delta t \frac{N^2 V_j^{n+2} |V_j^n|}{(R^{4/3})_j^{n+1}} = 0 \tag{5-3}$$

$$B_i^{n-1} \frac{h_i^{n+1} - h_i^{n-1}}{\Delta t} + \frac{A_{j+1}^{n-1} V_{j+1}^n - A_j^{n-1} V_j^n}{\Delta x} = q_i + q_{hi} \tag{5-4}$$

式中, n、i 为上下角标, 分别表示时间节点号和距离节点号; Z 为渠底高程 (m); B 为水面宽度 (m); A 为过水断面面积 (m^2); R 为水力半径 (m); Δt 为时间的计算步长 (s); Δx 为距离的计算步长 (m)。

因流速点与水深点是相互间隔的, 与流速点对应的过水断面面积 A 一般情况下取其上下相邻水深点过水断面面积的平均值, 即

$$A_{j+1}^{n-1} = \frac{A_i^{n-1} + A_{i+1}^{n-1}}{2}$$

$$A_j^{n-1} = \frac{A_{i-1}^{n-1} + A_i^{n-1}}{2}$$

式 (5-3) 和式 (5-4) 关于 h_i^{n+1} 和 V_j^{n+2} 求解, 即可由 $n-1$ 时刻的水深和 n 时刻的流速递推 $n+1$ 时刻的水深和 $n+2$ 时刻的流速。

本书采用如上所述的中心差分格式, 即离散化后的灌区渠系水流系统状态方程采用该差分格式表示。与以往研究的区别在于上述关系描述的是一个确定性问题, 而本书面对的是一个不确定性问题, 故需要进行适当扩展。

3. 闸门控制理论和方法

渠首进水闸、节制闸、分水闸的运行调度是渠系运行仿真的主要对象。采用的闸门运行方式有: ①按给定的开度运行; ②按给定的过闸流量运行; ③按给定的上游水位运行; ④按给定的下游水位运行; ⑤按流量和水位组合的多目标运行。在计划用水的条件下, 按给定的过闸流量运行是基本的运行方式, 但为了能适当地调整渠道水位, 进水闸、节制闸、分水闸也可以按过闸流量和闸上游或闸下游水位组合的多目标控制运行, 如图 5-8 所示。

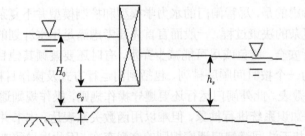

图 5-8 闸门运行水力学关系示意图

水闸的过流可分为自由孔流、淹没孔流以及堰的自由出流和淹没出流。流态的判别及过流计算，各文献、手册推荐的公式不完全相同，日本灌区水管理经常采用的一组公式，即

$e_g \geqslant H_0$ 时为堰的淹没出流，根据堰上下游水位的关系，又分为两种情况：

$$\frac{2}{3}H_0 > h_s \text{时}, \quad Q_g = C_g B_g H_0 \sqrt{2g(H_0 - h_s)} \tag{5-5}$$

$$\frac{2}{3}H_0 \leqslant h_s \text{时}, \quad Q_g = C_g B_g h_s \sqrt{2g(H_0 - h_s)} \tag{5-6}$$

$H_0 > e_g > h_s$ 时为半淹没孔流，

$$Q_g = C_g B_g \left\{ \frac{2}{3} \sqrt{2g}[(H_0 - h_s)^{1.5} - (H_0 - e_g)^{1.5}] + h_s \sqrt{2g(H_0 - h_s)} \right\} \tag{5-7}$$

$e_g < h_s$ 时为淹没孔流，

$$Q_g = C_g B_g e_g \sqrt{2g(H_0 - h_s)} \tag{5-8}$$

式中，Q_g 为过闸流量；e_g 为自闸坎计算的闸门开度；H_0 为闸门上游水头；h_s 为闸门下游水头；C_g 为闸孔流量系数；B_g 为闸门有效宽度。

闸的运行调节在很大程度上影响着灌区运行状态。PID 调节是连续系统理论中技术成熟、应用广泛的调节方式，国内外在灌区水管理中大多采用这种方式对闸门和水泵的运行进行调节。PID 调节的调节量 $C(t)$ 由下式确定：

$$C(t) = K \left[e(t) + \frac{1}{T_i} \int_0^t e(t)\mathrm{d}t + T_d \frac{\mathrm{d}e(t)}{\mathrm{d}t} \right] \tag{5-9}$$

式中，$e(t)$ 为偏差，即控制量 (水位、流量等) 的实际值与目标值的偏差；K 为比例系数；T_i 为积分时间常数；T_d 为微分时间常数。

以渠系为主体的控制系统存在着很大的惯性和时滞，为使控制稳定，有时仅采用比例环节和积分环节组成 PI 调节，即闸门开度的调节量既取决于偏差，又取决于偏差的持续时间。

需要特别考虑的是, 尽管闸门的水力学模型和控制模型并不复杂, 但闸门调度却是一个较为复杂的决策过程, 一般而言首先要考虑满足用水计划的要求, 同时还要保证工程运行安全, 避免或尽可能减少弃水, 有时还要兼顾其他目标。闸门调度计划一般表现为一个按时间顺序排列、包括闸门运行方式及操作目标值 (开度、流量或者水位) 的数表。此外闸门运行还要遵守操作规则, 操作规则通常以文字形式表达, 可以采用知识系统进行抽象, 但难以用函数关系表达。本书并不涉及闸门优化调度问题, 但却无法回避闸门调度规则的客观存在, 因此也导致难以对整个系统进行线性化, 影响到信息融合途径的选择。

4. 其他工程设施的数学描述

灌区建筑物种类较多, 除进水闸和节制闸外, 还包括蓄水建筑物、泵站、分水闸、退水闸、渡槽、跌水、陡坡等, 均可遵循水力学原理和实验成果建立相应的数学描述。此外, 泵站、分水闸等还需要建立相应的运行控制模型和运行规则模型, 但由于本书采用显式差分格式求解圣维南方程, 对于在节点处插入其他模型并无特别限制, 技术上无障碍。需要遵守的原则是: 发生水位间断的建筑物 (进水闸、梯级泵站、节制闸、跌水、陡坡等) 应位于差分网格的流量节点上, 发生流量间断的建筑物 (补水泵站、分水闸、用水等) 应位于差分网格的水位节点上。

5. 灌溉用水的数学描述

灌区灌溉管理往往是分层次的, 故本书中的 "用水" 并非单指田间用水, 凡被引出研究对象边界的流量均可看做 "用水"。通常假定用水位置设有分水闸门控制, 并定时按用水计划规定的流量进行调节。

考虑到渠道水位并非固定不变, 在对用水进行调节以外的绝大部分时间内, 用水流量并不能始终保持在目标值上, 故用水的实时流量原则上需按式 (5-5) ~ 式 (5-8) 计算。用水控制闸门下游水位应以边界条件给出, 如下游水位对出流无影响时作为自由出流边界处理, 一般情况下可将下游水流假定为均匀流, 并据此确定边界条件。从实用的角度考虑, 可采用指数关系近似描述用水控制闸门下游水位与过闸流量的关系, 以代替下游边界条件:

$$h_e = C_e \cdot q_e^n \tag{5-10}$$

式中, h_e 为闸门下游水位; q_e 为用水流量, 即过闸流量; C_e 为根据渠道流态确定的系数; n 为根据渠道流态确定的指数。

该式与式 (5-5) ~ 式 (5-8) 的过闸流量计算公式联立求解即可确定任一时刻的用水流量。尽管实际用水分解为计划用水和干扰用水, 但它们本质上依然是时变的, 都要服从式 (5-10) 以及式 (5-5) ~ 式 (5-8) 的关系。

用水除要遵守上述水力学关系外，还要符合用水计划，这决定了在灌区运行过程中用水受上下游水位变化影响的同时，还要受人工定时调节的影响。用水 (配水) 计划通常表现为一个按时间顺序排列，包括用水名称、灌溉面积、种植结构、灌水定额、时段用水流量、总用水量的数表。灌溉效益受气候、水源、作物、工程、市场、社会等多种因素的影响，用水 (配水) 的优化决策是一个复杂的专门研究课题，本书并不涉及这个课题，但也要遵守用水按用水计划定时调整的运行规则，这种情况导致灌溉渠系水流的数学模型不仅是非线性的，而且是时变的，这也影响到信息融合途径的选择。

5.4.3 适用性和局限性

渠系运行仿真模型建立在水动力学等领域知识的基础上，具有坚实的理论和实验基础，且建立的仿真模型比较完整，在国外已得到普遍应用。但目前仅能在制定灌溉计划阶段，模拟并测试、验证用水计划和调度方案的合理性；在灌区改造准备阶段，测试灌区系统功能并评价技术改造方案等，尚不能用于自动跟踪灌区实际运行。

从灌区水情信息融合的角度出发，这类基于领域知识的信息源具有如下特点：①灌区渠系水流可以由一维非恒定流模型描述，但渠系水流的运行状况还受到引水、用水、运行调度等边界条件和输入变量的控制，不考虑这些控制因素，即使在某种程度上实现了对系统状态的实时校正也难以实际应用；②渠系运行仿真模型和实时监测数据针对同一个对象，前者反映完整的系统状态，后者反映其中重要节点的状态，具有一致性和互补性，因此有实行信息融合的可能和意义；③渠系运行仿真模型在输入变量即实际用水流量可以把握的条件下，能提供灌区渠系水情演进信息，时空覆盖面宽，信息量大，且具有预测能力，符合灌区渠系水情态势评估的要求；④渠系运行仿真模型无疑需要仔细率定，但由于各种不确定因素的影响，仍存在系统过程的噪声且需要处理，即上述描述确定性系统的非恒定流基本方程及其他水力学关系需要适当扩展，以反映非确定性系统的数学关系；⑤灌区渠系运行仿真模型经适当扩展可以作为本书研究对象的系统状态方程并用于信息融合，但由于系统的时变性难以对整个系统进行线性化，将影响到信息融合途径的选择。

5.5 灌区渠系水情信息不确定性分析

信息存在不确定性是信息融合处理对象所共同具有的特点，通常关注其随机性，往往也涉及其模糊性、不精确性和不完整性，但对信息所反映的系统运行的非计划性或随意性并不特别强调。本书研究认为：为实现灌区及类似民用系统的信息融合，需要全面、准确、有针对性地分析信息的不确定性，否则研究成果将难以揭示具体研究对象的内在关系，也难以解决各不相同的实际问题。

5.5.1　监测数据的随机性

随机性是实际系统难以避免的特性，水位、闸位、渠道断面流量、用水流量等监测数据均具有随机性。灌区水情监测数据的随机性与水流的波动性有直接关系，为此水情监测站在硬件或软件上均需采取必要的滤波措施，尽可能减少对监测数据的随机影响，但对较长历时波动的影响仍难以避免。另外，水情监测数据的随机性也与闸门、用水等操作的随机性有关，这种随机性同样很难避免，而且最终也反映在监测数据上。但就灌区而言，系统和量测随机性的统计规律十分复杂，但其影响相对有限，如灌区水情监测数据随机性对运行调度的影响远不如降水随机性对河川径流的影响显著，因此尚缺乏这方面的研究成果。本书从水位、闸位、渠道断面流量等监测数据随机性产生的原因 (水流波动、闸门机械运动等) 考虑，假定其符合高斯分布，概率密度函数为

$$f(x) = \frac{1}{\sqrt{2\pi}\sigma} e^{\frac{(x-\mu)^2}{2\sigma^2}} \tag{5-11}$$

式中，x 为水位、闸位、渠道断面流量等随机变量；μ 为 x 的均值；$\sigma > 0$，是 x 的标准差。

5.5.2　监测数据的不精确性

水位、闸位、流速等传感器工作环境恶劣、维护困难，所用传感器的精度受到限制；同时受安装条件、水质、泥沙以及维护等因素的影响，实际量测精度往往低于标定精度。这种不精确性也造成了水情监测信息的不确定性。在很多情况下这种不确定性是不能忽略的，但可以通过现场率定等途径予以降低。除涉及传感器故障外，本书不单独描述这种不确定性，但在信息融合过程中确定有关判定阈值时考虑监测数据不精确性的影响。如果检测阈值表示为目标值 L 与最大允许偏移量 l 的和 (上限) 或者差 (下限)，即 $L \pm l$，则以下式作为确定检测阈值的必要条件：

$$l > d \tag{5-12}$$

式中，d 为量测精度。

5.5.3　监测数据的不完整性

由于资金投入和维护水平的限制，灌区水情监测系统的规模受到很大限制，实时监测对象需要经过认真筛选，目前主要是灌区进水闸、干渠上的重要节制闸和分水闸以及主要控制断面的水位等，多数支渠上的节制闸、分水闸以及斗农渠上的闸门一般不在实时监测范围内。因此，灌区水情实时监测数据是不完整的，这种不完整性同样造成水情信息总体上的不确定性。与以往研究不同的是，本书拟采用的信

息融合方法不仅要能处理不完整信息,而且需要合理估计其中有利用价值的信息。因此可以说,在已经建成的水情监测系统中降低这种不确定性正是本书实现灌区水情信息融合的主要目的之一。

5.5.4　灌溉用水的非计划性和模糊性

灌溉用水位置分散,但用水流量相对集中,且灌区普遍采用渠道输水,如按照随机用水方式 (即 "用水主导型") 设计和运行极不经济,而且会造成引水的大量无效排放,故只能按计划供水、按计划用水,属于 "供水主导型" 运行方式。灌区管理者需要事先广泛收集用水有关信息,并结合水源条件、工程条件、种植计划以及以往经验等编制年度用水计划和每次灌水的详细用水计划。实现灌区渠系水情态势评估需要采用灌区编制的用水计划,并在灌溉活动开始前反复对初步拟定的用水计划进行测试和调整。但是,灌区用水受众多因素影响,情况十分复杂,实际用水不完全符合用水计划的现象仍难以避免。如南方灌区可能因灌溉过程中的突然降雨而发生田间渠道减少配水甚至停止配水的情况,北方灌区可能因对土壤缺墒情况估计不足而导致田间渠道加大配水流量或延长配水时间;因配水操作不准确、不及时而导致实际用水发生偏差则更是普遍存在的现象。考虑到我国灌区传统上实行计划用水,且受工程条件限制,可以认为计划用水模式今后也不可能发生明显改变。本书针对灌区实际用水不完全符合用水计划的实际情况,将灌溉用水分解为计划用水和干扰用水 (指明显超出计划用水随机性和量测精度的用水偏差),但仍假定以计划用水为主,干扰用水局限于少数渠段,以合理限制用水的不确定性,降低信息融合对灌区已建实时水情监测系统的要求。干扰用水通常包括:①在计划用水期间额外增加或减少流量;②提前或推迟关闭用水;③提前或推迟开启用水;④未列入用水计划但开启用水等情况。

尽管对于实际灌溉系统而言上述干扰用水是客观存在的,但由于缺少实时监测数据,致使灌溉用水对于管理者而言表现出一种特殊形式的不确定性。另外,即使设法按照不确定推理判别是否存在干扰用水并估计出其数量,但由于监测数据受到噪声污染且信息量不足,干扰用水的具体分布仍存在明显模糊性。即在一般情况下,即使判断某个区间存在干扰用水,也无法准确判定哪个用水一定存在干扰用水,或哪个用水一定不存在干扰用水,而只能推测哪个用水发生干扰用水的可能性大,哪个用水发生干扰用水的可能性小。

5.5.5　干扰用水对灌区水情监测系统和仿真系统的影响分析

干扰用水不仅影响取水渠道的水流状况,严重时甚至影响上级渠道、邻近渠道的水流状况。干扰用水对于灌区水情监测系统本身的运行并无妨碍,且实时监测数据实际上包含了干扰用水的影响,只是难以直接判断是灌溉用水的正常操作所致，还是灌溉用水的非正常操作所致，更无从直接推测干扰用水的数量和位置。但干扰用水对灌区运行在线仿真系统的影响往往是致命的，是导致仿真系统不能用于实时跟踪系统运行的主要原因。图 5-9 为本书研究对象灌区受干扰用水影响的模拟试验结果。对于对象灌区的基本情况，模拟试验情景设定为：干渠上游三支渠按用水计划应于第 5 天 0 时结束用水，但实际用水延续到第 5 天 8 时。图 5-9(a) 所示为无干扰用水时下游节制闸的运行过程线；图 5-9(b) 所示为有干扰用水，但下游节制闸仍按原计划下泄流量控制运行的过程线。图中实线为闸门开度过程线，虚线为过闸流量过程线，点线为闸门上游渠段水深过程线，点画线为闸门下游渠段水深过程线。为便于比较，将第 5 天 0 时至 8 时的节制闸上游水深和过闸流量数据列于表 5-1 中。对比图 5-9(b) 和图 5-9(a) 并考察表 5-1 可以发现：由于干扰用水的影响，节制闸上游渠段水深发生明显跌落，最大跌落发生在 6 时，相对跌幅达 12.8%；同时过闸流量也发生跌落，最大跌落同样发生在 6 时，相对跌幅达 10.7%。也就是说，干扰用水对渠系水流可以产生明显影响，不仅因水位跌落而影响节制闸上游其他用水的正常取水，而且因节制闸下泄流量减少，还会影响其下游用水的正常取水。如前所述，实时监测数据包含了干扰用水影响的相关信息，但通常的仿真系统并不清楚是否发生了干扰用水，也不清楚其影响如何，因此无法正确反映灌区运行的实际情况，也难以对灌区渠系调度运行发挥支持作用。由此可见，建立实时在线仿真系统需要实现仿真模型与实时监测数据之间的信息融合，使仿真系统具备自动跟踪实际系统运行的能力，但其关键在于准确判断是否存在干扰用水，并合理估计其数量和分布。

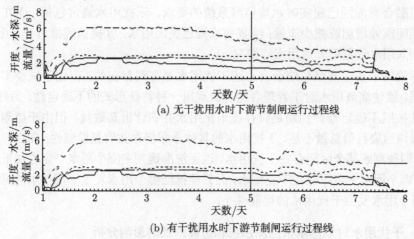

(a) 无干扰用水时下游节制闸运行过程线

(b) 有干扰用水时下游节制闸运行过程线

图 5-9　对象灌区受干扰用水影响的模拟试验结果

实线为闸门开度过程线；虚线为过闸流量过程线；点线为闸门上游渠段水深过程线；

点画线为闸门下游渠段水深过程线

表 5-1 有无干扰用水时下游节制闸运行状态比较

对比项目		0 时	2 时	4 时	6 时	8 时	最大误差
三支节制闸	无干扰用水	1.330	1.452	1.338	1.251	1.234	−12.8%
上游水深/m	有干扰用水	1.330	1.332	1.172	1.091	1.081	
三支节制闸	无干扰用水	4.50	4.79	4.52	4.30	4.25	−10.7%
流量/(m³/s)	有干扰用水	4.50	4.50	4.08	3.84	3.81	

5.6 灌区渠系水情信息冗余分析

信息融合的基本条件是系统存在信息冗余。信息融合又称为多源多传感器信息融合,尽管不同信息源或不同传感器的观测内容不尽相同因而具有互补性,但总体上、本质上仍需要具有必要的信息冗余。已经提出的信息融合理论和方法实际上就是解决如何综合处理信息冗余,以期获得更精确、更可靠的估计和推理决策。灌区水情监测系统通常布设多个监测站点,分别针对不同的闸门、泵站、渠道等设施,就单个监测对象而言一般并不具有明显的信息冗余(尽管部分测站除设置水位计、闸位计外,还设置视频监视器,也有水尺视频监视信息识别等有关研究,但目前应用尚少),但就渠系水流整体而言,又具有明显的信息冗余。这种特点与以往信息融合的研究对象有所不同,故需要对灌区水情信息的冗余性进行深入分析。

5.6.1 监测数据的关联性

数据或信息的关联性既可表现在时间上,即后一时刻的哪些数据与前一时刻的被考察数据相关联;也可以表现在空间上,即一个位置的数据是否与另一个位置的数据相关联。在军事领域前者具有普遍性,因而受到研究者的广泛关注;而后者局限于具体系统,其研究尚不多见,本书拟同时从时间、空间的角度考察分布在灌区各处的水情监测数据是否具有一定的关联性。灌区水情监测数据分别针对不同的闸门、泵站、渠道等设施,表面上这些监测数据之间缺乏关联。但如果假定系统输入是完全确定的,则系统状态就应该是确定的。知道了某一时刻其中一些闸门的状态,实际上也就基本知道了该时刻其他闸门应该处于的状态;知道了一个闸门过去时刻的状态,也就基本上知道了当前时刻该闸门的状态,甚至可以推测未来一段时间该闸门的状态。这里"基本知道"的含义是指还需要考虑系统过程噪声和观测噪声产生的不确定性。显然这种情况下监测数据之间实际上具有某种程度的关联性,有可能进行信息融合。

由以上分析可以得出,灌区渠系水情信息融合有以下三种提法:①实现灌区实时监测数据与灌区运行仿真模型之间的信息融合,显然在这种提法下,灌区运行仿真模型也作为一类信息源,并由此对这些多源信息进行融合;②通过构建确定的系统状态关系并估计输入变量,将渠系水流在空间上连接成一个整体,使灌区水情监测系统采集的数据之间具有一定的关联性，相对于传感器数量而言减少了状态向量维数，由此对这些多传感器监测数据进行信息融合；③通过构建确定的系统状态方程并估计输入变量，将渠系水流在时间上连接成一个整体，使每一个传感器的监测数据成为具有关联的时间序列，由此对单一传感器的一系列监测数据进行信息融合。如果对系统不确定性的估计和处理是相同的，则这三种提法实际上是等价的，但是不同提法反映出不同的信息融合思路：提法一将传感器信息推广到知识范畴，进而将实时监测数据与基于领域知识的系统模型蕴含的数据进行信息融合；提法二通过揭示系统空间关系，增加监测数据相互关联性和信息冗余，进而进行信息融合；提法三通过揭示系统时间关系，增加监测数据自身关联性和信息冗余，进而进行信息融合。本书在状态估计中主要依据提法一和提法二的研究思路，而在态势评估中主要依据提法三的研究思路。

5.6.2　估计干扰流量的技术途径

灌区水情监测系统一般分为自报式、应答式以及混合式，这三种工作方式都存在数据采样和更新上的时间差异。但是，除临近闸门的局部位置在操作闸门的短时间内存在水流急剧变化的情况外，一般情况下渠系水流变化比较缓慢，即使存在数据采样或更新上的时间差异，与水流变化速度比较，数据的异步性可以忽略不计。就是说，灌区水情监测数据在采样和更新上的异步性并不会对信息融合带来明显影响。但值得注意的是，由于渠系水体自上游向下游流动，尽管数据同时观测，同时传送到信息融合中心，实际上并非是对同一水体的观测数据。就是说尽管可以将灌区渠系水流作为一个整体看待，但在固定坐标系中这个整体的组成部分是不断变化的，有流入的水体，也有流出的水体。因此，同一时刻的监测数据实际上对应不同的水体，而同一水体的监测数据实际上分布在不同时刻。这种情况提示在提取信息特征（即本书的干扰流量）时，并非是一定要追踪某一物体，对于连续流体而言，更合理的选择是在两个固定的水流断面之间进行考察。

灌区水情信息融合可以依据先验知识建立的系统状态方程，但系统输入由于可能存在的干扰流量而呈现明显的不确定性，进而造成系统的不确定性。因此，需要研究干扰流量的获取方法，进而估计其不确定性。显然判断干扰流量的有无和数值不可能完全依据先验知识，更重要的应是监测数据。本章将干扰流量作为水情监测数据的隐含特征，提出提取干扰流量的方法，由此推测干扰流量的有无、数值和分布。

如果将图 5-10 所示具有实时监测数据的相邻闸门之间的独立渠段作为计算区间，则根据质量守恒关系，计算区间的干扰流量 q_d 应符合如下关系：

$$\int_{t_1}^{t_2} (Q_{ir} - Q_{or})\, dt = \int_{t_1}^{t_2} q_p\, dt + \int_{t_1}^{t_2} q_d\, dt + \int_{t_1}^{t_2} q_{hr}\, dt + \Delta V_r \tag{5-13}$$

式中，Q_{ir} 为计算区间进口实际流量，由实时监测水位、闸位等数据计算得到；Q_{or} 为计算区间出口实际流量，由实时监测水位、闸位等数据计算得到；q_p 为计算区间计划用水流量；q_{hr} 为与实时监测水位对应的计算区间渗漏损失水量；ΔV_r 为 t_1 时刻到 t_2 时刻的计算区间渠槽蓄水量变化值，由实时监测水位等数据确定。如果无干扰流量，则该计算渠段处于正常用水状态。如果偏离正常用水状态，如计算区间进出流量差 $Q_{ir} - Q_{or}$ 发生变化，或计算区间蓄水量发生变化 $(\Delta V_r \neq 0)$，或二者同时变化但不能相互抵消，则意味该计算区间可能发生了干扰流量。由于干扰流量是系统不确定性的主要影响因素，故本书将干扰流量作为水情监测数据的主要特征，并依据水情监测数据提取这个特征。

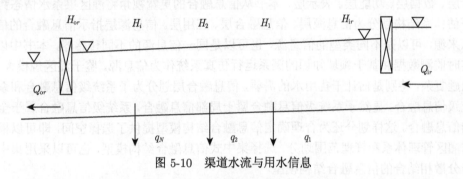

图 5-10　渠道水流与用水信息

此外，由式 (5-13) 还可以看出，提取干扰流量实际上影响到相关监测数据的独立性，即减少系统输入不确定性的代价是相应减少了水情信息的冗余。假设计算渠间的总数为 n_s，其中发生干扰用水的计算区间数目为 n_d，则保证水情信息具有一定冗余的必要条件是满足 $n_s > n_d$。为同时估计干扰流量的分布还需要使用额外的水情信息，故实际上要求满足 $n_s \gg n_d$，这就是本书在引入干扰用水概念时强调仍以计划用水为主的原因。

5.6.3　影响监测数据冗余的因素

如前所述，如果构建了确定性的系统状态方程，且认为输入变量也是确定的，则系统信息冗余将显著增加。但实际上，灌区用水不仅存在随机性、不精确性引起的不确定性，而且存在由干扰用水引起的不确定性，因此，即使忽略系统输入的随机性和不精确性，也难以保证系统输入是完全确定的。系统输入的这种不确定性会相应减弱灌区水情监测数据的关联性，系统信息冗余也将相应减少。综合上述两方面的影响，可以认为：只要干扰流量的发生是局部的，系统仍可能具有充分的信息冗余，在这种情况下，进行信息融合是适当的。实际上只要灌区用水仍以计划用水为主，在一般情况下保证监测数据具有一定的冗余并无困难。

　　由此也可看出，正确判别是否存在干扰流量及其发生范围是实现灌区渠系水情态势评估的关键技术之一。

5.7　灌区渠系水情态势评估系统

　　实现灌区渠系水情信息融合的目的是构建覆盖面更完整、预见性更强、功能更加完备的灌区渠系水情态势评估方法，为业务应用和科学决策提供有效支撑。本书按照信息系统的顶层设计方法，提出如图 5-11 所示的基于信息融合的灌区渠系水情态势评估体系结构。灌区水情信息采集和闸门控制系统通常自下而上划分为执行层、数据层、功能层、表示层，本书从信息融合的更宽视角将灌区渠系水情态势评估体系结构划分为信息源层、信息融合层、应用层。信息源层指示信息融合的信息来源，可以是不同类型的信息源，也可以是同一信息源的不同传感器，本书中以实时监测数据和基于领域知识的渠系运行仿真系统作为信息源。鉴于灌区规模大、问题复杂，特别是估计干扰用水的需要，信息融合层划分为子系统级信息融合和系统级信息融合，显然子系统级信息融合属于局部信息融合，系统级信息融合属于全局信息融合。这样划分还为合理确定信息融合结构模型提供了选择空间，即可以根据灌区管理体系和管理范围划分，选择集中式信息融合结构模型，也可以采用集中与分散相结合的信息融合结构模型。

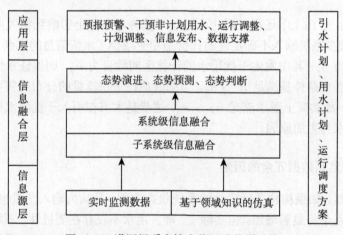

图 5-11　灌区渠系水情态势评估体系结构

5.7.1　系统的信息融合功能模型

　　功能模型与实际应用密切相关，不同应用需求和应用环境决定功能模型的设计。灌区水情信息融合的研究目的是实现实时监测数据与基于领域知识的系统仿真模型之间的信息融合。功能模型主要涉及特征提取、状态估计以及态势估计、影响估计等内容。考虑到在研究中特征提取与状态估计联系紧密，需要相互耦合，故在第 3 章中予以合并说明；影响估计涉及评估工程运行效率和用水秩序的广泛内容，不作为本书的研究内容，但为使灌区水情信息融合功能模型较为完整，并有益于开展后续研究工作，仍在功能模型中保留其位置并对其功能加以概括说明。尽管灌区渠系水流与传统的信息融合研究对象有明显区别，但仍可借鉴已经提出的各种功能模型。本书主要参考 JDL 信息融合功能模型，并结合研究对象的性质和特点，提出如图 5-12 所示的灌区渠系水情态势评估的信息融合功能模型，包括特征提取、状态估计、态势估计、影响估计、过程优化、认知优化共六级信息融合。

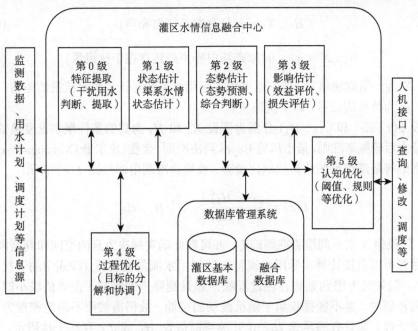

图 5-12　灌区渠系水情态势评估的信息融合功能模型

1. 特征提取 (特征提取级)

闸门监测数据主要是上游水位、下游水位、闸门开度、过闸流量；渠道监测数据主要是水位、断面流量，此外还可能包括泵站等监测数据。显然这些数据针对各自监测对象的个别监测项目，需要提取并变换为具有共性的特征才能进行信息融合。对于灌区而言具有实际意义的是掌握各个渠段的实际用水流量，因为渠系水流的不确定性主要源于实际用水的不确定性。因此，特征提取主要是根据实时监测数据提取各计算区间 (即相邻闸门之间的独立渠段) 的消耗流量，进而判断有无干扰流量。

渠段消耗流量包括实际用水流量以及渗漏损失流量和渠槽蓄水变化吸收或释放的流量，其中后两项可以根据领域知识和监测数据进行估计。特征提取就是将基于渠段消耗流量的实际用水流量与基于渠段用水计划的计划用水流量进行比较，如果差值大于给定阈值就可以判定渠段存在干扰用水。系统过程噪声水平和观测噪声水平是确定阈值的重要因素，在多传感器检测情况下通常采用假设检验方法，阈值可根据第一类错误概率 (虚警率) 设计门限值，并检查系统检验能力的合理性，最终予以确定。

首先给出以下两个假设：

$$H_0 : X = w(只存在高斯白噪声) \tag{5-14}$$

$$H_1 : X = q_d + w(除高斯白噪声外还存在干扰流量) \tag{5-15}$$

式中，X 为一组观测信号，即一组渠段实际用水流量与计划用水流量的差值；w 为噪声；q_d 为待检测信号，即干扰流量。

设 $\varphi(x : H_0)$ 和 $\varphi(x : H_1)$ 分别为假设 H_0 和 H_1 为真的条件概率密度函数，考虑到最大后验概率准则、最小风险 Bayes 判决准则、奈曼–皮尔逊 (Neyman-Pearson) 检验准则等最终都可归结为似然比检验，故检验准则用似然比 $L(x)$ 表示：

$$L(x) = \frac{\varphi(x : H_1)}{\varphi(x : H_0)} > \lambda \qquad H_1 : H_0 \tag{5-16}$$

式中，门限值 λ 依不同检验准则确定，并可据此确定判决为真的空间和判别阈值。

尽管可以直接计算实际用水流量与计划用水流量的差值 (即式中的干扰流量 q_d 项)，但如果考虑到系统存在过程噪声和量测噪声的影响，在差值较小时或持续时间较短时，并不能排除属于随机波动的可能，故仍需按照不确定推理方法进行必要处理。即只有满足式 (5-16) 才能判断假设 H_1 成立，存在干扰用水，观测信号为干扰流量；否则应判断假设 H_0 成立，即不存在干扰用水，观测信号属于噪声。

总之，判断哪些计算区间存在干扰用水以及干扰用水的数量应是特征提取级信息融合需要具备的主要功能。

2. 状态估计 (状态推测级)

我国灌区传统上实行计划用水，而且受到工程条件限制，这种用水模式今后也不会发生根本性改变。本书将灌溉用水分解为计划用水和干扰用水，且假定仍以计划用水为主，干扰用水属于局部现象。对于实际灌溉系统而言，干扰用水是客观存在的，但对于监测系统而言，由于缺少直接监测数据，干扰用水具有不确定性。显然仅仅判断是否存在干扰用水和估计数量是不够的，还需要进一步推测干扰用水流量在计算区间上的具体分布。本书采用模糊估计和最小二乘法估计相结合的不确定推理方法推测干扰流量的可能分布。

设灌区的全部用水构成一个论域 (集合 X), 如果计划用水作为该论域的一个普通子集 Q_P, 则干扰用水可以作为该论域的一个模糊子集 $\tilde{Q}_D$。该模糊子集定义为

$$\tilde{Q}_D = \{(\mu(x), x) | x \in X\} \tag{5-17}$$

隶属函数定义为

$$\mu_{\tilde{Q}_D}(x) : X \to [0, 1]; x \to \mu_{\tilde{Q}_D}(x), x \in X \tag{5-18}$$

模糊语言变量和词集应尽可能符合灌区管理者的认识和习惯。本书采用"干扰流量发生可能性"作为模糊语言变量, 并取"不可能发生""可能性很小""可能性较小""可能性较大""可能性很大""肯定发生"作为模糊语言变量的词集。干扰流量发生可能性的基本论域为 $[0, 1]$, "不可能发生""可能性很小""可能性较小""可能性较大""可能性很大""肯定发生" 6 种模糊语言的量化值可分别取为 $x\{0、0.2、0.4、0.6、0.8、1\}$。

推测的某计算区间干扰流量最可能分布方案, 应该符合隶属度高优先的原则, 并使该计算区间的目标估计值 (水位) 与实时监测数值的差的平方和最小。显然这个结果具有局部最优的性质, 从信息融合角度考察属于局部估计, 故还需要寻求全局最优解, 进行全局估计。灌区的渠系被具有监测数据的闸门分割形成一个一个的渠段, 渠段之间的流量 (即过闸流量) 同时受上下游渠段水位的影响, 故在状态估计级需要在各计算区间之间反复进行协调和信息融合, 使各计算区间的目标估计值 (水位) 趋于合理, 各局部估计结果收敛于全局估计结果。

综上所述, 推测干扰用水分布并在此基础上实行全局状态估计应是状态估计级需要具有的主要功能。

3. 态势估计

态势估计是本书研究的灌区渠系水情态势评估的关键技术之一。Lambert 对态势的抽象定义是: 态势本质上是相关时间–空间事实的集合, 这些事实由目标间的相互关系组成。对不同的应用领域, 态势估计的定义并不相同。军事领域的态势估计是在综合分析、评价与战场有关的全部信息的基础上, 最终形成包括我方态势、敌方态势、第三方态势的综合态势图。其处理的是正在发生或以前发生而目前仍在继续的事件或活动, 重点是关注区域内目标的行为方式。对于灌区而言, 态势估计的已知条件、关注点以及结果显然有所不同: ①灌区渠系水情的态势估计对象在空间上与状态估计完全一致, 无需像军事领域对目标 (对象) 重新分组、分群; ②有必要也有可能对系统状态的未来变化进行较好的预测和把握, 而这对提高灌区

运行调度能力是十分需要的；③有必要也有可能根据态势估计结果对灌区能否安全运行以及能否满足正常灌溉用水要求提前做出判断，即进行态势评估[101~112]。

本书基于研究对象的实际情况对态势估计功能提出如下要求：动态跟踪实际系统运行，预测今后一段时间内渠系运行整体状态的变化；在一定可信度下判断干扰用水是否会影响当前时刻特别是下一时刻的正常用水，判断局部的不正常用水状况是否会影响全局，判断存在干扰用水情况下的渠系水流是否能保证灌区工程的安全运行；判断是否需要报警和采取必要的调度措施。

灌区渠系运行的态势估计主要包括动态跟踪、态势预测、态势元素提取和分析、态势判断和预警四方面的子功能。

4. 影响估计

如前所述，灌区渠系运行的态势评估可以对能否保证工程安全运行和满足正常灌溉用水要求做出实时判断，故在一般情况下无需进行实时的影响估计，因此本书未将影响估计作为研究内容，但为了较为完整地论述研究对象的信息融合结构，仅提出如下认识。

灌区渠系运行的影响估计可以定位于：在态势估计的基础上，基于灌区运行事故和未满足正常灌溉用水可能造成的损失，评价所采取调度措施的必要性和合理性以及引水计划、用水计划对运行调度的制约，进一步提高灌区运行调度的科学性和灵活性。从上述定位出发，影响估计可以离线进行。

5. 过程优化

不仅状态估计过程中需要反复进行分解协调，从整体上看，特征提取、状态估计、态势估计也是一个反复过程，即当前时刻估计的态势需要接受未来时刻提取的特征的检验和修正，以便不断完善整个信息融合过程。显然这些过程都存在优化问题。

本书中过程优化的主要功能是：①在特征提取环节，动态修正干扰用水判别阈值，以反映干扰用水影响的时间效应；②在状态估计环节，协调干扰用水分布方案满足最大隶属度原则与满足目标偏差平方和最小原则的关系，保证信息融合结果具有较高的可信度；③在态势估计环节，动态修正对态势预测结果的可信度分配，以提高预测的有效性。

6. 认知优化

虚警约束条件、先验概率、条件概率、模糊判别规则等需要系统和决策者不断地认知，故需要在系统运行过程中不断积累相关经验和知识。本书认为可以采用数据挖掘和知识融合相结合的方法实现认知的优化，即通过统计方法从原始数据中推测和寻找数据之间复杂、潜在的关系，并将这些关系和已有知识元素按照约定规则进行比较、合并和协调，产生新的可用知识。

5.7.2 系统的信息融合结构模型

一般认为集中检测系统需要将所有传感器的监测数据实时传送到信息融合中心，通信开销大；相比之下，分布检测系统不需要很大的通信开销，但因融合中心并没有接收到全部监测数据而使系统性能有所下降。

对本书的研究对象而言，建立信息融合结构模型需要考虑灌区管理体制以及灌区已建水情实时监测系统的体系结构和数据部署，符合"便于应用且避免重复建设"的原则。灌区通常实行分级管理体制，信息融合系统的结构采用分布式结构有利于应用和隔离故障。但灌区水流是一个连续体，上下游相互影响，闸门、用水等操作也相互影响，特别是本书采用的特征提取、状态估计、态势估计方法都是着眼于系统的整体性，需要跨越分级管理区间。另外，鉴于灌区工程设施分散、工作环境恶劣，分散部署数据难以保证信息资源安全和及时维护等实际情况，加上近年来通信基础设施不断完善，数据传输瓶颈基本消除，系统集成多推荐采用"数据向上、服务向下"的数据部署策略，故灌区水情监测系统的信息处理、存储呈"向上相对集中"的趋势。同时考虑到灌区水情信息融合系统所增加的信息多来源于先验知识，在灌区信息中心集中进行信息融合并不过多增加通信开销，而且有利于挖掘大量数据隐含的有用信息。综上所述，本书认为现阶段采用集中检测系统较为合理。对于特大型灌区，需要加强灌域管理功能时，也可以考虑采用集中与分散相结合的结构模型。

需要说明的是，由于各水情监测数据之间的相关性存在差异，即使物理上采用集中式融合结构，逻辑上仍然是分组结构。本书认为在网络技术快速发展和高度普及的今天，对于民用系统而言设计信息融合的逻辑结构往往比设计物理结构更具有实际意义，故本书以下所述结构模型，除特别说明外均指逻辑结构。灌区渠系水情态势评估的信息融合结构模型如图 5-13 所示。

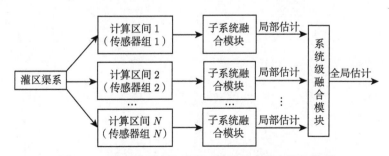

图 5-13　灌区渠系水情态势评估的信息融合结构模型

　　本章通过对灌区水情监测系统的分析，认为现有灌区水情监测系统具备水情信息采集、传输、储存、处理等基本能力，但由于水情监测信息的时空覆盖面有限，限制了这些信息在预测渠系水情未来状态的有效应用。从信息融合的角度考察，灌区水情监测数据可以作为信息融合的主要信息源，但缺少关联和冗余，还需要引入系统关系或寻找其他可利用的信息源。另一方面，明渠非恒定流仿真模型建立在水力学、流体力学等先验知识的基础上，具有坚实的理论基础和实验基础，建立的模型比较完整，且在国内外的洪水演进、长距离输水系统仿真等领域已得到广泛应用，但由于灌区系统的不确定性特别是灌溉用水的非计划性，已经建立的明渠非恒定流仿真模型尚不能直接用于跟踪灌区渠系实际运行。从信息融合的角度考察，明渠非恒定流仿真模型可以作为多源信息融合的信息源，也可作为信息融合的系统状态方程。明渠非恒定流仿真模型与灌区水情监测数据进行信息融合，可以实现对灌区实际运行的动态跟踪，进而可以建立起具有演进、预测、评价、预警等综合能力的灌区渠系水情态势评估系统，为灌区的业务应用和科学决策提供有效支撑。此外，由于存在干扰用水以及系统时变性，已经提出的几种水动力学模型与卡尔曼滤波耦合的实时校正方法尚难以直接用于灌区渠系水流，需要寻找新的途径实现水情监测数据与明渠非恒定流模型的信息融合。

　　对于希望得到最终实际应用的渠系水情态势评估系统，需要研究并合理确定其体系结构。灌区水情信息采集和闸门控制系统通常自下而上划分为执行层、数据层、功能层、表示层，本章从信息融合的更宽视角将灌区渠系水情态势评估系统划分为信息源层、信息融合层、信息应用层。信息源层指示信息融合的信息来源，可以是不同类型的信息源，也可以是同一信息源的不同传感器。信息融合层划分为子系统级信息融合和系统级信息融合，子系统级信息融合属于局部信息融合，系统级信息融合属于全局信息融合，既符合灌区的实际需要和条件，也具有一定的包容性和扩展性。为细化并实现上述体系结构，本章还提出相应的信息融合功能模型和结构模型。

第6章 传感器数量有限条件下的灌区渠系水情状态估计方法

灌区水情实时监测数据能及时、准确地反映重要断面的水情状况,但在传感器数量有限、布设受限条件下,监测数据的空间覆盖面有限,时间上则局限于过去和现在,且相互之间缺乏关联,单纯依靠实时监测数据很难准确把握未来渠系水情的变化。基于领域知识的渠系运行仿真模型时空覆盖面大,不仅能提供灌区渠系的全局性水情信息,而且能提供未来渠系水情的预测信息,但尚缺乏跟踪灌区渠系实际运行的能力。自动跟踪实际系统运行,并在此基础上正确预测渠系水情较长历时变化是构建灌区渠系水情态势评估系统的基本要求。研究传感器数量有限、布设受限情况下的灌区渠系水情状态估计的目的正是希望通过信息融合,使基于领域知识的渠系运行仿真模型具有自动跟踪实际系统运行和正确预测渠系水情较长历时变化的能力,因此该研究内容是构建灌区渠系水情态势评估系统的关键技术之一。

6.1 灌区渠系水情状态估计问题描述

6.1.1 系统变量

实际系统的模型,宏观上由输入、处理、输出三部分组成。即对一般系统而言,除系统状态变量外,还存在系统输入变量和输出变量。在信息融合领域中通常使用系统状态变量和输出变量,且分别构成状态向量和观测向量,但一般很少使用输入变量或输入向量的概念。为建立灌区渠系运行系统状态方程,有必要针对灌区实际情况对这些变量特别是输入变量加以分析。

信息融合源于军事领域,军事领域与大部分民用领域在系统性质上具有显著差异。军事领域的具体对象是未知的,即使引入系统状态方程也并不完全清楚系统的内部操作,除先验知识外,只能通过外部观察来认识对象系统。这种情况下,输入变量往往作为系统参数,没有必要也不可能单独考虑。但相当一部分民用系统如水利工程运行调度、电力调度、生产过程控制等,其对象是明确的,不仅可以建立完全确定的系统状态方程,而且输入变量也是基本确定的,或者可以通过观察系统输出变化设法推测系统输入的某些变化,从而可以比较完整地认识和较为准确地把握系统进程。因此,对于这类系统有必要将系统输入单独考虑,进而考虑是否可将系统的不确定性主要归结于输入的不确定性,而认为系统状态方程本身是确定或基本确定的。引申上述认识可以得出这样的结论：对于灌区这样的民用系统，相对于在状态变量层上直接进行信息融合，可能不如深入到系统内部、在系统输入层上进行信息融合更为有效，灌区的这些特点明显有别于军事领域的信息融合研究对象。从输入着手研究减少系统不确定性的思路对于很多民用系统是必要和可行的。对灌区而言，尽管同时存在多种形式的不确定性，但可以认为影响系统状态偏离模型预测状态的主要因素是干扰流量的存在。这种情况下单纯对状态变量进行校正而不考虑干扰流量对误差的贡献，即使通过信息融合校正了水位、闸门下泄流量、渠道断面流量等数值，由于系统状态方程输入项的强约束作用，后续时刻它们还会回到原来的变化过程中去，即校正的效果只能改变预测的初始状况，而无法影响较长历时以后的系统进程。另外，用水流量、闸门开度等输入变量并不受系统状态方程的约束，如果在信息融合中合理校正这些变量的数值，则不仅可以校正系统当前状态，还将影响系统以后的进程。本章研究通过监测数据合理估计系统输入偏离用水计划的方法，以提高校正对预测的持续作用[101−111]。

需要说明的是：建立明渠水流动力学模型时通常以正负数值区分进出系统的水流，并不采用输入、输出的概念，本书尽管采用输入变量的概念但与水流方向无关，仍以正负数值区分水流方向。另外，对于灌区而言观测变量一般对应于状态变量，也有可能对应于输入变量，但并非全部状态变量和输入变量都有对应的观测变量，也就是说相当部分的状态变量和大部分输入变量与观测变量的关系是隐含的。

6.1.2　系统状态方程和量测方程

灌区渠系水流的非线性离散时间系统的一般状态方程可参照文献表示为

$$X(k+1) = f(k, X(k), U(k)) + v(k) \tag{6-1}$$

式中，$X(k)$ 为系统状态向量；$U(k)$ 为系统输入向量；$f(k, X(k), U(k))$ 为系统非线性状态转移函数；$v(k)$ 是系统过程噪声向量；k 表示离散时间序列。

测量方程可表示为

$$Z(k) = h(k, X(k), U(k)) + w(k) \tag{6-2}$$

式中，$h(k, X(k), U(k))$ 是描述量测映射的向量函数；$w(k)$ 是量测噪声向量。

一般认为状态估计的任务是对目标过去的运动状态进行平滑，对目标现在的运动状态进行滤波，对目标未来的运动状态进行预测。基于状态方程和量测方程、以 Kalman 滤波为代表的各种滤波方法是状态估计最为常用的方法，本书首先以非线性系统较为常用的扩展 Kalman 滤波方法 (EKF) 为例，分析滤波方法对本书研究对象的适用性。

扩展 Kalman 滤波在假定式 (6-1) 和式 (6-2) 中的输入控制向量为确定数值、系统状态仅依赖于自初始时刻观测数据的时间序列、属于时不变系统的条件下，状态方程和量测方程可简化为

$$x(k+1) = f(k, x(k)) + v(k) \tag{6-3}$$

$$z(k) = h(k, x(k)) + w(k) \tag{6-4}$$

式中，可以假定 $v(k) : N(0, Q(k))$ 和 $w(k) : N(0, R(k))$ 均为独立过程，其中 $Q(k)$ 是系统过程噪声 $v(k)$ 的对称非负定协方差矩阵；$R(k)$ 是观测噪声 $w(k)$ 的对称非负定协方差矩阵。

扩展 Kalman 滤波实际上是将非线性方程线性化的近似 Kalman 滤波，即对式 (6-3) 中的状态转移矩阵 $f(k, x(k))$ 在状态 $\hat{x}(k|k)$ 处进行一阶 Taylor 级数展开并取数学期望，得

状态预测方程

$$\hat{x}(k+1|k) = f(k, \hat{x}(k|k)) \tag{6-5}$$

状态一步预测误差协方差方程

$$P(k+1|k) = F(k)P(k)F(k)^{\mathrm{T}} + Q(k) \tag{6-6}$$

式中，

$$F(k) = \frac{\partial f(k, x(k))}{\partial x(k)} \Big|_{x(k)=\hat{x}(k|k)} \tag{6-7}$$

是 f 的雅可比矩阵。

同样对式 (6-4) 中的观测矩阵 $h(k, x(k))$ 在 $\hat{x}(k+1|k)$ 处进行一阶 Taylor 级数展开并取数学期望，得

量测一步预测方程

$$\hat{z}(k+1|k) = h(k+1, \hat{x}(k+1|k)) \tag{6-8}$$

新息方程

$$\gamma(k+1) = z(k+1) - \hat{z}(k+1|k) \tag{6-9}$$

量测一步预测 (新息) 误差协方差方程

$$S(k+1) = H(k+1)P(k+1|k)H(k+1)^{\mathrm{T}} + R(k+1) \tag{6-10}$$

式中，

$$H(k+1) = \frac{\partial h(k+1, x(k+1))}{\partial x(k+1)} \Big|_{x(k+1)=\hat{x}(k+1|k)} \tag{6-11}$$

为 h 的雅可比矩阵。

滤波增益矩阵方程

$$W(k+1) = P(k+1|k)H(k+1)^\mathrm{T}S(k+1)^{-1} \tag{6-12}$$

状态更新方程

$$\hat{x}(k+1|k+1) = \hat{x}(k+1|k) + W(k+1)\gamma(k+1) \tag{6-13}$$

状态协方差更新方程

$$P(k+1|k+1) = P(k+1|k) - W(k+1)S(k+1)W(k+1)^\mathrm{T} \tag{6-14}$$

实际上状态转移矩阵和观测矩阵可以由高阶 Taylor 级数展开，构成不同阶数的 EKF 方法，阶数越高则计算量越大。Phanenf 的仿真试验表明：二阶 EKF 较一阶 EKF 的性能更好，但二阶以上 EKF 的性能并无明显改进。分析上述扩展 Kalman 滤波方法的求解过程不难看出：① 滤波方法基于状态方程和量测方程，且表达式为离散时间递推关系，与灌区渠系水流状态方程的差分格式相似；② 滤波方法需要假定式 (6-1) 和式 (6-2) 中的输入控制向量为确定数值，系统状态仅依赖于自初始时刻观测数据的时间序列，即符合一阶马尔可夫过程；③ 滤波方法得到的估计尽管可能存在某方面的误差 (如线性化误差)，但却是一个全局的最优估计或次优估计，这里的全局指不仅覆盖问题所定义的全部空间，而且覆盖问题所定义的整个时间序列。

适用于非线性系统的滤波方法还有 Unscented 滤波、粒子滤波等更为有效的方法，但在可计算的前提下，不论哪种滤波方法均假定系统状态仅依赖于观测数据的时间序列，即系统当前状态仅取决于前一时刻的状态，看成一个马尔可夫过程，在此假定下系统输入只能忽略或作为常数处理。但是，灌区渠系水流状态方程的输入控制向量既有计划用水的确定性变化，也有干扰用水的不确定变化，且其影响远大于系统过程噪声和观测噪声，系统状态并不仅仅取决于前一时刻的状态，因此不能直接采用上述滤波算法，需要在状态滤波方法的基础上研究提出适用于系统输入控制向量存在确定性和不确定性变化的状态估计方法。

6.1.3　研究对象比较

本书研究的问题属于多源多传感器信息融合，但其研究对象与信息融合的以往研究对象存在一些不同，有必要进行比较和梳理。信息融合理论源于军事领域，其后由于众多学者的广泛研究，其内涵已经有了实质性扩大，但在民用领域目前多局限于目标识别、图像处理、故障诊断、综合决策等为数不多且与军事领域研究问题性质类似的问题上[112-123]。本书尝试将其研究对象与军事领域的研究对象进行初步比较, 以便借鉴已有状态估计方法, 并有针对性地提出适合灌区渠系水情的状态估计方法。

1) 需要识别的对象不尽相同

军事领域属于敌对世界, 在搜索区间内是否存在敌方目标是未知的, 存在何种目标也是未知的, 因此目标识别成为第 0 级融合和第 1 级融合的关键技术。本书的研究对象属于人为设计世界, 本身是确定的、明确的, 通常并不需要进行识别, 但影响研究对象状态变化的内外部原因却是需要加以识别的。

2) 实体之间的相互关系不尽相同

军事领域中, 舰艇、飞机等实体是离散的, 而且实体之间一般呈现较弱的相关性, 同时观测数据与实体之间的相互关系也不固定, 因此观测数据与实体的空间关联性和时间关联性成为研究重点。对于本书研究对象, 实体是连续的, 实体各部分之间呈现物理上的强关联性, 而且观测数据与实体之间的相互关系也是固定的, 故一般无须判断哪个监测数据与哪个实体 (或实体部分) 相关, 但是需要揭示监测数据之间的关联性, 以增加信息冗余。

3) 对系统内部关系的认识程度不尽相同

军事领域中, 由于双方的敌对性, 不可能完全掌握目标系统的内部关系, 有可能得到的仅仅是外在性关系、后验性关系, 故在动态跟踪中往往需要试配不同的系统模型。本书的研究对象, 则可以通过科学实验和数学推演得到确定的系统关系, 即使需要采用不同模型也是可以事先确定的。

4) 对系统输入的处理不尽相同

军事领域中, 无法探究系统输入的变化, 因此也无法单独考虑系统输入的影响, 只是将其包含在系统模型中, 或忽略它的影响, 或作为固定参数处理。对本书研究对象的系统输入, 则有可能采用信息融合等技术判断是否存在干扰用水, 推测干扰用水的数量和分布, 即不仅可以考虑系统输入的确定性变化, 而且在一定条件下可以分析系统输入的不确定性变化, 进而在一定程度上把握影响系统状态变化的内外部原因。

5) 信息的不确定性不尽相同

军事领域中, 对信息的不确定性, 主要强调并处理信息的随机性、模糊性、不完整性以及不精确性, 但由于不单独考虑系统输入, 也就不可能处理系统输入的随意性或非计划性。本书的研究对象, 输入的随意性、非计划性是造成系统状态不确定的主要原因, 因此不仅要响应输入量的随机性、模糊性、不完整性以及不精确性, 而且要响应输入量的随意性、非计划性。

状态估计属于动态估计, 是信息融合的主要任务, 也是信息融合关键技术所在。灌区渠系水流是一个输入具有不确定性的非线性时变系统, 其信息融合的难点集中体现在状态估计上, 通过表 6-1 比较本书研究对象与以往研究对象的异同, 希望有助于正确认识本书研究对象的特点, 有助于正确提出并求解其状态估计问题。

表 6-1　本书研究对象与以往研究对象的异同

对象类型	系统过程	系统状态转移函数	量测映射向量函数	系统不确定性		量测不确定性
				系统噪声	输入变量	
以往研究对象	马尔可夫或非马尔可夫过程	相对简单的单个或多个可适配的状态方程	相对复杂, 但与状态向量对应	随机噪声等	确定或常数或忽略	随机噪声等
本书研究对象	非马尔可夫过程	非线性时变的确定性状态方程, 隐含较复杂的调度规则和运行规则	相对简单, 但与输入向量并不对应	随机噪声、系统误差等	用水的确定性变化、干扰用水的不确定性发生	随机噪声、不完整性等

由表 6-1 的比较可以看出, 尽管本书研究对象与以往研究对象同样属于不确定性推理问题, 但除受随机噪声影响外还明显受到输入的确定性和不确定性变化的影响, 状态估计首先需要合理估计输入的不确定性。

需要特别注意的是, 尽管计划用水也存在变化, 且影响系统状态发生变化, 但其变化情况属于已知, 性质上不同于干扰用水。另外, 由于系统噪声和观测噪声的影响, 并不能由此直接求解干扰流量, 依然需要按照不确定推理方法判断干扰用水的存在与否并估计其数量和分布。

6.1.4　灌区渠系水情状态估计的可行途径

基于本书研究对象与以往研究对象的分析比较, 还可以进一步分析系统状态方程与量测方程的对应关系。渠系运行仿真模型 (即灌区水情信息融合的系统状态方程) 的运行条件涉及初始条件、边界条件、用水计划、闸门运行调度方案等众多信息, 其状态变量覆盖整个灌区渠系系统, 离散时间步长通常为数秒至数十秒; 灌区水情监测系统则提供水源水位、主要闸门闸位、渠道重要断面水位以及主要用水流量等重要信息, 传感器数量有限, 信息量也有限, 远不能覆盖整个灌区渠系系统, 其离散时间步长通常为数分钟至数十分钟。显然, 二者在空间和时间上并不完全对应, 仅仅估计与监测数据对应的状态变量是不够的, 因为可能同时也关注没有监测数据断面的水情。此外, 灌区实时监测对象主要是渠道水位, 但渠道水位属于状态变量, 即使在监测时间节点上对其正确估计, 也难以保证在其他时刻这些校正后的状态变量能够符合系统状态方程, 更难以保证校正后的闸门上下游水位能够符合闸门的运行调度规则, 导致建立的实时在线仿真模型达不到跟踪并预测系统状态的目的, 甚至会引起非线性仿真模型的发散[124−144]。

通过以上分析, 可以形成以下认识: 状态估计的可行途径依然可以基于系统状态方程和量测方程, 但并不应依据监测数据直接校正对应的状态变量, 而应首先依据监测数据设法估计系统输入的不确定性,合理解释实际用水相对于用水计划发生的偏离,进而实现渠系水位、流量等系统状态变量与实时监测数据的信息融合。另外,对于灌区渠系水流而言,系统输入的影响与影响范围呈负相关,即距影响发生位置越远其影响越小。因此,估计系统输入并不需要全部在整个系统上进行,可以首先分解到子系统进行部分估计,然后再回到整个系统上进行协调。故本书提出的状态估计方法是:划分系统和子系统,将原问题分解为子系统级的局部估计和系统级的全局估计两步进行。

1) 局部估计

依据监测数据,在子系统范围内按不确定推理方法判断是否存在干扰用水,并在子系统级局部估计干扰用水的数量,计算不同分布方案的发生隶属度。

2) 全局估计

依据监测数据,针对局部估计得到的有限数目的干扰用水分布方案,按照发生隶属度高优先的规则进行全局范围的状态估计,并以状态变量与监测数据的方差大小评价局部状态估计的优劣;寻找最大偏差对应的子系统,在一定范围内适当松弛局部估计的隶属度高优先规则,依次尝试该子系统的其他干扰流量分布方案,直至符合计算精度要求或达到隶属度允许阈值为止,最终实现整个系统的状态估计。

6.1.5 基于输入校正的灌区渠系水情状态估计方法

灌区渠系水情状态估计问题的定义域 Ω 不仅涵盖整个渠系空间,而且涵盖灌区的整个运行历时,也就是说全局估计不仅是相对于全部状态变量而言的,而且是相对于整个时间序列而言的,因此本书基于输入校正的灌区渠系水情状态估计方法同样是一个由 $k-1$ 时刻到 k 时刻的递推过程,但需要考虑输入控制向量的确定性变化和不确定性变化。为此,考虑方法的完整性和实用性对系统状态方程和量测方程作如下变化:① 将输入控制向量分解为计划用水向量 Q_p 和干扰用水向量 Q_d,分别表示系统输入的确定部分向量和不确定部分向量;② 系统过程噪声既反映在水位上也反映在流量上,但二者并不完全独立,同时考虑水量平衡的重要性,将系统过程噪声用流量表示,并因流量噪声与干扰用水流量实际上是相互叠加的,故合并到干扰用水项中表示;③ 系统的不确定性主要来源于干扰用水的不确定性,量测噪声的影响相对较小且最终也将反映到系统过程噪声中,故在此忽略量测噪声项;④ 补充数据融合方程,在系统状态方程与量测方程之间建立起预期的信息融合关系。如进一步假定干扰用水向量的局部估计集合已由各子系统估计得到,则当前时刻 k 的灌区渠系水情状态估计应满足以下各式。

系统状态方程

$$X(k) = f(k-1, X(k-1), Q_p(k), \widehat{Q}'_d(k)) \tag{6-15}$$

量测方程

$$\widehat{Z}(k) = h(k, X(k), Q_p(k), \widehat{Q}'_d(k)) \tag{6-16}$$

数据融合方程

$$\widehat{Q}_d(k) = A(\widehat{Q}_{ds1}(k), \cdots, \widehat{Q}_{dsn}(k))_{\sum (z(k) - \widehat{z}(k))^2 \to \min} \tag{6-17}$$

式中, $Q_p(k)$ 为 k 时刻计划用水向量; $\widehat{Q}'_d(k)$ 为 k 时刻干扰用水向量的局部估计或全局最优估计; $\widehat{Q}_d(k)$ 为 k 时刻干扰用水向量的全局最优估计; $\widehat{Q}_{dsi}(k)$ 为 k 时刻干扰用水向量的第 i 个局部估计, $i = 1, \cdots, n$, n 为局部估计的数量; $A(\widehat{Q}_{ds1}(k), \cdots, \widehat{Q}_{dsn}(k))$ 为 k 时刻干扰用水向量局部估计的集合; $z(k)$ 为 k 时刻的量测值; $\widehat{z}(k)$ 为由式 (6-16) 计算的 k 时刻量测估计值。与通常意义上的数值拟合不同的是, 本书的状态估计对象是输入控制向量 (即干扰用水向量), 而非模型或公式的参数, 即使发现个别监测数据异常也不能简单剔除, 因为这些数据可能与干扰用水向量的局部估计有关。另外的区别是, 由数据融合方程对 k 时刻干扰用水向量的全局估计受干扰用水需要遵循关系的限制, 故必须属于干扰用水向量局部估计的集合 $A(\widehat{Q}_{ds1}(k), \cdots, \widehat{Q}_{dsn}(k))$, 且需要按照发生隶属度高优先的规则进行选择。

基于输入校正的灌区渠系水情状态估计方法为递推算法, 其计算流程如下。

(1) 使用式 (6-15), 由前一时刻 $(k-1)$ 的系统状态向量和当前时刻 k 的计划用水向量以及干扰用水向量的局部估计, 预测当前时刻的状态向量。

(2) 使用式 (6-16), 由当前时刻的状态向量预测值确定当前时刻量测向量的预测值。由于本书研究中量测向量表示的对象属于状态向量的一个子集, 且忽略了量测噪声, 故这一步相当于在状态向量预测值中选择对应的量测向量预测值。

(3) 使用式 (6-17), 在当前时刻量测向量的实测值与预测值的差的平方和最小条件下在干扰用水向量局部估计集合中选择最优估计。

(4) 使用式 (6-15), 在干扰用水向量取全局最优估计的条件下计算当前时刻的全部系统状态向量, 作为下一时刻状态估计的出发状态。

尽管上述基于输入校正的灌区渠系水情状态估计方法是一个递推算法, 除 $(k-1)$ 时刻状态外并未涉及以往的全部系统状态, 但通过引入输入控制向量在递推的每一个时间节点上不但记入了计划用水的已知变化, 而且对干扰用水进行估计, 故由式 (6-15)、式 (6-16)、式 (6-17) 得到的全局估计在干扰用水向量局部估计集合中仍应是最优估计。为避免干扰用水向量全局估计波动过大, 本书还尝试如下的平滑处理:

$$\frac{p_k \widehat{Q}_d(k) + p_{k-1} \widehat{Q}_d(k-1)}{p_k + p_{k-1}} \to \widehat{Q}_d(k) \tag{6-18}$$

即取当前时刻全局估计与前一时刻全局估计的加权平均值作为实际使用的全局估

计，以适当考虑干扰用水具有的持续性和一定的稳定性。式中，p_k 和 p_{k-1} 分别为当前时刻和前一时刻的权重，可根据干扰用水波动情况合理取值。

6.2 基于动态调整虚警率的子系统级状态估计方法

6.2.1 子系统划分

灌区工程设施和运行调度通常实行分级、分片管理，灌区信息化建设依据灌区管理体制进行总体设计，因此灌区水情实时监测系统实际上已经将灌区渠系分割为若干相对封闭的区域，但这些区域又不是孤立的，区域之间存在一定程度的相互影响。如相邻闸门的过闸流量信息对推测该区间用水流量具有较强的约束作用，但过闸流量不仅与本侧水位有关，同时也受另一侧水位的影响，即受相邻区域的影响。这些特点说明，实现灌区渠系水情信息融合时按照大系统处理方法划分子系统，并区分子系统的内部关系以及子系统之间的相互关系有利于复杂问题的求解。显然子系统需要灌区水情实时监测系统为其提供必要的边界条件，故受到一定限制，故提出如下子系统划分方法。

(1) 分析灌区渠系水情监测系统的测站分布，标注其中可以直接或间接提供流量监测数据的测站。实际上除少数专门的流量测站外，利用工程条件较好、经过率定的闸门等建筑物也可以根据上下游水位和闸门开度计算其过闸流量。

(2) 合理确定子系统范围，使各子系统的边界具有流量监测数据，且应充分利用灌区水情实时监测系统提供的过闸流量、断面流量信息，划分为数量相对较多的子系统。各子系统内部如果包括水位测站则可显著提高渠槽蓄水和渠段渗漏量的计算精度，进而提高干扰用水的估计精度。

6.2.2 干扰流量需要遵循的关系

干扰用水的具体发生尽管是不确定的，但也要遵守水量平衡关系，并受到工程条件、操作规程、灌溉要求、用水计划等因素的约束。分析研究灌溉用水需要遵循的关系和受到的约束，有助于正确判别干扰用水的有无以及合理估计其数量和分布。

1. 子系统的水动力学关系

如前所述，如果将子系统即具有实时监测数据的相邻闸门之间的独立渠段作为计算区间，则该计算区间内的干扰流量 q_d 符合的关系。为求得数值解，将其变换为如下差分格式：

$$(Q_{ik} - Q_{ok})\Delta t = q_{pk}\Delta t + q_{dk}\Delta t + q_{hk}\Delta t + \Delta V_k \tag{6-19}$$

式中, Δt 为计算时段; Q_{ik}、Q_{ok} 分别为进出子系统 k 的渠道流量; q_{pk} 为子系统 k 的计划用水流量; q_{dk} 为子系统 k 的干扰用水流量; q_{hk} 为子系统 k 的渠道渗漏损失水量; ΔV_k 为 Δt 时段子系统 k 的渠槽蓄水量变化值。

渠道水位一般仅在少数断面具有监测数据, 故当缺少水位监测数据时, 式中渗漏损失水量和蓄水量变化值可以采用仿真模型给出的相应数据近似计算。实际上仿真模型与监测数据完全融合时, 同一断面的渠道水位将趋于一致, 渗漏水量和渠道蓄水量变化也将趋于一致, 故最终不会产生明显的静态误差。

对于确定性问题而言, 可以唯一确定干扰流量的数值, 但对于不确定性问题而言并不能这样简单处理。提出灌区渠系水情状态估计方法时已将系统过程噪声项合并到干扰用水项中, 故如果根据上式计算出的干扰流量较小时, 既可以解释为发生了干扰用水, 也可以解释为实际用水发生了波动, 显然这种歧义需要设法排除。再如根据上式计算前一时刻存在干扰用水, 而后一时刻又没有干扰用水, 这种情况违背了配水的连续性原则, 实际上并不可能发生。为此需要区别是干扰用水的影响, 还是噪声的影响, 本书对子系统关于流量的状态方程进行修正, 要求干扰用水满足如下包含噪声的连续性条件:

$$(Q_{ik} - Q_{ok})\Delta t = q_{pk}\Delta t + q_{dk}\Delta t + q_{hk}\Delta t + \Delta V_k + v_k \qquad (6\text{-}20)$$

式中, v_k 为子系统过程噪声。

与上式一致, 以渠道流量作为状态变量, 则量测方程为

$$z_k = Q_k + w_k \qquad (6\text{-}21)$$

式中, z_k 为子系统 k 的流量量测值; Q_k 为子系统 k 的进出流量; w_k 为量测噪声, 如前所述子系统的量测噪声也可忽略。

各子系统干扰流量的数量, 基于式 (6-20) 和式 (6-21) 可以采用动态贝叶斯推理估计, 也可采用假定检验等其他不确定推理方法进行估计。

干扰流量的可能分布本书也在各子系统中进行初步估计。考虑到子系统通常空间范围不大, 且可通过系统级估计进行协调, 故简化以定常流建立关于水位的子系统状态方程:

$$H_{k(i+1)} = H_{ki} - \sum_{j=J(i)}^{J(i+1)} K_{kj}Q_{kj}^2 + v_k \qquad (6\text{-}22)$$

式中, H_{ki}、$H_{k(i+1)}$ 分别为子系统 k 断面 i 和断面 $i+1$ 的水位; Q_{kj} 为渠段 j 的流量; K_{kj} 为水头损失系数; $J(i)$、$J(i+1)$ 分别为断面 i 和断面 $i+1$ 之间渠段的编号; v_k 为子系统 k 的过程噪声向量。

量测方程为

$$\widehat{z}_{ki} = H_{ki} + w_k \tag{6-23}$$

式中，$\widehat{z}_{ki}$ 为子系统 k 断面 i 的水位量测估计值；H_{ki} 为断面 i 的水位；w_k 为子系统 k 的量测噪声向量，如前所述这里的量测噪声也可忽略。

一般情况下，式 (6-22) 和式 (6-23) 关于干扰流量分布的约束并不完整，尚需结合干扰流量应遵循的其他规则进行估计。

2. 设计流量的限制

计划用水流量通常选择在渠道设计流量附近，发生干扰流量时实际用水流量 q 可能超过设计流量，但不应超过渠道加大流量，即

$$q \leqslant Q_{\text{加大}} \tag{6-24}$$

式中，$Q_{\text{加大}} = (1 + \beta_{\text{加大}}) Q_{\text{设计}}$。

灌区工程设计中续灌渠道的流量加大系数 $\beta_{\text{加大}}$ 一般取 10%~30%，渠道设计流量大时取较小值，反之取较大值；轮灌渠道则不考虑加大流量，即 $\beta_{\text{加大}} = 0$。简化为用水处理的渠道通常为斗渠或农渠，属于按轮灌方式运行的渠道，故式 (6-24) 中的加大流量即为设计流量，如果计划用水流量已经达到设计流量，则认为不可能再发生正值干扰流量，否则正值干扰流量也只能被限制在计划用水流量与设计流量之间的范围内发生。个别情况下即使有加大流量，则正值干扰流量也要被限制在计划用水流量和加大流量之间的范围内发生。

3. 配水的连续性规则

为了提高灌溉水利用率、加快灌溉进度，灌溉用水需要遵循配水的连续性规则，即在一次灌水过程中灌溉用水不应被随意中断，且流量应尽可能接近设计流量。因此可以推定干扰流量起始时间点不应远离计划配水时间起始点，干扰流量终止时间点也不应远离计划配水时间结束点，且在灌水过程中不被中断。同时还可推定负值干扰流量不应致使实际用水流量过小，一般认为实际流量不应低于设计流量的 50%。

4. 灌溉用水的总量控制、定额管理原则

我国推行灌溉用水总量控制、定额管理的水资源配置原则，因此每个用水的配水面积和种植结构确定后，其用水量应该受到较为严格的限制，即要满足作物的基本灌溉需求，也不能超出允许的用水上限。本书假定各用水的实际用水量 $v_{\text{实际}}$ 相对于计划用水量 $v_{\text{计划}}$ 的允许变动范围如下：

$$0.9 v_{\text{计划}} \leqslant v_{\text{实际}} \leqslant 1.1 v_{\text{计划}} \tag{6-25}$$

6.2.3　基于动态调整虚警率的干扰用水假定检验方法

根据对实时监测数据特征提取以及假设检验方法的分析，可以进一步改进、完善用于判别干扰用水有无的假定检验方法。一般而言灌区发生干扰用水的概率并不高，而虚警率应低于干扰用水发生概率，故虚警率必须控制得很低。考虑对虚警率的要求比较明确，故采用奈曼–皮尔逊 (Neyman-Pearson) 准则用于本书检测及判断干扰用水的有无。需要特别指出的是，实际用水流量与计划用水流量的差值，对系统状态的影响不仅表现在数值的大小上，而且表现在差值的持续性上。例如，发生一个较大的差值时，可以认为属于干扰流量的可能性较大些，反之则属于噪声的可能性较大些；但如果发生的不大差值长时间持续，也可认为属于干扰流量的可能性较大些。为此本书提出动态调整虚警率 α 的改进方法，以解决这个既要考虑差值大小又要考虑差值持续性的问题。即相对于初始虚警率 α_0，如果观测值 (即实际用水流量与计划用水流量的差值) 持续且保持符号不变，则虚警率 α 在一定范围内相应提高，降低检测阈值，以便能检测出这种干扰流量；否则维持初始虚警率 α_0。显然前一种情况实际使用的虚警率相对于初始虚警率而言属于后验概率，尽管降低了检测的时效性，但提高了检测率；后一种情况则仍可维持原有的时效性，以便在观测值大于原来设定的检测阈值时及时检测出干扰用水的发生。

在高斯白噪声条件下，假设 H_0 (无干扰用水) 和假设 H_1 (有干扰用水) 的概率密度函数分别为

$$\varphi(x:H_0) = \frac{1}{\sqrt{2\pi}\sigma}\mathrm{e}^{-\frac{x^2}{2\sigma^2}} \tag{6-26}$$

$$\varphi(x:H_1) = \frac{1}{\sqrt{2\pi}\sigma}\mathrm{e}^{-\frac{(x-q_d)^2}{2\sigma^2}} \tag{6-27}$$

上式中的方差 σ 可以根据计算区间 (子系统) 流量的随机波动情况确定，即流量波动幅度不超过 q_u 的概率 $P(-q_u < x < q_u)$ 可由下式表示：

$$P(-q_u < x < q_u) = \int_{-q_u}^{q_u} \frac{1}{\sqrt{2\pi}\sigma}\mathrm{e}^{-\frac{x^2}{2\sigma^2}}\mathrm{d}x \tag{6-28}$$

显然该式并非标准正态分布，为使用标准正态分布数值表进行计算，变换 $t = \dfrac{x}{\sigma}$ 得到

$$P_u(-q_u < x < q_u) = \int_{-\frac{q_u}{\sigma}}^{\frac{q_u}{\sigma}} \frac{1}{\sqrt{2\pi}}\mathrm{e}^{-\frac{t^2}{2}}\mathrm{d}t \tag{6-29}$$

如果给定计算区间流量波动幅度不超过 q_u 的概率 $P(-q_u < x < q_u)$，则由式 (6-29) 试算不难求得 σ。方差 σ 反映了该计算区间无干扰用水时，正常用水在给定概率下的用水流量波动情况，故不同计算区间的 σ 可能并不相同。

干扰流量可能为正，即相对于用水计划增加流量；也可能为负，即相对于用水计划减少流量。故将观测空间分为 $R_0[-x_\alpha, x_\alpha]$ 和 $R_1(-\infty, -x_\alpha)$、$R_2(x_\alpha, \infty)$ 三个

区域, 其中 R_1 和 R_2 位于 R_0 两侧且对称分布, 其中 R_1 沿负方向, R_2 沿正方向。当观测值 x 属于 R_0 时, 判别 H_0 为真, x 属于 R_1 或 R_2 时, 判别 H_1 为真, 则虚警率 P_f 表示为

$$P_f = \int_{R_1} \varphi(x:H_0)\mathrm{d}x + \int_{R_2} \varphi(x:H_0)\mathrm{d}x = 2\int_{R_2} \varphi(x:H_0)\mathrm{d}x \qquad (6\text{-}30)$$

显然只有在给定的虚警约束条件下, 奈曼–皮尔逊准则关于使检测概率达到最大的要求才能实现, 故奈曼–皮尔逊准则可以简单归结为

$$|x| > x_\alpha \qquad H_1 : H_0 \qquad\qquad\qquad (6\text{-}31)$$

式中, x_α 可在给定虚警约束条件 $P_f = \alpha$ 后解出, 即得到判断是否存在干扰用水的观测阈值。由于 x_α 的作用是影响积分域, 且 x_α 越大, R_1 和 R_2 越小, α 也越小, 即 σ 是 x_α 的单调减函数, 故给定一系列 x_α 值就可求出对应 α 值并形成一个二维数表。反过来, 给定一个 α 值, 即可通过查表并插值得到一个对应的 x_α 值。虚警率 α 可根据灌区发生干扰用水的频率和程度确定。一般而言, 灌区总体上实行计划用水, 发生干扰用水的概率并不高, 故允许的虚警率也不应过高, 否则可能频繁报警, 与实际情况不符。这个改进方法的实质是利用同一传感器组或同一信息源在不同时刻对同一事件的观测结果, 并基于这些观测的独立性进行信息融合, 以弥补单一时刻观测信息的局限性。

灌溉用水的量测精度在很大程度上取决于量测方法, 而灌区实际采用的量测方法参差不齐, 故对灌溉用水量测精度尚无统一的规定, 一般希望达到 3%, 实际上不超过 5% 也是允许的。显然在灌溉用水的量测误差范围内识别干扰用水并无实际意义。根据本书研究对象灌区的实际情况, 以子系统正常用水合计流量 $3\mathrm{m}^3/\mathrm{s}$ 为例说明基于动态调整虚警率的假定检验方法。初步给定 $q_u = 0.2\mathrm{m}^3/\mathrm{s}$(约占合计用水流量的 6.7%, 稍大于实际量水精度), $p_u = 0.9$, 则可由式 (6-29) 求得 $\sigma = 0.12\mathrm{m}^3/\mathrm{s}$, 进而由式 (6-30) 和式 (6-31) 计算得到 $x_\alpha \sim \alpha$ 二维数表 (表 6-2)。

表 6-2 $\quad x_\alpha \sim \alpha$ 二维数表

x_α	0.1	0.12	0.14	0.16	0.18	0.2	0.22	0.24	0.26
α	0.2025	0.1587	0.1216	0.0913	0.0668	0.0478	0.0334	0.0228	0.0151

取初始虚警率 $\alpha_0 = 0.05$, 则检测阈值 $x_\alpha = 0.198\,\mathrm{m}^3/\mathrm{s}$。如果观测值为 $0.3\mathrm{m}^3/\mathrm{s}$, 大于检测阈值, 则判别存在干扰流量; 如果观测值为 $0.15\mathrm{m}^3/\mathrm{s}$, 小于检测阈值, 则暂时判别不存在干扰流量, 但如该观测值持续且符号不变, 经过若干个观测周期后, 虚警率 α 提高到 0.12, 检测阈值降低为 $x_\alpha = 0.141\mathrm{m}^3/\mathrm{s}$, 则观测值已经大于动态调整后的检测阈值, 故判别存在干扰流量。为此还需要为虚警率 α 规定一个调

整步长和调整上限，使虚警率 α 经过几个观测周期的调整，可以检测出较小幅度的干扰流量，但数值过小应判别为系统噪声的观测值又不致被误判为干扰流量。

初始虚警率以及虚警率的调整步长、调整上限可以根据灌区实际情况通过模拟试验等方法进行调整和确定，在实际运行中再进一步确认。图 6-1 为模拟试验记录的系统运行第 2 天该子系统的过程噪声线，其噪声幅度最大正值为 $0.063\ \text{m}^3/\text{s}$，噪声幅度最大负值为 $-0.081\text{m}^3/\text{s}$；图中虚线表示初始虚警率 $(\alpha_0 = 0.05)$ 下的检测阈值 $(x_\alpha = 0.198\ \text{m}^3/\text{s})$。产生系统过程噪声的原因是复杂的，既有实时监测数据不同步、不准确的影响，也有系统状态方程采用差分方程替代微分方程时截断误差的影响，还包括源于时间离散监测数据而采用定时校正系统输入的信息融合方法所导致的模型与实型的偏差等，因此过程噪声表现为复杂的形态，既存在随机性，也存在系统性。尽管模拟试验与原型观测难免存在差异，但图 6-1 表明了检测阈值以致初始虚警率、调整上限与系统过程噪声的相互关系，并由此提示通过测试并分析各子系统的过程噪声就可以合理确定其初始虚警率以及虚警率的调整步长、调整上限。还需要说明的是，测试实际系统过程噪声的方法与模拟试验方法本质上是相同的，只需将监测数据切换为实际系统的监测数据，并确认被测试子系统无干扰用水即可实现，因此在实际应用中采用基于动态调整虚警率的干扰用水假定检验方法是有客观依据的，也是可行的。

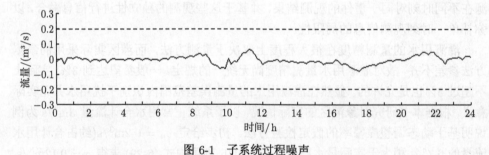

图 6-1　子系统过程噪声

虚线表示初始虚警率 $(\alpha_0 = 0.05)$ 下的检测阈值 $(x_\alpha = 0.198\text{m}^3/\text{s})$

显然以上讨论中，q_u、σ、x_α 等均具有流量的量纲，尽管直观，但由于各子系统的方差 σ 并不相同，故 $x_\alpha \sim \alpha$ 二维数表将因子系统而异，实际应用尚不够方便。如果灌区各子系统用水流量的相对波动 $q_u/\Sigma q_{ui}$ 与不超过该相对波动的概率 $P(-q_u/\Sigma q_{ui} < x < q_u/\Sigma q_{ui})$ 有一致的关系，则可以 $q_u/\Sigma q_{ui}$ 代替式 (6-28)、式 (6-29) 中的 q_u，即进行无量纲处理。由此得到的 $x_\alpha \sim \alpha$ 二维数表也是无量纲的，可适用于各子系统，但无量纲化是否有效则因灌区而异。

基于动态调整虚警率的干扰用水假定检验方法的特点是将原来仅适用于单因素 (数值大小) 的检验方法，扩展为适用于需要综合考虑数值大小和持续性的二因素判别问题，而且动态虚警率的调整比较灵活，能适应不同灌区、不同用水的实际情况。

应该特别指出的是，实际用水流量与计划用水流量的差值总是存在的，只是大小不同而已，无论是否将该差值判别为干扰流量都不会影响全局估计的最优性质。即如果判别为干扰流量，将根据全局估计结果修正相应的用水流量，并提示管理者注意用水异常情况；如果判别为系统噪声，将不会修正具体用水的流量，也不提示管理者注意噪声的影响，但其滑动平均值仍会以沿渠段均匀分布的形态记入该渠段的消耗水量，实际上仍起到修正系统输入的作用。

6.2.4 判别有无干扰用水的动态贝叶斯方法

基于动态虚警率的假定检验方法通过在一定条件下放宽虚警率提高了对较小流量干扰用水的检测能力。放宽的虚警率相对于初始虚警率而言实际上属于后验概率，由此提示基于动态贝叶斯 (Bayes) 统计理论的信息融合方法也应适合处理这类需要更新先验概率的问题。

不同子系统 (计算区间) 之间尽管存在水力学的密切联系，但某个子系统发生干扰用水的概率与其他子系统是否存在干扰用水并无必然联系，因此应针对每一个子系统应用 Bayes 方法。定义 A_1 和 A_2 表示某子系统不发生干扰流量和发生干扰流量两个不相容事件，$B_1, B_2, \cdots, B_m$ 表示检测出该子系统实际用水流量与计划用水流量存在不同程度差值的事件。如取 $m = 4$，子系统实际用水流量与计划用水流量的差值可分为 "无""小""中""大"。将 Bayes 公式推广到上述多个事件的情况：

$$P(A_i|B_1, B_2, B_3, B_4) = \frac{P(B_1, B_2, B_3, B_4|A_i)P(A_i)}{\sum\limits_{n=1}^{2} P(B_1, B_2, B_3, B_4|A_n)P(A_n)} \tag{6-32}$$

对于当前时刻，式 (6-32) 中的 $P(A_i)$ 表示事件 A_i 发生的先验概率；$P(A_i|B_1, B_2, B_3, B_4)$ 表示事件 B_1, B_2, B_3, B_4 出现后，对于事件 A_i 发生可能性的新认识。下一时刻 $(r + 1)$，$P(A_i|B_1, B_2, B_3, B_4)$ 成为先验信息，即

$$P_{r+1}(A_i) = P_r(A_i|B_1, B_2, B_3, B_4) \tag{6-33}$$

需要说明的是，各子系统实际用水流量与计划用水流量存在不同程度差值的事件并不是独立的，B_1, B_2, B_3, B_4 中有一个且只能有一个事件发生，即

$$B_1 \cup B_2 \cup B_3 \cup B_4 = 1 \tag{6-34}$$

因此上述事件只能有 4 种组合 $\{1, 0, 0, 0\}$、$\{0, 1, 0, 0\}$、$\{0, 0, 1, 0\}$、$\{0, 0, 0, 1\}$。事件 A_i 对事件 B_1, B_2, B_3, B_4 的影响，实际上是分配 A_i 事件发生条件下 B_1, B_2, B_3, B_4

事件为 $\{1, 0, 0, 0\}$、$\{0, 1, 0, 0\}$、$\{0, 0, 1, 0\}$、$\{0, 0, 0, 1\}$ 四种组合的发生概率。该分配问题应根据具体灌区的先验知识给出具体结果,但须遵循以下分配原则: $\sum_{j=1}^{4} P(B_j|A_i)$ $= 1$,即 A_i 事件发生条件下 B_j 事件发生概率之和等于 1;另外,检测出实际用水流量与计划用水流量差值为 "无" 而发生干扰用水的概率,显然要明显低于检测出实际用水流量与计划用水流量差值为 "大" 而发生干扰用水的概率,即一般应有 $P(B_1|A_2) < P(B_2|A_2) < P(B_3|A_2) < P(B_4|A_2)$。

判别需要根据决策规则进行,本书根据预先确定的判别阈值进行判别,即当

$$P_r(A_2|B_1, B_2, B_3, B_4) > P_m \tag{6-35}$$

时,判别该计算区间存在干扰流量。判别阈值 P_m 取值的下限应大于某种强度随机误差发生的概率,也要大于信息融合允许误差发生的概率;判别阈值 P_m 取值的上限取决于对实时性的要求,判别阈值越大则判别的实时性越差,反之则越好。

灌区通常在灌溉前制定灌水计划,在灌溉结束后对实际灌水记录进行整编,二者的灌溉水量往往并不一致,通过分析差异的显著程度可以大体得出干扰用水发生情况,并可区分子系统间的差异,有区别地确定各子系统发生干扰用水的条件概率和先验概率。作为算例,假定 B_j 的条件概率分配矩阵为 $\begin{vmatrix} 0.90 & 0.06 & 0.03 & 0.01 \\ 0.10 & 0.20 & 0.30 & 0.40 \end{vmatrix}$,其中第 1 行给出不发生干扰用水时,观测到实际用水流量与计划用水流量存在各级别差值的概率,第 2 行给出发生干扰用水时,观测到实际用水流量与计划用水流量存在各级别差值的概率。如不发生干扰用水时,观测到实际用水流量与计划用水流量差值 "小" 的概率为 0.9;发生干扰用水时,观测到实际用水流量与计划用水流量差值 "大" 的概率为 0.4,同时取判别阈值 $P_m = 0.6$;另外,如果统计表明该子系统在 10 次灌溉中约有 1 次存在非计划用水现象,即可取发生干扰流量的先验概率为 0.1;计算区间合计用水流量为 $3\text{m}^3/\text{s}$,取 B_j 的模糊语言的量化值下限 (即下限流量) 分别为 $\{0, 0.05, 0.15, 0.3\}$。

如果某子系统发生大于 $0.3 \text{ m}^3/\text{s}$ 的流量偏差,则由式 (6-32) 计算的后验概率为 $P(A_2|0, 0, 0, 1) = \dfrac{0.40 \times 0.1}{0.01 \times 0.9 + 0.40 \times 0.1} = 0.816 > P_m$,故可判断该计算区间发生了干扰流量。

如果上述计算区间发生 $0.15 \sim 0.3 \text{ m}^3/\text{s}$ 的流量偏差,则由式 (6-32) 计算的后验概率为 $P_r(A_2|0, 0, 1, 0) = 0.526$,尚不能判断该计算区间发生了干扰流量,但下一个观测时刻持续观测到上述偏差值时,则有 $P_{r+1}(A_2|0, 0, 1, 0) = 0.917 > P_m$,故可判断该计算区间发生了干扰流量。如果上述计算区间发生 $0.05 \sim 0.15 \text{ m}^3/\text{s}$ 的流量偏差,由式 (6-32) 计算的后验概率为 $P_r(A_2|0, 1, 0, 0) = 0.270$,持续 2 个观测周期后 $P_{r+3}(A_2|0, 1, 0, 0) = 0.804 > P_m$,也可判断该计算区间发生了干扰流量。

当上述计算区间发生小于 0.05 m³/s 的流量偏差时，由式 (6-32) 计算的后验概率为 $P_r(A_2|1,0,0,0) = 0.012$，则该程度的偏差不论持续多长时间，其后验概率始终小于 P_m，故不会判断为发生了干扰流量，产生偏差的原因归结为系统噪声的影响。

综上所述，动态 Bayes 推理可以处理同时受事件发生程度和持续时间影响的不确定推理问题，且可以根据子系统的实际情况确定不同的先验概率，以提高判断的准确程度。采用动态 Bayes 推理判断有无干扰流量的优点是不言而喻的，但前提是灌区积累有较为丰富的运行管理经验，能为确定各子系统干扰用水发生的先验概率以及条件概率分配矩阵、后验概率判别阈值等提供必要依据。

上述动态 Bayes 推理方法和基于动态调整虚警率的假定检验方法均可用于识别干扰用水，但比较而言各有利弊，可视具体灌区的实际条件选择。如果灌区积累有较为丰富的运行管理经验，能提供较为全面可靠的基础数据，则前者可以做出更为客观的判断；后者则较为灵活，但需要的基础数据有限且较容易得到。

6.2.5 确定干扰用水方案的按隶属度排序方法

基于对灌区全部用水构成一个论域，计划用水作为该论域的一个普通子集 Q_P，则干扰用水可以作为该论域的一个模糊子集 Q_D 的定义，干扰用水不仅有可能在多个子系统同时发生，而且因一个子系统往往存在多个用水，还有可能在一个子系统的不同用水上发生，干扰用水在某个子系统可能发生的某种分布构成该子系统的一个干扰用水方案。假定检测到子系统 k 发生干扰流量 q_{dk}，且该子系统中干扰用水方案 p_k 表示为 $p_k\{q_{dk1}, q_{dk2}, \cdots, q_{dkN_k}\}$，则

$$\sum_{n=1}^{N_k} q_{dkn} \leqslant q_{dk} \tag{6-36}$$

式中，q_{dkn} 为子系统 k 中用水 n 分配的干扰流量；N_k 为子系统 k 的用水数目。

与通常的水量平衡关系不同，式 (6-36) 并未表示为分配的干扰流量之和等于检测到的该子系统干扰流量 q_{dk}，而是约定前者不大于后者。其理由是：本书总是假定干扰用水属于个别事件，故在一个子系统中干扰流量应遵守相对集中的原则，故在不违反干扰流量应遵循关系的前提下应尽可能分配给某一用水。但仍有可能产生剩余的干扰流量，如果剩余的数量较大则可能还有其他用水同时发生干扰用水 (但其概率很小)，如果剩余的数量不大就应归于系统噪声，因此分配剩余干扰流量的问题实际上仍属于不确定性问题，要求在每次分配中全部分配完并不稳妥。另外，本书分配干扰流量为循环往复过程，即每一次接收到渠系水情实时监测数据后均要识别估计干扰用水，并相应调整干扰用水方案，故只要本次未分配的干扰流量能在下一过程中出现并被识别，则仍可参与干扰用水方案的调整，故要求在每次

分配中将干扰流量全部分配完也无必要。

显然这些干扰用水方案均属于干扰用水模糊子集 Q_D, 且每一个干扰用水方案都与一个发生可能性的隶属度相关联, 具体计算如下:

$$\mu_{p_k} = \frac{\sum\limits_{n=1}^{N_k} x_{kn} a_{kn}}{\sum\limits_{n=1}^{N_k} a_{kn}} \qquad (6\text{-}37)$$

式中, μ_{pk} 为子系统 k 中干扰用水方案 p 的隶属度; x_{kn} 为子系统 k 中干扰用水方案 p 的第 n 个用水发生干扰用水可能性的模糊量化值; a_{kn} 为子系统 k 中干扰用水方案 p 的第 n 个用水发生的干扰用水的权重, 一般可取分配的干扰用水流量作为权重, 即 $a_{kn} = q_{dkn}$, 显然干扰用水方案 p 中未分配干扰用水的用水的权重为零。

需要特别说明的是: 本书的一个基本假设是干扰用水属于个别事件, 灌区总体上仍按照用水计划用水, 故估计干扰流量分布时实际上隐含有发生干扰用水的用水数目应符合最小化的原则。即对一个子系统而言, 仅一个用水发生干扰用水的概率远大于几个用水同时发生干扰用水的概率。由此推论, 干扰用水在不违反需要遵循诸规则的条件下, 应按隶属度由高到低尽可能集中分配, 即子系统干扰用水方案 $p_k\{q_{dk1}, q_{dk2}, \cdots, q_{dkN_k}\}$ 中的元素 (即各用水分配的干扰流量) 只有少数不为零, 其他均为零。为此, 本书不仅在一个子系统的干扰流量初次分配中遵循上述原则, 而且对在系统级状态估计中已判别存在干扰用水的用水, 不论根据式 (6-37) 计算隶属度高低, 均按关于干扰用水发生可能性语言变量词集的约定赋予 "肯定发生" 的语言值, 以保证其优先参与后续时刻干扰用水的调整 (增加或减少)。另外, 尽管本书对 $p_k\{q_{dk1}, q_{dk2}, \cdots, q_{dkN_k}\}$ 中不为零元素的数量并无限制, 但通常情况下一个子系统只有一两个用水分配有干扰流量, 故每个子系统的干扰流量方案实际上是很有限的, 不会对系统级状态估计造成计算量过大的障碍。

鉴于在子系统级仅对干扰流量按照式 (6-36) 的关系和各用水发生隶属度由高到低的顺序进行分配, 并未涉及子系统水流的动力学关系, 故还需将是否在一定程度上满足关于水位的子系统状态方程作为初步筛选干扰流量方案的依据。即式 (6-17) 中干扰用水向量局部估计集合 A 中的成员, 其由式 (6-22) 和式 (6-23) 计算的子系统 k 断面 i 的水位量测估计值 $\widehat{z}_{ki}$ 应满足:

$$\left| \widehat{z}_{ki} - z_{ki} \right| \leqslant \Delta Z_{\max} \qquad (6\text{-}38)$$

式中, z_{ki} 为子系统 k 断面 i 的水位量测值; $\Delta Z_{\max}$ 为允许的水位误差, 一般可比照状态估计计算精度适当放宽要求。不满足式 (6-38) 的干扰流量分布方案则被忽略。

依据卡尔曼滤波的校正结果对旁侧入流进行修正，但并未考虑对运动方程的影响。本书不仅在系统级状态估计中考虑系统输入对运动方程的影响，在子系统级的状态估计中也通过式 (6-38) 对干扰流量方案进行约束。需要说明的是，推导干扰流量需要满足的水动力学关系时，主要考虑满足圣维南方程中的连续性方程，对运动方程进行了适当简化，故式 (6-38) 仅用于子系统级的局部估计，在系统级状态估计中将根据圣维南方程进行更准确的全局估计。

6.3　基于领域模型、隶属度及最小二乘准则的系统级状态估计方法

对于一个复杂系统的信息融合，往往不仅是一个多源、多传感器的信息融合问题，而且是一个多目标的信息融合问题。即对融合结果的评价不能仅仅依据某一方面的准则，而是要尽可能符合几个相关方面的准则，为此需要分析并提出灌区渠系水情状态估计的具体目标。

6.3.1　系统级状态方程和量测方程

尽管式 (6-15)~ 式 (6-17) 给出了灌区渠系水情状态估计的状态方程、量测方程以及数据融合方程，但应用这些方程还需要描述它们的具体数学关系，其中最主要的是状态方程，其他方程的具体数学关系均可由此得到。根据领域知识，渠系水流符合明渠非恒定流的基本方程 (圣维南方程)，即质量上遵守水流的连续方程，能量上遵守水流的运动方程，因此灌区渠系水流可以作为一个整体看待，对于连续体组成的系统如此，对于离散后的系统也是如此。也就是说，引入明渠非恒定流基本方程以及其他有关水力学现象的数学模型构建系统状态方程，并准确率定各项参数，就可以将渠系水流看作一个整体，不同的闸门、泵站、渠道等设施的监测数据都可以看作是对同一实体的不同位置、不同角度的观测结果，从而实现监测数据之间的相互关联。

本书采用差分格式表示离散后的灌区渠系水流状态方程。考虑到可能发生的干扰流量，将 $q = q_p + q_d$ 代入，得到

$$V_j^{n+2} - V_j^n + \frac{\Delta t}{2\Delta x}[(V^2)_{j+1}^n - (V^2)_{j-1}^n] + \frac{g\Delta t}{\Delta x}(h_i^{n+1} - h_{i-1}^{n+1})$$

$$+\frac{g\Delta t}{\Delta x}(Z_i - Z_{i-1}) + g\Delta t \frac{N^2 V_j^{n+2}\left|V_j^n\right|}{(R^{4/3})_j^{n+1}} = 0 \tag{6-39}$$

$$B_i^{n-1}\frac{h_i^{n+1} - h_i^{n-1}}{\Delta t} + \frac{A_{j+1}^{n-1}V_{j+1}^n - A_j^{n-1}V_j^n}{\Delta x} = q_{p_i} + q_{d_i} + q_{h_i} \tag{6-40}$$

　　显然，如上构建的渠系水流状态方程不仅是非线性的，而且是时变的。给定初始状态、水源等边界条件以及 q_p、q_d 等输入过程，即可逐一时刻推演系统状态。

　　对于灌区渠系水情状态估计问题，式 (6-15) 中的状态向量 $X(k)$ 为式 (6-39)、式 (6-40) 中的节点水位、流速。为满足仿真精度要求，上式中距离步长 Δx 通常取数百米，一个较大的系统可能划分为数百个、数千个空间节点，如果假定状态向量 $X(k)$ 是一个 M 阶向量，即 $X(k) = \{X_1(k), X_2(k), \cdots, X_M(k)\}$，则 M 高达 3 位数甚至 4 位数。目前灌区水情监测系统的覆盖面有限，通常监测站点不过数十个，如果假定量测向量 $Z(k)$ 是一个 N 阶向量，即 $Z(k) = \{Z_1(k), Z_2(k), \cdots, Z_N(k)\}$，则 N 通常仅是一个 2 位数。故有 $M \gg N$，这种关系也再次说明，灌区渠系水情状态估计问题不能简单使用量测向量直接校正系统状态向量。另外，干扰用水属于小概率事件，某一时刻存在的干扰用水不过数处，如果将干扰用水同时存在的最大可能数目定义为干扰流量的自由度 P，则有 $N \gg P$，就是说量测的约束远大于干扰流量的自由度，有条件通过最优化过程寻求干扰流量分布的最优估计。还需要注意的是，要求实时监测的时间间隔 Δt_r 与状态方程的时间步长 Δt 取相同数值是困难的。为保证式 (6-39) 和式 (6-40) 的差分格式收敛，计算时间步长 Δt 取值通常不过十几秒到几十秒，但监测数据的时间间隔 Δt_r 可能长达 10min 以上。Δt_r 与 Δt 取值悬殊有可能影响干扰流量估计值的平滑性，甚至影响式 (6-39) 和式 (6-40) 的收敛，故需要如式 (6-18) 对干扰流量全局估计值进行平滑处理，但其权重分配应以不产生明显静态误差为限。

6.3.2　系统级状态估计的水位目标

　　另一个需要描述具体数学关系的是式 (6-17) 数据融合方程中的优化准则。对于灌区运行调度而言，合理调整并维持干、支渠等骨干渠道控制断面水位是维护正常用水秩序所必需的，同时渠道水位也是实时监测的主要对象，因此本书选择水位监测点的水位作为系统级状态估计的目标之一，即

$$\sum P_{hk} \cdot (h_{kr} - h_{ks})^2 \to \min \tag{6-41}$$

式中，h_{kr} 为断面 k 的实际水位或水深，由实时监测数据给出；h_{ks} 为量测方程给出的断面 k 水位或水深的预测值；P_{hk} 为断面 k 水位或水深偏差的权重，其取值应使状态估计结果有利于减少上级渠道的偏差，一般总干渠可取 1.0，干渠可取 0.5，支渠可取 0.25 等。

6.3.3　系统级状态估计的流量目标

　　流量是反映闸门下泄流量以及各渠段用水情况的直观信息，但通常需通过计算间接取得。本书以子系统消耗流量作为式 (6-17) 数据融合方程优化准则的另一

个目标，即

$$\sum P_{Qk} \cdot (Q_{kr} - Q_{ks})^2 \to \min \tag{6-42}$$

式中，Q_{kr} 为子系统 k 的目标消耗流量，可由该系统边界闸门的监测数据推算得出；Q_{ks} 为量测方程给出的子系统 k 消耗流量的预测值；P_{Qk} 为子系统 k 流量的权重，其取值同样应使状态估计结果有利于减少上级渠道的偏差，一般总干渠上的子系统可取 0.7~1.0，干渠上的子系统可取 0.4~0.6，支渠上的子系统可取 0.1~0.3 等。

对系统而言式 (6-42) 所示关系实际上并不完全独立，通过闸门的过闸流量计算公式可以将其包含在式 (6-41) 的关系中，属于导出目标。引入式 (6-42) 的作用在于增加表征消耗流量的部分水位的权重，这对于子系统而言是必要的，否则将显著影响系统的水量平衡。此外，目标消耗流量除灌溉用水流量外，还包括渠道蓄水变化所吸收或释放的流量以及渠道渗漏的损失流量，可以根据子系统的边界状态直接确定，也可以作为系统优化时的资源参数予以直接分配；而从中分离出的用水流量实际上还受子系统内其他流量变化的影响，既不能根据子系统的边界状态直接确定，也不宜作为资源参数直接分配。因此，本书选择消耗流量而非用水流量作为系统级状态估计的另一个目标。

6.3.4　基于水位、流量多目标的系统级状态估计

综上所述，灌区运行仿真系统与实时监测数据的信息融合可以归结为如下的多目标优化问题：

$$P_h \sum P_{hk} \cdot (h_{kr} - h_{ks})^2 + P_Q \sum P_{Qk} \cdot (Q_{kr} - Q_{ks})^2 \to \min \tag{6-43}$$

式中，P_h 为多目标中水位评价的权重；P_Q 为多目标中流量评价的权重。P_h 和 P_Q 可根据灌区具体情况确定，一般而言，P_h 取值大意味着更多着眼于系统的整体状态，而 P_Q 取值大则意味着更多兼顾各子系统的流量分配。

式 (6-43) 构成系统级数据融合方程的优化准则，其论域是系统所涉及的整个渠系。原则上式 (6-43) 也适用于子系统，只是具体应用中在不影响数据融合精度的前提下进行了适当简化，即在估计干扰流量数量时仅考虑流量目标，而在估计干扰流量分布时兼顾了水位目标。

6.3.5　基于松弛隶属度约束的系统级协调方法

一般而言，在不影响数据融合精度的情况下，隶属度高的干扰用水方案发生的可能性更大些，隶属度低的干扰用水方案发生的可能性则要小些。考虑到本书研究的灌区渠系水情态势评估主要针对总干渠、干渠、支渠等骨干渠道的控制断面水位以及进水闸、节制闸等主要控制建筑物的过闸流量等，并不拘泥于准确推测具体用

水状况, 故上述隶属度最大原则可适当放宽。本书在系统级状态估计中采用按照隶属度由高到低的顺序排队、隶属度高的方案优先试算的规则, 并对最低隶属度设置阈值, 即规定系统级状态估计的约束条件为

$$\mu_{kp} \geqslant \mu_{k\,\mathrm{min}} \tag{6-44}$$

式中, μ_{kp} 为第 k 个子系统干扰流量方案 p 的隶属度, 由式 (6-37) 计算; $\mu_{k\,\mathrm{min}}$ 为第 k 个子系统的干扰流量方案最小隶属度阈值。

　　另外, 鉴于本书首先在子系统级分别估计各自的干扰流量分布方案, 显然与系统级状态估计结果会存在差异, 需要反复协调。本书采用比较状态变量预测值与量测值偏差的方法确定协调对象, 即对偏差最大状态变量所在子系统适当放宽隶属度优先规则的限制, 在其干扰流量方案集合中依次选择排在当前方案后的其他干扰用水方案, 但仍需满足式 (6-44) 的最低隶属度要求, 并再次进行全局估计, 直到满足计算精度或无可选干扰用水方案为止。为此, 给定 $\mu_{k\,\mathrm{min}}$ 的初始值 $\mu_{k\,\mathrm{min}\,b}$、终值 $\mu_{k\,\mathrm{min}\,e}$ 以及松弛隶属度约束条件的调节步长 $\Delta\mu_{k\,\mathrm{min}}$, 且满足:

$$\mu_{k\,\mathrm{min}\,b} \geqslant \mu_{k\,\mathrm{min}} \geqslant \mu_{k\,\mathrm{min}\,e} \tag{6-45}$$

　　最低隶属度的初始值 $\mu_{k\,\mathrm{min}\,b}$、终值 $\mu_{k\,\mathrm{min}\,e}$ 应依据具体灌区对各用水发生干扰用水可能性模糊量化值的大小等合理确定。一般情况下, 可按照关于干扰用水发生可能性语言变量的词集及其量化值的约定, 干扰用水方案最低隶属度 $\mu_{k\,\mathrm{min}}$ 的初值 $\mu_{k\,\mathrm{min}\,b}$ 的语言值取 “可能性较大”, 即 $\mu_{k\,\mathrm{min}\,b} = 0.6$; 终值 $\mu_{k\,\mathrm{min}\,e}$ 的语言值取 “可能性较小”, 即 $\mu_{k\,\mathrm{min}\,e} = 0.4$, 必要时可根据状态估计结果是否反映实际情况, 再进行适当调整。这些参数的优化应属于认知优化的内容, 只能在具体应用中不断完善。

6.4　灌区渠系水情状态估计流程

　　基于水动力学领域知识、干扰流量隶属度以及最小二乘准则的灌区渠系水情状态估计流程如下 (图 6-2):

　　(1) 根据灌区渠系水情监测站网布置划分子系统, 即在边界条件完整的前提下合理划分子系统, 水位、闸位、流量等传感器相应划分到各子系统。

　　(2) 等待并接收闸门监控站、水位监测站发送的水位、闸位、流量等实时水情监测数据, 以保持状态估计与实际系统在时间上同步。图 6-2 中 t_r 为实时监测时刻, Δt_r 为其时间步长。

　　(3) 自上游向下游遍历数据耦合计算区间, 按照增加干扰流量和减少干扰流量分别计算各用水当前可能发生干扰用水的隶属度。

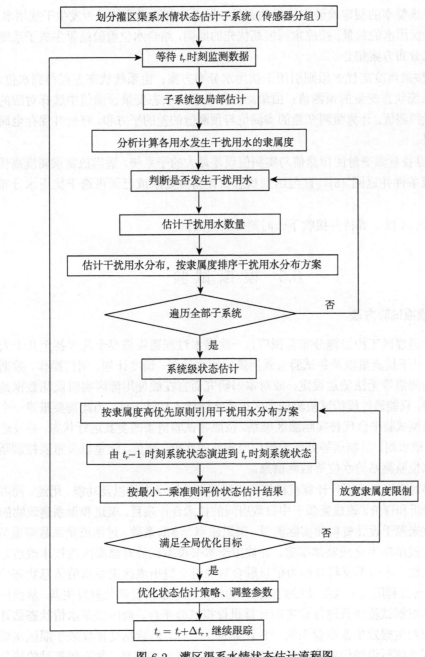

图 6-2 灌区渠系水情状态估计流程图

(4) 根据水情监测数据计算的子系统消耗流量和渠道蓄水量变化情况并结合用水计划,分析判断是否存在正常开启用水、调整用水、关闭用水等情况,进而应用基于动态虚警率的假定检验方法或动态贝叶斯方法判断子系统是否发生干扰用水，并估计干扰用水的数量；按照隶属度高优先的原则，结合水位检验结果生成子系统干扰用水分布方案集合。

(5) 按隶属度高优先原则引用干扰用水分布方案；由系统状态方程得到水位、流量等系统状态变量的预测值；由量测方程在系统状态变量预测值中选择对应的量测变量预测值；计算量测变量的实测值与预测值的差的平方和，评价并保存全局估计结果。

(6) 寻找量测变量的预测值与实测值误差最大的子系统，适当放宽隶属度高优先的约束条件并返回 (5)，直至达到状态估计精度要求或已无可选干扰用水分布方案。

(7) 返回 (2)，等待并接收下一时刻的监测数据。

6.5　模　拟　试　验

6.5.1　模拟试验方法

大中型灌区工程设施分布范围广，一次灌水过程通常需要十几天甚至几十天的时间，且干扰流量以及各试验情景所需的用水计划、调度计划、闸门操作、数据采集时间间隔等无法随意设定，故对本书研究而言在线使用灌区实时监测数据是不现实的，只能通过模拟试验验证灌区渠系水情状态估计方法。为此需要搭建一个计算机模拟试验平台代替实际灌区渠系，按照各试验情景改变其运行状态，并发送引水闸、退水闸、节制闸等处所设闸门监测站的水位、闸位、流量以及重要控制断面所设水位监测站的水位等监测信息。

本书对灌溉渠系运行计算机模拟技术所基于的数学方法以及功能、用途、局限性进行分析和评价。该成果源于中日政府间的技术合作项目，渠道和渠系建筑物的特征参数来源于设计资料和实际测量，渠道糙率、渗漏系数、过闸流量系数等模型参数进行过单项率定或整体率定，并被用于本书模拟试验对象灌区的技术改造方案分析比较。本书不仅将其作为信息融合对象进而提出灌区渠系水情信息状态估计方法，而且利用这一成果及相关资料作为灌区渠系水情监测数据发生器，从而搭建起可以根据试验情景进行设定的计算机模拟试验平台。灌区渠系水情状态估计和水情监测数据发生器尽管在同一台计算机上运行，但数据交换仅限于灌区水情实时监测系统所设闸门监测站和水位监测站的水情监测信息，并不包括试验情景设定信息。即试验情景涉及的干扰流量、闸门操作、错误数据等均在水情监测数据发生器上实现，与其同步运行的渠系水情信息状态估计并不知晓这些偏离灌区渠系运行计划的情况，而只能通过有限的水情监测信息识别并估计系统发生的变化，由此对提出的灌区渠系水情状态估计方法的动态跟踪能力进行较为全面的测试。

6.5.2 模拟试验对象

模拟试验对象是我国华北地区一个大型灌区的北干渠范围。灌区由一座大型水库供水,设北、南 2 条干渠,分别沿山前冲积扇两侧的台地布设。作为模拟试验对象的北干渠设计流量 $12m^3/s$,长度约 32km,设计灌溉面积约 $6.67hm^2$;支渠和由干渠直接取水的主要斗渠共有 19 条,其他斗渠均简化作为干渠或支渠上的用水处理,即模拟试验对象包括干、支二级渠道。实际上,灌区渠系水情监测数据发生器和本书提出的灌区渠系水情状态估计方法均采用特殊数据结构保存渠系参数,对渠道级数并无限制,但系统越大模拟试验花费的机时越多。模拟试验的渠系网格如图 6-3 所示,渠道分段长度取 500m,干渠划分为 63 段,支、斗渠划分为 92 段,合计 155 个计算渠段,覆盖全部灌溉面积。渠系建筑物包括引水闸 1 座、节制闸 13 座、退水闸 2 座等。

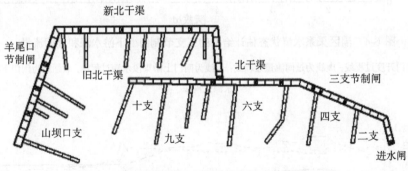

图 6-3 灌区渠系水情状态估计模拟试验渠系网格图

6.5.3 模拟试验情景和结果

模拟试验结果表明,本书提出的灌区渠系水情状态估计方法可以较好地动态跟踪实际系统运行,渠道水位、过闸流量等状态变量均无明显偏差,也能在一定程度上推测实际用水偏离用水计划的情况。图 6-4~ 图 6-13 为部分模拟试验结果。

第一组模拟试验情景设定为三支节制闸的上游子系统发生占计划用水流量 20% 的干扰用水流量,目的是测试本书提出的灌区渠系水情状态估计方法能否通过水情监测数据识别上述情况,并相应调整用水流量以跟踪实际系统运行。

图 6-4 为灌区渠系水情状态估计方法给出的三支节制闸 (位于干渠上游,图 6-3) 上下游水深和过闸流量过程曲线,图 6-5 为模拟实际系统运行的水情监测数据发生器给出的该闸门上下游水深和过闸流量过程线。图中实线为闸门开度过程线,虚线为过闸流量过程线,点线为闸门上游渠段水深过程线,点画线为闸门

下游渠段水深过程线。表 6-3 摘出每天 0 时的闸门上游水深和过闸流量对比数据及其相对偏差。对比图 6-4 与图 6-5 可见，闸门上下游水深、过闸流量等状态变化过程均无明显差异；考察表 6-3 可见，水情状态估计方法给出数据相对于水情监测数据发生器给出数据的最大误差发生在第 6 天，节制闸上游水深相对误差为 5.8%，节制闸过闸流量相对误差为 2.8%，其他时刻均无明显误差。分析图 6-4 和图 6-5，三支节制闸于第 5 天 12 时开始加大下泄流量，15 时又因渠首减少引水致使下泄流量减少，至第 6 天 0 时这一调度过程尚未结束，但水情状态估计在水位、流量发生显著波动的情况下仍能识别并估计出三支节制闸上游用水变化对闸门运行的影响，表现出较好的动态跟踪能力。

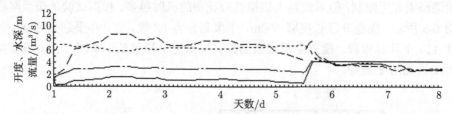

图 6-4　灌区渠系水情状态估计给出的三支节制闸上下游水深和过闸流量

实线为闸门开度过程线；虚线为过闸流量过程线；点线为闸门上游渠段水深过程线；点画线为闸门下游渠段水深过程线

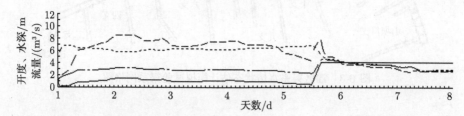

图 6-5　水情监测数据发生器给出的三支节制闸上下游水深和过闸流量

实线为闸门开度过程线；虚线为过闸流量过程线；点线为闸门上游渠段水深过程线；点画线为闸门下游渠段水深过程线

表 6-3　三支节制闸上游水深和过闸流量比较

项目		2d	3d	4d	5d	6d	7d	8d	最大误差
节制闸上游水深/m	状态估计	3.026	3.157	3.125	3.366	2.121	1.802	1.501	−5.8%
	数据发生器	3.025	3.154	3.124	3.364	2.251	1.805	1.508	
节制闸流量/(m³/s)	状态估计	8.36	7.21	7.62	5.94	4.17	3.19	2.80	−2.8%
	数据发生器	8.36	7.21	7.62	5.94	4.29	3.18	2.81	

图 6-6 为灌区渠系水情状态估计方法给出的羊尾口节制闸 (位于干渠下游，图

6-3) 上下游水深和过闸流量过程曲线，图 6-7 为水情监测数据发生器给出的该闸门上下游水深和过闸流量过程线。图中实线为闸门开度过程线，虚线为过闸流量过程线，点线为闸门上游渠段水深过程线，点画线为闸门下游渠段水深过程线。表 6-4 摘出每天 0 时的闸门上游水深和过闸流量对比数据及其相对偏差。对比图 6-6 与图 6-7 可见，闸门上下游水深、过闸流量等状态变化过程均无明显差异；进一步考察表 6-4 可见，水情状态估计方法给出数据相对于水情监测数据发生器给出数据的最大误差发生在第 2 天，节制闸上游水深相对误差为 4.5%，节制闸过闸流量相对误差为 5.6%。分析图 6-6 和图 6-7，羊尾口节制闸于第 1 天 20 时开始提闸放水，至第 2 天 0 时因上游水位尚未稳定，下泄流量处于加大过程，但水情状态估计方法在水位、流量尚未稳定的情况下仍能识别并估计出实际系统运行的变化，表现出较好的动态跟踪能力。

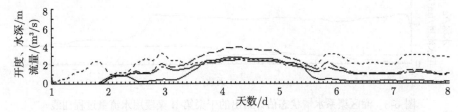

图 6-6　灌区渠系水情状态估计给出的羊尾口节制闸上下游水深和过闸流量

实线为闸门开度过程线；虚线为过闸流量过程线；点线为闸门上游渠段水深过程线；点画线为闸门下游渠段水深过程线

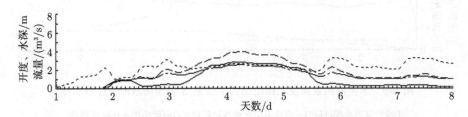

图 6-7　水情监测数据发生器给出的羊尾口节制闸上下游水深和过闸流量

实线为闸门开度过程线；虚线为过闸流量过程线；点线为闸门上游渠段水深过程线；点画线为闸门下游渠段水深过程线

表 6-4　羊尾口节制闸上游水深和过闸流量比较

对比项目		2d	3d	4d	5d	6d	7d	8d	最大误差
三支节制闸上游水深/m	状态估计	0.642	1.573	1.250	1.189	1.569	1.004	1.390	−4.5%
	数据发生器	0.672	1.515	1.245	1.168	1.593	1.003	1.331	
三支节制闸流量/(m³/s)	状态估计	0.51	2.07	3.62	3.33	1.82	1.08	1.07	−5.6%
	数据发生器	0.54	2.07	3.59	3.22	1.88	1.08	1.03	

　　图 6-8 为灌区渠系水情状态估计方法给出的第 3 渠段 (即发生干扰用水的渠段) 用水流量过程线,图 6-9 为水情监测数据发生器给出的该渠段用水流量过程线,图 6-10 为该渠段计划用水流量过程线。图 6-8 和图 6-9 中实线为渠道水深过程线,虚线为用水流量过程线,点画线为用水比例过程线。表 6-5 摘出每天 0 时和 12 时该渠段用水流量对比数据及其相对偏差。对比图 6-8 与图 6-9 可见,虚线表示的用水流量过程线并无明显差异,说明提出的灌区渠系水情状态估计方法能够识别出三支节制闸上游用水发生的变化。进一步考察表 6-5 可见,水情监测数据发生器给出的该渠段实际用水流量比计划用水流量大 20%,且在第 4 天 20 时提前关闭用水时,水情状态估计方法给出的该渠段用水流量与实际用水流量的最大误差为 1.7%,且能较为准确识别出提前关闭的情况。

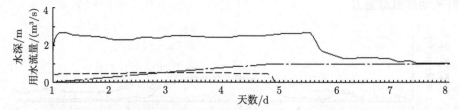

图 6-8　灌区渠系水情状态估计给出的干渠第 3 渠段用水流量过程曲线

实线为渠道水深过程线;虚线为用水流量过程线;点画线为用水比例过程线

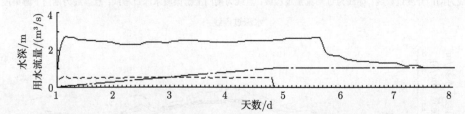

图 6-9　水情监测数据发生器给出的干渠第 3 渠段用水流量过程曲线

实线为渠道水深过程线;虚线为用水流量过程线;点画线为用水比例过程线

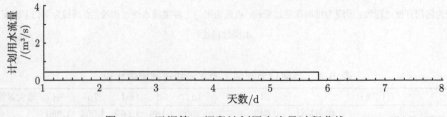

图 6-10　干渠第 3 渠段计划用水流量过程曲线

　　第二组模拟试验情景设定为干渠第 7 渠段 (位于北干渠上游) 比用水计划提前

4 小时开启用水，目的是测试灌区渠系水情状态估计方法能否通过监测数据识别上述情况，并提前开启相应用水。图 6-11 为灌区渠系水情状态估计方法给出的第 7 渠段用水流量过程线，图 6-12 为水情监测数据发生器给出的第 7 渠段用水流量过程线，图 6-13 为第 7 渠段的计划用水流量过程线。图 6-11 和图 6-12 中实线为渠道水深过程线，虚线为用水流量过程线，点画线为用水比例过程线。对比图 6-12 与图 6-13 中的用水流量过程线，可以看出实际用水确实比用水计划提前约 4 小时开启；再对比图 6-11 与图 6-12 中虚线表示的用水流量过程，二者并无明显差异，均在 8 时左右开启用水。另外，对比图 6-12 与图 6-13 中的用水流量过程线，还可以看出实际用水比用水计划提前关闭；再对比图 6-11 与图 6-12 中用水流量过程，可见二者关闭时间也无明显差异。以上对比说明灌区渠系水情状态估计方法能够较准确识别用水提前开启以及提前关闭的情况。

表 6-5　干渠第 3 渠段用水流量比较

对比项目	1.5d	2d	2.5d	3d	3.5d	4d	4.5d	最大误差
状态估计/(m³/s)	0.476	0.478	0.479	0.480	0.480	0.480	0.472	1.7/%
数据发生器/(m³/s)	0.480	0.480	0.480	0.479	0.480	0.480	0.480	
用水计划/(m³/s)	0.400	0.400	0.400	0.400	0.400	0.400	0.400	—

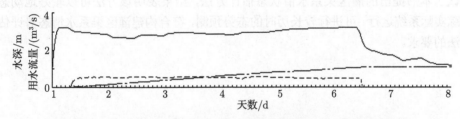

图 6-11　灌区渠系水情状态估计给出的第 7 段渠段用水流量过程曲线

实线为渠道水深过程线；虚线为用水流量过程线；点画线为用水比例过程线

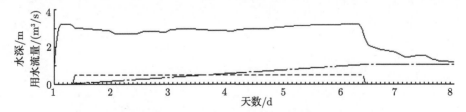

图 6-12　水情监测数据发生器给出的第 7 段渠段用水流量过程线

实线为渠道水深过程线；虚线为用水流量过程线；点画线为用水比例过程线

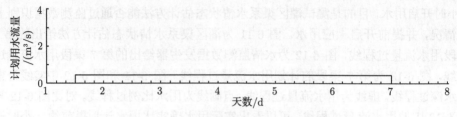

图 6-13 第 7 段渠段计划用水流量过程线

本章从一般的系统状态方程出发,分析本书研究对象与以往研究对象的异同,认为本书研究对象的不确定性主要表现为系统状态方程输入控制向量的不确定性,其影响远大于系统过程噪声和观测噪声的影响,且系统状态还受运行调度、用水转换的影响,并不适宜直接采用各种滤波算法。进而提出灌区渠系水情状态估计可基于系统状态方程和量测方程,但并不采用监测数据直接校正状态变量,而是设法由监测数据估计系统输入的不确定性,间接实现系统状态变量与实时监测数据协调一致的技术途径。为此建立了基于输入校正的灌区渠系水情状态估计方法,提出划分为子系统级局部估计和系统级全局估计两步进行的状态估计方法,建立了基于领域知识、动态调整虚警率假定检验方法、模糊排序方法、最小二乘准则等相结合的系统输入不确定性 (干扰用水) 的局部估计和全局估计方法。通过数值模拟试验测试了本书提出的灌区渠系水情状态估计方法,结果表明该方法可以较好地动态跟踪实际系统运行,可进行较长历时的态势预测,符合构建灌区渠系水情态势评估方法的要求。

第7章　灌区渠系水情态势评估方法

7.1　灌区渠系水情态势评估途径分析

灌区渠系水情态势评估的目的是对当前以及今后一段时间内，灌溉工程运行的安全性、灌溉用水的满足程度等做出分析和判断。目前，这方面的工作主要依靠灌区管理人员长期积累的经验进行判断，运行调度往往因人而异，缺乏科学性、系统性和规范性，管理较为粗放。毫无疑问，科学地进行灌区水情态势分析和评估是必要的，但也需要考虑灌区是否具备必要的条件。为此，本章针对灌区渠系水情势评估途径进行分析，然后对基于灌区渠系水情状态估计的态势评估方法进行讨论，同时介绍扩大灌区渠系水情态势评估信息来源的方法，并进行了模拟试验，最后将输入校正态势预测方法与其他态势预测方法进行了比较。

7.1.1　基于经验和专业知识的渠系水情态势评估方法

从目前灌区主要依赖于管理人员长期积累的经验进行管理的现状出发，最直接的考虑是系统总结这些经验，经过筛选和梳理，形成运行调度规则。实际上，管理良好的灌区、泵站、闸门管理所均制定有这样的运行调度规则。但一个现实的问题是，为了使这些运行调度规则具有普适性，往往需要在一定程度上牺牲其对具体工程设施、具体运行状态的针对性，导致对具体事件的判别和操作仍需借助于操作人员的经验。

一个可行的改进方案是基于操作人员的经验并结合专家的领域知识建立相应的专家系统。例如，对于"节制闸闸前水位超过允许最高水位时，属于不安全状态，应进行相应操作"这样的简单例子，作为专家系统可以用如下规则描述：IF 节制闸闸前水位超过允许最高水位 THEN 判定属于不安全状态，应进行相应操作。另外，总结灌区运行调度及操作经验，也可以应用人工神经网络技术实现。专家领域知识和灌区管理实践经验作为人工神经网络的学习数据，经过训练的人工神经网络可以辅助工作人员作出较为科学的决策[145-166]。

一般而言，任何一种依赖于现有经验和知识的知识管理系统都是有效的，甚至可以用基于知识的不确定性推理技术实现这类知识系统，而且构建所需知识框架在技术上也无困难。但是实现这些系统需要提取、验证、组织诸如"IF 节制闸闸前水位超过最高允许水位 THEN 判定属于不安全状态，应进行相应操作"等大量知识，还要针对具体设施解释、定义诸如"最高允许水位""不安全状态""相应操作"

等大量概念, 甚至需要面对工程设施之间极为复杂的相互联系和影响, 工作量将是巨大的。

7.1.2　基于实时水情监测数据外推的渠系水情态势评估方法

对于已经基本建立灌区水情信息监测系统的灌区, 一个更为简便的途径是依据已经获取的水位、流量等实时水情信息进行分析, 寻找规律, 其中最为常用的方法是趋势分析法。设某水位监测点的监测数据构成一个时间序列, 即

$$\cdots, wl_{t-2}, wl_{t-1}, wl_t, wl_{t+1}, wl_{t+2}, \cdots$$

如果已经获得 t 时刻及之前的水位数据, 采用适合的数据拟合方法并进行外推, 即可预测 $t+1$、$t+2$ 等时刻的水位。其中常用的外推方法有线性法或抛物线法, 当然也可以基于更多时刻的数据, 采用最小二乘法等方法进行拟合和外推。

外推法通常完全依赖于局地监测数据构成的时间序列, 对其上游或下游的水情变化或者不知情, 或者知情但难以建立合理的关系, 故只有等到局地监测数据反映出水情已经发生变化后, 才有可能对未来变化给出预测, 故其预见性相对滞后。另外, 当水情变化趋势稳定时, 外推法可以给出较为正确的预测结果, 但当水情变化趋势发生改变时, 外推法往往难以给出正确的预测结果。补救方法是滚动地进行拟合–预测, 随时修正做出的判断, 但无论如何补救, 外推的时间跨度都极为有限, 难以进行较长历时的预测。外推法存在的上述先天不足有可能误导操作人员, 以致延误进行调整的有利时机。

7.1.3　基于水情图像分析的渠系水情态势估计方法

视频监视技术已经开始在一部分灌区得到应用, 根据重要泵站、重要闸门等关键节点的视频监视图像, 可以直观地把握这些控制性设施的运行状况。目前, 由视频图像提取并分析水位等信息的研究已经取得阶段成果。另外, 徐立中等[127] 还以大尺度粒子图像测速技术在现场环境下的实用化为目标, 针对现有观测方法在天然河流应用中存在的问题进行研究, 提出近红外成像的水面目标增强以及运动矢量估计和时均流场重建等方法, 用于改善河流水面流场的估计精度。但就目前灌区实际运行调度而言, 视频图像等信息仍局限于供远方管理人员和现地操作人员对设备运行状况和周围环境进行辅助判断、确认之用。

由视频等各种监视图像提取反映水情实时变化特征, 为灌区渠系水情态势评估提供具有互补性的信息源具有实用价值, 应是今后研究和应用方向之一[167–177]。

7.2　基于灌区渠系水情状态估计的态势评估方法

上述可用于灌区渠系水情态势分析评估的方法均有不足或尚不成熟之处, 有

必要探寻新的途径。本书第 3 章提出了具有跟踪实际系统运行和较长历时预测能力的灌区渠系水情状态估计方法，以下尝试基于该模型建立一种具有实际应用价值的灌区渠系水情态势评估方法。

7.2.1 灌区渠系水情态势评估的定义

态势评估是一个复杂的信息处理和评价过程，但目前对其处理和评价的内容、处理和评价的方法等并无统一标准。本书按照对态势评估和影响估计的一般性说明，针对研究对象的特点和实际需要，尝试对灌区渠系水情态势评估作如下定义：为保证灌区工程设施安全运行、满足计划内灌溉要求，避免计划外用水对正常用水的不利影响，对灌区当前运行状况以及未来一段时间内的运行状况连续作出的、具有一定可信度的分析判断的过程。对此，灌区渠系水情态势评估应主要包括动态跟踪和态势预测、态势元素提取和分析、态势判断以及预报和预警等方面的内容。

7.2.2 动态跟踪和态势预测

动态跟踪能力是灌区渠系水情状态估计方法重点关注的问题之一，在构建灌区渠系水情态势评估方法时重提这一内容是基于对跟踪的动态要求的考虑，即动态跟踪需要按照灌区实际运行节奏进行，具有在线运行性质，有别于一般的离线评估方法。灌区渠系水情状态估计方法不仅能够实现对实际系统水情状况的全面动态跟踪，而且在一定假设条件下可以预测未来较长历时的系统状态。由此灌区渠系水情态势评估可以基于当前系统状况以及未来一段时间的系统演进，做出具有一定可信度且有用的分析和判断。

为预测未来时刻的系统状态，需要对模型运行条件进行某些假定，假定的运行条件不同，预测的结果也不尽相同。本书对预测期间系统的边界条件、调度运行规则以及干扰用水等影响因素作如下假定。

1) 对边界条件、调度运行规则、计划用水的假定

(1) 除被监测 (监控) 的闸门外，其他闸门均按预先给定的控制方式运行。

(2) 水源等边界条件不发生变化，或虽发生变化但符合预先给定的边界条件。

(3) 正常用水按照用水计划执行。

上述假定的出发点是尽可能避免对态势预测中不受控制的因素作过于苛刻的约束，即并非假定这些因素不发生变化，而是要求发生的变化符合预先的约定。显然这样的假定比较符合灌区运行的实际情况，能够保证预测的可信度和有效性。

2) 对被监测 (监控) 的闸门运行的假定

(1) 按给定开度方式运行的闸门，预测期间闸门开度保持不变。

(2) 按其他方式运行的闸门，预测期间暂时转换为给定开度方式运行，并保持开度不变。

上述假定的出发点是由于预测期间没有新的监测数据，按给定开度方式运行的闸门保持开度不变应是最适当的选择；按给定过闸流量、给定上游水位、给定下游水位等方式运行的闸门，尽管闸门开度不是控制对象，但在预测期间应暂时转换为控制开度运行，以保持开度不变。实际上，预测的目的正是为了探究发生干扰流量时如果这些重要闸门保持开度不变 (不论何种原因)，水情会发生怎样的不变化，因此可以说这个假定正是需要预测的。

3) 对干扰用水的假定

(1) 在计划用水期间因随意增减用水而发生的干扰用水维持当前用水状态 (但干扰流量可随取水条件变化而变动，下同)。

(2) 因提前关闭用水而发生的干扰用水维持现状，不再重新开启用水；因推迟关闭用水而发生的干扰用水维持现状，暂不考虑关闭。

(3) 因提前开启用水而发生的干扰用水持续到用水计划结束时间自动取消；因推迟开启用水而发生的干扰用水维持现状，暂不考虑开启。

(4) 因未列入用水计划而发生的干扰用水维持当前用水状态；

上述对干扰流量的假定是否合理是态势预测是否有效的重要条件，对此将在后文中进行分析。显然，即使上述假定具有一定合理性，但仍存在明显的不确定性，其态势估计仍需要采取不确定推理方法。

基于动态跟踪的态势预测可以提供未来不同时刻的系统状态，例如，可以得到未来 1 小时的系统状态，也可以得到未来 4 小时的系统状态。显然，预测时段越短态势预测结果的不确定性越小，反之则不确定性越大。尽管如此，从 7.4 节的模拟试验结果仍不难看出，为应对灌区水情趋势可能发生变化的情况，较长时段的态势预测对于态势判断和预报预警具有不可替代的作用。

7.2.3　基于动态观察窗口的态势元素提取和赋值

一般而言，应根据灌区运行调度的实际要求确定态势元素，如取水、分水、退水、用水等重要节点的水情，再如险工险段的水情等。灌区渠系水情不仅具有各不相同的空间属性和时间属性，而且具有不同的物理属性，相互之间难以直接进行综合判断，需要进行必要的抽象。本书从态势评估的目的出发，选择安全运行状态和用水满足状态作为态势元素，并根据水位、流量等水情对灌区渠系不同节点、不同时刻的安全运行状态和满足用水状态进行模糊赋值，这些赋值具有共同的属性，可以进行综合判断。

1. 态势动态观察窗口

灌区渠系水情态势评估属于动态评估，不同于以往研究较多的灌区工程状况、灌区改造效益等评估。二者的差异主要表现为：① 后者的评估内容往往较多，涉及工程、技术、经济、甚至环境和社会，但评估的时间点是固定的；而前者的评估范围局限于渠系水情状态，评估内容相对单纯，但评估的时间点是不断变化的。② 后者往往仅关注系统的当前状态 (如工程状况评估)，即使涉及建设期、收益期等时间因素，也往往是将系统的未来状态作为当前状态的某种延续 (如灌溉效益评估)；前者则不仅需要关注系统的当前状态，而且往往更关注未来一段时间内系统状态的变化。由此可见，灌区渠系水情态势评估不仅需要涉及各类闸门、渠道断面等空间节点，而且需要一个与灌区渠系运行同步且具有一定宽度的时间域，用于观察和综合评价不断变化着的系统状态。为此设置两类与实时监测时钟同步的动态观察窗口，用于放置不同观察对象随时间进程变化的状态，其中一类窗口用于评价工程运行安全状态，另一类窗口用于评价各类用水满足程度。显然，窗口越多、越大，则观察的空间和时间范围越大，但计算量也越大。一般可根据灌区管理经验选择合适数量的观察对象，如在运行安全状态观察动态窗口中包括进水闸、重要节制闸、主要分水闸等，在用水满足状态动态观察窗口中包括主要灌溉用水以及工业用水、城市用水等。两类动态观察窗口的观察时间长度宜取相同，观察时间范围包括当前时刻和未来一段时段，观察时间范围过大不仅计算量大，而且伴随演进结果不确定性的增大而失去可信度。一般以灌区防范运行事故所要求的时间提前量为基础，取其 2~3 倍即可，但一般不宜超过 6 小时。

2. 安全运行态势元素的提取和赋值

设变量 A_m 表示进入安全运行状态动态观察窗口的对象 m 在不同时刻的安全状态，即变量 A_m 构成对象 m 的一个安全运行状态时间序列 $A_m\{A_{m1}, A_{m2}, \cdots, A_{mK}\}$。观察对象 m 可以是某重要断面或重要渠系建筑物上下游的水位 (水深)，也可以是某重要水闸 (引水闸、节制闸、分水闸、退水闸) 的过闸流量等。

根据态势预测的水位或流量是否超出预先设定的判别准则，以及可能产生的影响，可以对观察对象 m 的安全运行状态时间序列 $A_m\{A_{m1}, A_{m2}, \cdots, A_{mK}\}$ 进行赋值，即对变量 A_m 进行赋值。评价变量 A_m 的语言词集为{很不安全，不安全，基本安全，安全，很安全}，A_m 的基本论域为 $[0, 1]$，语言词集{很不安全，不安全，基本安全，安全，很安全}对应的量化值分别取{0, 0.25, 0.5, 0.75, 1}。

判别准则因观察对象而异，应根据灌区工程设计参数、有关技术标准，结合灌区应急预案等确定，属于先验知识范畴。例如，灌溉与排水工程设计规范要求渠道节制闸按所在渠道设计流量设计，按渠道加大流量校核，故设计流量和校核流量均可作为过闸流量安全运行状态的主要判别标准。此外，根据闸门的结构、稳定性条件以及上下游水位条件等还可确定允许的最大过闸流量，且一般情况下最大过闸流量较校核流量更为大些，超标准泄流往往造成防冲消能设施的破坏，故最大过闸流量也可作为过闸流量安全运行状态的一个判别标准。再者，闸门设计流量是按照灌溉用水高峰期的灌水率 (设计灌水率) 确定的, 在灌溉季节的多数时间里实际灌水率均低于设计灌水率, 因此经常性的过闸流量 (可称为常流量) 往往低于设计流量, 常流量也可用于判别过闸流量的安全运行状态。图 7-1 以节制闸为例, 给出态势预测的未来几个小时过闸流量变化趋势, 并由低到高标示出常流量、设计流量、校核流量以及最大过闸流量的示意关系。显然, 过闸流量位于常流量附近时可以判断为 "很安全", 位于设计流量附近时可以判别为 "安全", 超过设计流量但不超过校核流量时可判别为 "基本安全", 超过校核流量但不超过最大过闸流量时判别为 "不安全", 超过最大过闸流量则可判别为 "很不安全", 由此不难对观察对象的安全运行状态变量 $A_m\{A_{m1}, A_{m2}, \cdots, A_{mK}\}$ 进行赋值。

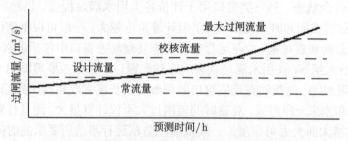

图 7-1　态势预测的过闸流量变化过程示意图

对于重要断面水位 (水深) 或重要渠系建筑物上下游水位 (水深), 安全运行状态的判别标准同样可以通过现场调查收集常水位、设计水位、通过加大流量时的水位、渠道岸顶超高等工程设计参数和运行参数, 并结合有关技术标准合理确定针对具体观察对象的安全运行状态判别标准。

如果同时进入安全运行状态动态观察窗口的观察对象有 M 个, 则对应的 M 个安全运行状态时间序列 $A_m\{A_{m1}, A_{m2}, \cdots, A_{mK}\}$ 构成 $M \times K$ 阶矩阵 A:

$$A = \begin{vmatrix} A_{11} & A_{12} & \cdots & A_{1K} \\ A_{21} & A_{22} & \cdots & A_{2K} \\ \vdots & \vdots & & \vdots \\ A_{M1} & A_{M2} & \cdots & A_{MK} \end{vmatrix} \tag{7-1}$$

式中, 变量 A_{mk} 为态势元素, 其下标 m 表示观察对象的空间序号, 取值为 $1 \sim M$; M 为动态观察窗口包括的观察对象数目; 下标 k 表示观察对象的时间序号, 取值为 $1 \sim K$; K 为动态观察窗口包括的时间节点数目。

安全运行状态变量 A_{mk} 不仅因观察对象而异, 而且因观察时刻而异。显然, 越远离当前时刻, A_{mk} 的不确定性越大, 在态势判断中发挥的作用越小; 反之越接近当前时刻, A_{mk} 的不确定性越小, 在态势判断中发挥的作用越大。因此, 在态势评价中还需要考虑安全运行状态变量 A_{mk} 的可信度。

根据先验知识可以给出上述安全运行状态变量 A_{mk} 的可信度赋值,这些赋值组成另一个 $M \times K$ 阶矩阵 B:

$$B = \begin{vmatrix} B_{11} & B_{12} & \cdots & B_{1K} \\ B_{21} & B_{22} & \cdots & B_{2K} \\ \vdots & \vdots & & \vdots \\ B_{M1} & B_{M2} & \cdots & B_{MK} \end{vmatrix} \tag{7-2}$$

式 (7-2) 中安全状态可信度变量 B_{mk} 的赋值,不仅对不同观察对象应作适当区分,而且需要对不同时刻进行区分。显然,可信度与预测时间呈递减关系,即当前时刻安全运行状态的可信度最高,预测终点时刻安全运行状态的可信度最低。如果将全部观察对象当前时刻安全运行状态可信度统一赋值为 1,且假定可信度与预测时间呈线性递减关系的话,预测终点时刻安全运行状态的可信度就成为不同观察对象的唯一区别。7.2.2 节中关于态势预测的假定中约定预测期间闸门开度保持不变,实际上这一假定是影响预测终点时刻安全运行状态可信度的关键因素,即如果预测期间闸门开度发生变化,则预测的可信度将受到直接影响。对灌区而言,经常性调节闸门 (人工定时调节或自动调节) 的目的主要是修正下泄流量或上下游水位与控制目标的偏差,闸门开度变化不大,对态势预测影响也不大;较大幅度调节闸门开度往往是为执行用水计划而调整流量分配,对态势预测影响明显,但这种操作并不频繁。通常可以通过现场调查收集观察对象附近主要闸门的运行调度情况,比较闸门调整流量分配操作的平均时间间隔与态势预测时间长度的相互关系,有区别地确定各观察对象预测终点时刻安全运行状态的可信度。原则上观察对象附近主要闸门调整流量分配操作的平均间隔越小,则态势预测期间受影响的概率越大,预测终点时刻安全运行状态的可信度越低,可信度赋值可取 0.1~0.2;反之则态势预测期间受影响的概率越小,预测终点时刻安全运行状态的可信度越高,可信度赋值可取 0.3~0.4。

式 (7-1) 和式 (7-2) 表示的 2 个二维矩阵表示不同观察对象在当前时刻以及未来不同时刻的安全运行状态及其不确定性,从态势评价的角度看也代表了整个系统的安全运行状态及其不确定性。

3. 用水满足态势元素提取和赋值

设变量 C_{nk} 表示进入用水满足状态动态观察窗口的对象在不同时刻的用水满足状态,根据态势预测结果和判别准则等对用水满足状态变量进行赋值,并作为态势元素,则这些态势元素构成 $N \times K$ 阶矩阵 C:

$$
C = \begin{vmatrix}
C_{11} & C_{12} & \cdots & C_{1K} \\
C_{21} & C_{22} & \cdots & C_{2K} \\
\vdots & \vdots & & \vdots \\
C_{N1} & C_{N2} & \cdots & C_{NK}
\end{vmatrix}
\tag{7-3}
$$

变量 C_{nk} 的下标 n 表示观察对象的空间序号，取值为 $1 \sim N$；N 为动态观察窗口包括的观察对象数目；下标 k 表示观察对象的时间序号，取值为 $1 \sim K$；K 为动态观察窗口包括的时间节点数目，与式 (7-1) 一致。

用水满足状态变量 C_{nk} 的赋值可根据预测灌水进度是否符合计划进度要求进行判别。需要说明的是，灌区水情监测系统并不能提供具体的灌水进度预测信息，甚至也极少直接提供当前灌水进度信息，但本书提出的灌区渠系水情状态估计方法可以通过态势预测提供各用水的预测信息。从灌区管理分为专业管理和群众管理的角度看，灌区专业管理的责任是保证供水的及时性和可靠性，并不包括田间的实际用水管理，故以各用水取水断面的当前水位和预测水位是否满足引水水位要求，也可以对用水满足状态变量 C_{nk} 赋值。这些取水断面的水位信息通常也不能由灌区水情监测系统得到，而是由本书提出的灌区渠系水情状态估计方法提供的。另外，灌水计划进度通常在灌区用水计划中按照灌水历时和时段引水量予以规定，取得这类信息一般并无困难。

评价 C_{nk} 的语言词集为{很不满足，不满足，基本满足，满足，完全满足}，C_{nk}的基本论域为 $[0, 1]$，语言词集{很不满足，不满足，基本满足，满足，完全满足}对应的量化值分别取{0, 0.25, 0.5, 0.75, 1}。

另外，还需要根据先验知识给出用水满足状态 C_{nk} 的可信度赋值，这些数值构成另一个 $N \times K$ 阶矩阵 D：

$$
D = \begin{vmatrix}
D_{11} & D_{12} & \cdots & D_{1K} \\
D_{21} & D_{22} & \cdots & D_{2K} \\
\vdots & \vdots & & \vdots \\
D_{N1} & D_{N2} & \cdots & D_{NK}
\end{vmatrix}
\tag{7-4}
$$

式 (7-4) 中用水满足状态可信度变量 D_{nk} 的赋值，对不同的观察对象一般可不作区分，但对不同时刻需要加以区分。同样可将观察时刻分为时段 1 和时段 2，D_{nk}在时段 1 取相同数值，在时段 2 按线性递减取值。

式 (7-3) 和式 (7-4) 表示的两个二维矩阵表示不同观察对象在当前时刻以及未来不同时刻的用水满足状态及其不确定性，从态势评价的角度看也代表了整个系统的用水满足状态及其不确定性。

7.2.4 在时间域上按可信度进行综合的态势估计和评价方法

灌区渠系水情态势评价需要将已经确定的安全运行状态变量、用水满足状态变量包括的信息进行综合,从而作出最终判断。显然,灌区渠系水情态势评估具有不确定性,这种不确定性既源于信息本身的模糊性,也源于信息具有不同的可信度。从信息具有不同可信度考虑,可以尝试证据理论、贝叶斯理论等方法进行评价;从信息本身的模糊性考虑,可以尝试模糊数学方法进行评价。但无论采取何种评价方法,都需要全面考虑态势元素信息的模糊性和可信度。综合考虑,本书采用模糊数学方法进行态势评价,可以满足信息融合的要求且相对直观和简便。

对安全运行动态观察窗口的态势元素变量 A_{mk} 在时间域上以其可信度变量 B_{mk} 作为权重进行综合,得到安全态势评价向量 X:

$$
\begin{vmatrix} A_{11} & A_{12} & \cdots & A_{1K} \\ A_{21} & A_{22} & \cdots & A_{2K} \\ \vdots & \vdots & & \vdots \\ A_{M1} & A_{M2} & \cdots & A_{MK} \end{vmatrix} \rightarrow \begin{vmatrix} X_1 \\ X_2 \\ \vdots \\ X_M \end{vmatrix} \tag{7-5}
$$

式中,

$$
X_m = \frac{\sum\limits_{k=1}^{K} A_{mk} \times B_{mk}}{\sum\limits_{k=1}^{K} B_{mk}} \tag{7-6}
$$

式 (7-6) 中的态势元素变量 A_{mk} 使用其语言值对应的量化值代入,运算得到安全态势评价向量 X 的量化值,查找并替换为对应的语言值 (很不安全、不安全、基本安全、安全、很安全),作为当前对未来一段时间内灌区渠系安全运行态势的判断。

同样,对用水满足状态动态观察窗口的态势元素变量 C_{nk} 在时间域上以其可信度变量 D_{nk} 作为权重进行综合,得到用水满足态势评价向量 Y:

$$
\begin{vmatrix} C_{11} & C_{12} & \cdots & C_{1K} \\ C_{21} & C_{22} & \cdots & C_{2K} \\ \vdots & \vdots & & \vdots \\ C_{N1} & C_{N2} & \cdots & C_{NK} \end{vmatrix} \rightarrow \begin{vmatrix} Y_1 \\ Y_2 \\ \vdots \\ Y_N \end{vmatrix} \tag{7-7}
$$

式中,

$$Y_n = \frac{\sum_{k=1}^{K} C_{nk} \times D_{nk}}{\sum_{k=1}^{K} D_{nk}} \tag{7-8}$$

式 (7-8) 中的态势元素变量 C_{nk} 使用其语言值对应的量化值代入，运算得到用水满足态势评价向量 Y 的量化值，查找并替换为对应的语言值 (很不满足，不满足，基本满足，满足，完全满足)，作为当前对未来一段时间内灌区渠系用水满足态势的判断。

另外，从灌区运行调度的实际需要考虑，本书认为一般情况下运行安全态势无需再与用水满足态势进行综合，一个观察对象的安全运行态势 (或用水满足态势) 也无须与其他观察对象的安全运行态势 (或用水满足态势) 进行综合。即无需在安全运行态势评价与用水满足态势评价之间进行折中，也无需用一个观察对象的安全运行 (或用水满足) 弥补另一个观察对象的不安全运行 (或用水不满足)。如果需要对系统整体作出判断，本书建议采用两类动态观察窗口中最不利的判断作为对系统整体的判断。

综上所述，系统整体态势可由灌区渠系水情态势评价向量 (Z_1, Z_2) 表示。其中，Z_1 为安全运行态势分量，$Z_1 = X_{\min}$，$X_{\min}$ 为 X 中最不利的判断，即 X_m 量化值中的最小值；Z_2 为用水满足态势分量，$Z_2 = Y_{\min}$，$Y_{\min}$ 为 Y 中最不利的判断，即 Y_n 量化值中的最小值。依据评价向量 (Z_1, Z_2) 可以对未来一段时间的灌区渠系运行态势进行预报。还可以确定一个与灌区渠系水情态势向量 (Z_1, Z_2) 相对应的预警判别阈值和操作向量 (Z_1', Z_2')，如以 "不安全""不满足" 为预警判别阈值，则 $Z_1 =$"不安全" 时，操作 $Z_1' =$"发布预警"；或 $Z_2 =$"不满足" 时，操作 $Z_2' =$"发布预警"。

7.2.5　态势评估流程

基于灌区渠系水情状态估计的态势评估流程如下 (图 7-2)。

(1) 根据灌区渠系运行管理的实际需要选择并建立动态观察窗口，一般可选择工程安全运行动态观察窗口和用水满足动态观察窗口。

(2) 根据管理经验选择一定数量的观察对象作为灌区渠系水情态势元素。

(3) 等待并接收实时监测数据，以保持态势评估与实际系统在时间上同步。图 7-2 中 t_r 为实时监测时刻，Δt_r 为其时间步长。

(4) 按本书提出的灌区渠系水情状态估计方法，进行 t_r 时刻的子系统级局部估计和系统级全局估计。

(5) 基于得到的对系统输入变量的估计，进行态势预测，预测未来一段时间内灌区引水流量、弃水流量、渠道水位、过闸流量、实际用水流量等的变化趋势。

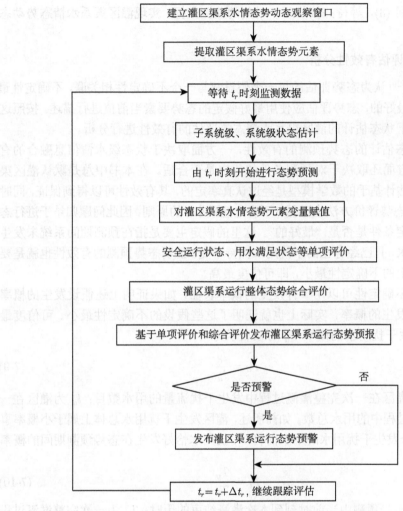

图 7-2 基于灌区渠系水情状态估计的态势评估流程图

(6) 根据渠系水情预测结果以及预先设定的判别准则对灌区渠系水情态势元素变量赋值。

(7) 对各态势元素变量在时间域上以其可信度变量作为权重进行综合，得到相应的单项态势评价向量。

(8) 分别选择各单项态势评价向量中的最不利评价作为系统整体评价的对应分量，构成灌区渠系水情态势评价向量。

(9) 根据灌区渠系水情态势评价向量以及预先确定的预警判别阈值和操作向量确定是否发布预警以及执行相应的操作。

(10) 返回 (3)，等待并接收下一时刻的监测数据，实现灌区渠系水情态势动态实时评价。

7.2.6　态势评估有效性分析

Endsley[29] 认为态势评估的每一个假设都与一个不确定性相关联，不确定性最小的假设是最好的，态势评估应使用最好假定的态势要素当前值进行描述。按照这一定义对基于状态估计的灌区渠系水情态势评估的有效性进行分析。

基于状态估计的态势预测的有效性，一方面取决于状态级水情信息融合的有效性，另一方面还取决于对预测条件的假定是否合适。在本书中总是默认灌区渠系水情状态估计基于的数学模型是经过认真率定的，其有效性可以得到保证，同时 7.2.4 给出的态势评价方法也遵循 "不确定性最小" 的原则，因此问题归结于进行态势预测的假定条件是否是 "最好的"。这里的假定主要是指在预测期间系统未发生新的干扰用水，且已经存在的干扰用水保持不变。证明态势预测的有效性也就是要证明上述假定的不确定性最小，即可信度最高。

事件的不确定性可以用事件发生的概率表征，如果证明上述假设发生的概率明显高于不发生的概率，实际上也就证明了这些假设的不确定性最小、可信度最高。灌区发生干扰用水的概率 P_d 可以表示为

$$P_d = \frac{l_d}{l_a} \tag{7-9}$$

式中，l_d 为灌区在一次完整灌溉过程中发生干扰流量的用水数目；l_a 为灌区在一次完整灌溉过程中的用水总数。如前所述，灌区发生干扰用水总体上属于小概率事件。对于一个发生干扰用水的用水而言，干扰用水恰好发生在态势预测期间的概率 P_t 为

$$P_t = \frac{T_y}{T_s} \tag{7-10}$$

式中，T_y 为态势预测由当前时刻到本次灌溉结束的历时；T_s 为一次完整灌溉过程的历时，且可以认为干扰用水在此期间的任意时刻发生的概率应该相等。一般情况下 T_y 不过几个小时，而 T_s 可达几十甚至几百小时，故干扰用水恰好在模型由当前时刻到演进结束时刻之间发生的概率也属于小概率事件。显然，对整个灌区而言，发生干扰用水且恰好在当前时刻到演进结束时刻之间发生的概率 P_{dt} 为

$$P_{dt} = P_d \times P_t \tag{7-11}$$

如果假定 $P_d < 0.05$, $P_t < 0.1$，则 $P_{dt} < 0.005$，因此从发生概率角度看，只要干扰用水属于小概率事件，就可以认为本书采用的假定的不确定性并不显著，与其他假定 (如在演进期间发生新的干扰用水) 比较应是 "最好的"，由此可以认为本书提出的灌区渠系水情态势评估方法是有效的。

7.3 扩大灌区渠系水情态势评估信息来源的方法

基于状态估计的灌区渠系水情态势评估方法较之 7.1 节讨论的其他方法具有明显优点，但也仍然存在对实时监测数据利用不足的问题，需要进一步研究如何在态势评估中进一步扩大信息来源，以求对系统状态和发展趋势更准确的把握。

7.3.1 进一步利用实时监测数据的途径

根据灌区的实际情况，可用于灌区水情态势评估的信息按照来源可划分为三种，即基于状态估计的态势预测结果、实时监测数据序列、视频信息序列。其中基于状态估计的态势预测结果，就预测的整体性而言具有采用数学模型的结构优势，提供的信息具有空间上完整、时间上呈序列、可系统预测等特点，但就再现过去、当前以及未来时刻系统状态的准确程度而言可能受到模型精度的限制。另外，灌区水情实时监测数据序列，就反映过去和当前时刻的系统状态而言具有更为直接的量测，提供的信息具有空间上局限于部分节点、时间上呈序列、可简单外推等特点，但就预测变化趋势而言存在难以辨识变化拐点的缺点。随着信息技术的进步，视频信息的获得将越来越容易和普及，所提供的信息具有时间上呈序列、直观、可模糊外推等特点，但目前空间上局限于少数节点。显然这些不同来源的信息具有互补性质，可以考虑以基于状态估计的态势评价结果为主，以基于实时监测数据序列和视频信息序列的态势评估为补充，在灌区渠系水情态势评估中综合这些评价结果，进一步提高态势评估的可信度。

7.3.2 基于扩大信息源的态势元素提取和赋值

1. 实时监测数据序列

依据灌区渠系水情实时监测数据同样可以外推未来不同时刻的系统状态。如果依据不同时刻的外推结果对安全运行状态变量赋值，即可形成另一个反映灌区渠系安全运行态势的二维矩阵。但因实时监测数据的覆盖面有限，这个矩阵的行数一般小于 M，为便于信息融合需要扩展为同样大小的矩阵。为此安全运行状态变量的语言值除上述 5 种枚举语言值外，还需要增加一个 "不知道" 的语言值，其量化值规定用 -1 表示，即用 -1 填充 $M \times K$ 阶矩阵中缺少数据的元素，构成 $M \times K$ 阶矩阵 A'：

$$A' = \begin{vmatrix} A'_{11} & A'_{12} & \cdots & A'_{1K} \\ A'_{21} & A'_{22} & \cdots & A'_{2K} \\ \vdots & \vdots & & \vdots \\ A'_{M1} & A'_{M2} & \cdots & A'_{MK} \end{vmatrix} \tag{7-12}$$

另外，还可以根据先验知识给上述安全运行状态变量 A'_{mk} 的可信度 B'_{mk} 赋值，这些赋值组成另一个 $M \times K$ 阶矩阵 B'：

$$B' = \begin{vmatrix} B'_{11} & B'_{12} & \cdots & B'_{1K} \\ B'_{21} & B'_{22} & \cdots & B'_{2K} \\ \vdots & \vdots & & \vdots \\ B'_{M1} & B'_{M2} & \cdots & B'_{MK} \end{vmatrix} \tag{7-13}$$

如果实时监测数据中包括对用水的监测数据，同样可以外推未来不同时刻的用水满足状态，并用"不知道"的量化值 -1 填充 $N \times K$ 阶矩阵中缺少数据的元素，形成如下表示用水满足状态的二维矩阵 C'：

$$C' = \begin{vmatrix} C'_{11} & C'_{12} & \cdots & C'_{1K} \\ C'_{21} & C'_{22} & \cdots & C'_{2K} \\ \vdots & \vdots & & \vdots \\ C'_{N1} & C'_{N2} & \cdots & C'_{NK} \end{vmatrix} \tag{7-14}$$

另外，还可以根据先验知识给用水满足状态变量 C'_{nk} 的可信度 D'_{nk} 赋值，这些数值构成另一个 $N \times K$ 阶矩阵 D'：

$$D' = \begin{vmatrix} D'_{11} & D'_{12} & \cdots & D'_{1K} \\ D'_{21} & D'_{22} & \cdots & D'_{2K} \\ \vdots & \vdots & & \vdots \\ D'_{N1} & D'_{N2} & \cdots & D'_{NK} \end{vmatrix} \tag{7-15}$$

需要说明的是，由灌区渠系水情实时监测数据外推得到的安全运行状态变量和用水满足状态变量的可信度的衰减更为显著，当前时刻的可信度高，但随着预测时间延伸，可信度迅速降低。

2. 视频信息序列

视频信息数量较水位、流量等实时监测数据更少些，但大多反映重要节点的工程运行和上下游水情，利用价值不言而喻。对视频信息的解释，如水位高低、涨落幅度、涨落速度、能否满足用水要求等目前还只能依赖于管理者的经验进行判断，但利用计算机进行自动识别在技术上应该可行。这些信息经解释后同样可以在一定范围和一定程度上推测未来的安全运行状态和用水满足状态，只是矩阵中的多数元素可能赋值为"不知道"，只有少数元素可以根据对视频信息的解释赋值。最终也形成表示安全运行状态的矩阵 A'' 和表示用水满足状态的矩阵 C''，以及各自的可信度矩阵 B'' 和 D''。

7.3.3　基于扩大信息源的态势估计方法

本书在基于状态估计的灌区渠系水情态势评估中，采用以态势元素变量可信度为权重的模糊判别方法，现将其推广到扩大信息源的情况。

设安全运行状态评价向量 X、X'、X''，用水满足状态评价向量 Y、Y'、Y'' 分别来源于基于状态估计的态势评价结果以及基于实时监测数据、视频信息的态势评价结果，则基于上述 3 个评价结果的安全运行态势评价向量 X^{MS} 为

$$X_m^{MS} = \begin{cases} \dfrac{pX_m + p'X'_m + p''X''_m}{p + p' + p''}, & p' > 0, p'' > 0 \\ \dfrac{pX_m + p'X'_m}{p + p'}, & p' > 0, p'' = 0 \\ \dfrac{pX_m + p''X''_m}{p + p''}, & p' = 0, p'' > 0 \\ X_m, & p' = 0, p'' = 0 \end{cases} \tag{7-16}$$

用水满足态势评价向量 Y^{MS} 为

$$Y_n^{MS} = \begin{cases} \dfrac{qY_n + q'Y'_n + q''Y''_n}{q + q' + q''}, & q' > 0, q'' > 0 \\ \dfrac{qY_n + q'Y'_n}{q + q'}, & q' > 0, q'' = 0 \\ \dfrac{qY_n + q''Y''_n}{q + q''}, & q' = 0, q'' > 0 \\ Y_n, & q' = 0, q'' = 0 \end{cases} \tag{7-17}$$

式中，p、p'、p'' 分别为安全运行状态评价向量 X、X'、X'' 具有的权重；q、q'、q'' 分别为用水满足状态评价向量 Y、Y'、Y'' 具有的权重。

7.4　模　拟　试　验

为验证本书建立的灌区渠系水情态势评估方法，理想的方法是收集某灌区发生运行事故的全过程，并利用构建的灌区渠系水情监测数据发生器再现这一过程，同时同步运行本章建立的灌区渠系水情态势评估系统，测试其能否提前作出事故将要发生的预警，但对本书研究而言确实难以实现。以下仅应用数值模拟试验条件，人为设置运行事故实现对灌区渠系水情态势评估方法的测试。为避免试验内容过于庞杂，模拟试验仅针对 7.2.4 节建立的基本评估方法，且仅涉及安全运行态势评估，态势元素也限定于某一个闸门。显然，模拟试验方法可以直接推广到灌区的所有闸门及渠道断面，也可以推广到对用水满足程度的态势评估。

7.4.1　模拟试验方法

选择 "旧渠道节制闸" 作为模拟试验的态势元素,从第 2 天 9 时至 13 时每隔 1 小时建立宽度为 4 小时的动态观察窗口,并基于态势预测在上述评估时间节点上对未来 4 小时内的水位、流量变化进行预测,按照本书 7.2.3 节和 7.2.4 节提出的态势评估方法对灌区渠系安全运行态势进行评估。试验情景在水情监测数据发生器中设定,水情监测数据发生器运行并定时发布该试验情景下的渠系运行水情监测数据;态势预测只能通过接收这些水情监测数据识别系统运行状态,在此基础上进行态势预测,并在规定的态势评估时间节点自动记录态势预测信息,进行态势评估。

7.4.2　模拟试验情景设定

图 7-3 为距离渠首 18.4km 的旧渠道节制闸正常调节时的运行过程线,其中实线为闸门开度过程线,虚线为过闸流量过程线,点线 (加粗) 为闸门上游渠段水深过程线,点画线为闸门下游渠段水深过程线。可见在灌区运行的第 2 天至第 3 天期间,闸门上游渠段水深过程线虽有起伏但并无大的波动。表 7-1 摘出第 2 天 8 时至 18 时的闸门上游渠段水深数据,其间闸门上游渠段水深均未超过 1.0m 的控制水深。

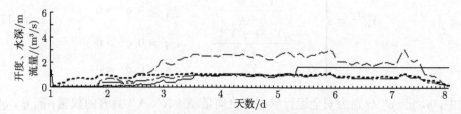

图 7-3　正常调节时旧渠道节制闸运行过程线

实线为闸门开度过程线;虚线为过闸流量过程线;点线 (加粗) 为闸门上游渠段水深过程线;点画线为闸门
下游渠段水深过程线

表 7-1　正常调节时旧渠道节制闸第 2 天 8 时至 18 时上游水深

项目	8 时	9 时	10 时	11 时	12 时	13 时	14 时	15 时	16 时	17 时	18 时
上游水深/m	0.659	0.708	0.724	0.747	0.929	0.925	0.925	0.924	0.925	0.925	0.925

试验情景设定如下:旧渠道节制闸于第 2 天 8 时因故未正常进行调节,闸门开度持续 6 小时保持不变。同时该闸门上游节制闸由于所辖渠段用水关闭等原因,大约于 9 时开始加大下泄流量,造成旧渠道节制闸闸前水位上升。

态势预测运行条件设置如下:第 2 天 8 时开始记录预测结果,每个记录的时间长度为 4h,相邻记录的时间间隔与监测数据时间间隔相同 (10min),连续记录 6h

至 13 时为止。

7.4.3 实际系统运行结果

在试验情景下,通过水情监测数据发生器模拟实际系统运行。图 7-4 为旧渠道节制闸试验情景下的运行过程线,表 7-2 摘出第 2 天 8 时至 18 时其上游水深数据。对照图 7-4 与图 7-3、表 7-2 与表 7-1 可以看出,第 2 天约 9 时旧渠道节制闸上游水位稍有回落,10 时开始发生水位上升的过程,13 时达到 1.293m,超过允许最高水位,14 时达到最大水深 1.485m,15 时回落到 0.925m。

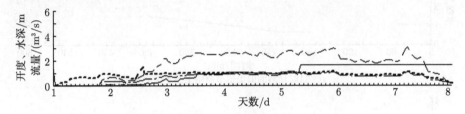

图 7-4 试验情景下旧渠道节制闸运行过程线

表 7-2 试验情景下旧渠道节制闸第 2 天 8 时至 18 时上游水深

项目	8 时	9 时	10 时	11 时	12 时	13 时	14 时	15 时	16 时	17 时	18 时
上游水深/m	0.659	0.526	0.550	0.578	0.948	1.293	1.485	0.925	0.925	0.925	0.925

7.4.4 态势预测和态势评价结果

1. 态势预测结果

在试验情景下,闸门开度被固定于 0.08m。图 7-5 为基于状态估计的态势预测分别在 9 时至 13 时的预测结果 (图中横坐标原点为第 2 天 8 时)。各时刻预测均是在状态估计实时跟踪实际系统运行的基础上进行的,图 7-5(a) 为状态估计跟踪实际系统运行到第 2 天 9 时 (即记录开始后 60min) 后,在该时刻作出的 9 时至 13 时闸门上游水深变化的预测。图 7-5(a) 的预测表明,10 时开始将发生上游水位上升的过程,到 12 时开始快速上升。图 7-5(b)～ 图 7-5(e) 依次为第 2 天 10 时、11 时、12 时、13 时的预测结果。

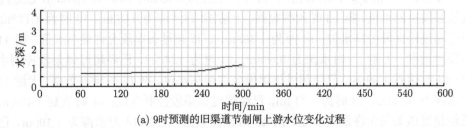

(a) 9时预测的旧渠道节制闸上游水位变化过程

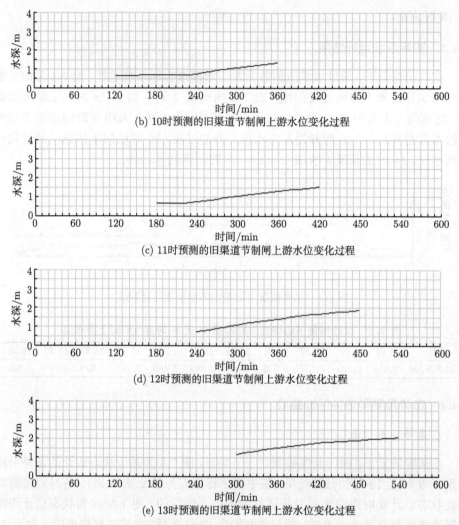

(b) 10时预测的旧渠道节制闸上游水位变化过程

(c) 11时预测的旧渠道节制闸上游水位变化过程

(d) 12时预测的旧渠道节制闸上游水位变化过程

(e) 13时预测的旧渠道节制闸上游水位变化过程

图 7-5　各时段预测的旧渠道节制闸上游水位变化过程图

　　表 7-3 为态势评估时间节点预测的间隔 0.5h 的旧渠道节制闸上游水深数值。初步分析如下：据 9 时预测数据，上游 9 时水深为 0.694m；13 时为 1.106m，已经超过该渠段控制水位。据 10 时预测数据，上游 10 时水深为 0.673m；13 时为 1.113m，已经超过该渠段控制水位；14 时为 1.368m，已经超过该渠段允许最高水位。据 11 时预测数据，上游 11 时水深为 0.688m；13 时为 1.055m，已经超过该渠段控制水位；14 时达到 1.308m，已经超过该渠段允许最高水位。据 12 时预测数据，上游 12 时水深为 0.741m；13 时为 1.114m，已经超过该渠段控制水位；14 时达到 1.420m，已经超过该渠段允许最高水位。据 13 时预测数据，上游 13 时水深为 1.190m，已

经超过该渠段控制水位；13 时 30 分为 1.383m，已经超过该渠段允许最高水位。

表 7-3　节制闸上游水位预测结果

预测时间	闸门上游水深/m								
	+0 时	+0.5 时	+1 时	+1.5 时	+2 时	+2.5 时	+3 时	+3.5 时	+4 时
9 时	0.694	0.675	0.688	0.704	0.726	0.747	0.808	0.961	1.106
10 时	0.673	0.691	0.700	0.702	0.780	0.957	1.113	1.247	1.368
11 时	0.688	0.686	0.748	0.906	1.055	1.186	1.308	1.419	1.516
12 时	0.741	0.930	1.114	1.274	1.420	1.563	1.684	1.782	1.860
13 时	1.190	1.383	1.535	1.676	1.787	1.872	1.941	2.021	2.089

2. 态势评价结果

按照 7.2.3 节说明的安全态势元素提取方法，对各时刻预测的闸门上游水位的安全状态进行赋值。根据灌区运行调度规则该闸门上游控制水深为 1.0m，允许最大水深为 1.3m。故规定水深小于等于 0.8m 时为很安全，大于 0.8m 但小于等于 1.0m 时为安全，大于 1.0m 但小于等于 1.2m 时为基本安全，大于 1.2m 但小于等于 1.4m 时为不安全，大于 1.4m 时为很不安全。据此对表 7-3 预测结果的赋值如表 7-4 所示，表中每一时刻对预测状态的评价结果用于填充式 (7-1) 中的安全状态变量 A_{mk}，其中"很安全""基本安全"等文字为安全状态变量 A_{mk} 的语言赋值，"1.0""0.5"等数字为语言赋值对应的量化值。由于仅针对一个闸门，故变量 A_{mk} 中仅有一行被填充。显然如果针对多个闸门或多处渠道断面，应对变量 A_{mk} 的各行进行填充。

表 7-4　安全状态赋值

预测时刻	安全状态的语言赋值和量化值								
	+0 时	+0.5 时	+1 时	+1.5 时	+2 时	+2.5 时	+3 时	+3.5 时	+4 时
9 时	很安全 1.0	很安全 1.0	很安全 1.0	很安全 1.0	很安全 1.0	很安全 1.0	安全 0.75	安全 0.75	基本安全 0.5
10 时	很安全 1.0	很安全 1.0	很安全 1.0	很安全 1.0	很安全 1.0	安全 0.75	基本安全 0.5	不安全 0.25	不安全 0.25
11 时	很安全 1.0	很安全 1.0	很安全 1.0	安全 0.75	基本安全 0.75	基本安全 0.75	不安全 0.25	很不安全 0.0	很不安全 0.0
12 时	很安全 1.0	安全 0.75	基本安全 0.5	不安全 0.25	很不安全 0.0	很不安全 0.0	很不安全 0.0	很不安全 0.0	很不安全 0.0
13 时	基本安全 0.5	不安全 0.25	很不安全 0.0	很不安全 0.0	很不安全 0.0	很不安全 0.0	很不安全 0.0	很不安全 0.0	很不安全 0.0

表 7-5 为安全状态变量 A_{mk} 中各列赋值的可信度。如果希望提前 2 小时进行态势评估结果的预报，则 2 时之前各项赋值可不参与综合，在该表中设定为特殊数

值 (如 -1), 便于态势评估程序自动识别。表 7-5 中每一时刻的可信度赋值用于填充式 (7-2) 中的安全状态可信度变量 B_{mk}, 由于仅针对一个闸门, 故变量 B_{mk} 中也仅有一行被填充。

表 7-5　安全状态的可信度赋值

+0 时	+0.5 时	+1 时	+1.5 时	+2 时	+2.5 时	+3 时	+3.5 时	+4 时
-1	-1	-1	-1	1.0	0.8	0.6	0.4	0.2

按照本书 7.2.4 说明的灌区渠系水情态势评估综合方法, 对系统运行安全程度进行估计, 结果如表 7-6 所示。根据通常对 "基本安全" 语义的理解, 本书以态势评估量化值 0.5 作为 "基本安全" 的下限, 并由此确定其他判别标准。即态势估计量化值大于 0.9 时为很安全, 小于等于 0.9 但大于 0.7 时为安全, 小于等于 0.7 但大于 0.5 时为基本安全, 小于等于 0.5 但大于 0.3 时为不安全, 小于 0.3 时为很不安全。按此判别标准, 在 9 时发布 "安全" 预报, 10 时发布 "基本安全" 预报, 11 时发布 "不安全" 预报, 12 时和 13 时发布 "很不安全" 的预报。

表 7-6　安全态势估计结果

预测时刻	态势估计量化值	态势估计语言值
第 2 天 9 时	0.883	安全
第 2 天 10 时	0.683	基本安全
第 2 天 11 时	0.500	不安全
第 2 天 12 时	0.000	很不安全
第 2 天 13 时	0.000	很不安全

7.4.5　态势评估结果分析

从发布态势评估结果时的实际水位数值看, 发布 "基本安全" 预报时, 旧渠道节制闸上游实际水位为 0.673m; 发布 "不安全" 预报时, 上游实际水位升高到 0.688m; 发布 "很不安全" 预报时, 上游实际水位已升高到 0.741m, 但尚未超过控制水位 (1.0m), 说明发布的态势评估结果属于预报、预警性质。从态势估计结果发布的时间提前量看, 发布 "基本安全" 预报时, 距该节制闸上游实际水位超过控制水位提前了 2.5 小时; 发布 "不安全" 预报时, 距该节制闸上游实际水位超过控制水位提前了 1.5 小时, 说明发布的态势评估结果时间上具有必要的提前量。由此可以看出, 本书建立的基于状态估计的灌区渠系水情态势评估方法对于提高灌区应对突发事件的能力, 防止事故发生具有现实意义。

需要说明的是, 根据态势评估发布的预报、预警是有条件的。本书提出的态势评估方法基于态势预测, 在 7.2.2 节中对态势预测的边界条件、调度运行规则、闸门控制、干扰用水等作出假定, 其中包括所有被监测闸门在预测期间保持当前开度不变的假定。这个假定决定了上述评估结果属于预测、预警性质,预示的是如果不及时对有关闸门等进行必要调节所可能发生的、潜在的危险,而通常的灌区水情实时监测系统作出的越限报警是针对已经发生的、现实的危险。显然,二者具有本质的不同,但对灌区安全运行都是需要的,并不存在哪个可以替代哪个的问题。

7.5　与其他态势预测方法的比较

　　针对灌区功能、灌溉工程、灌溉效益等的评估方法已有不少研究成果,但针对灌区渠系运行态势的在线评估方法尚未见到研究成果,难以进行比较。考虑到灌区渠系态势评估方法的基础是态势预测,可以说态势评估实际上就是对态势预测结果进行综合和合理判断,因此比较灌区渠系态势评估方法的优劣首先应比较态势预测方法的优劣。为此本节从以下两个方面进行比较:其一是与广泛应用的趋势分析方法进行比较,显然基于实时监测数据建立趋势分析模型是可行的;其二是与并不涉及系统输入,仅依据实时监测数据直接进行状态校正,进而进行状态预测的方法进行比较,这类研究在水文实时预报校正中比较常见,故也是可行的。

7.5.1　输入校正态势预测方法与实时监测数据趋势分析方法的比较

　　趋势分析是一种常用数据分析方法,可基于监测数据构成的时间序列在时间轴上进行外推,以实现预测水情的目的。图 7-6 给出了趋势分析方法 9 时、10 时、11时预测的旧渠道节制闸上游水位变化过程。表 7-7 为本书态势预测方法与趋势分析方法的预测结果比较,其比较情景与 7.4 节的情景相同,其中趋势分析采用法拉格朗日二次插值公式并基于监测数据实现外推。

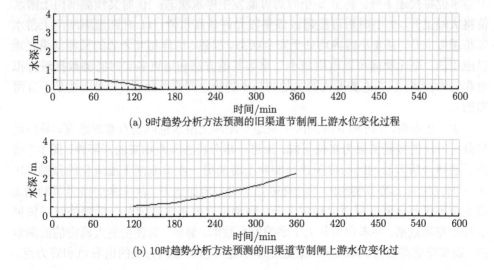

(a) 9时趋势分析方法预测的旧渠道节制闸上游水位变化过程

(b) 10时趋势分析方法预测的旧渠道节制闸上游水位变化过

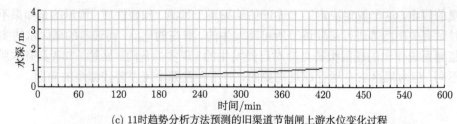

(c) 11时趋势分析方法预测的旧渠道节制闸上游水位变化过程

图 7-6　各时段趋势分析方法预测的旧渠道节制闸上游水位变化过程图

表 7-7　态势预测方法与基于实时监测数据的趋势分析法比较

预测时间	预测方法	闸门上游水深/m								
		+0h	+0.5h	+1h	+1.5h	+2h	+2.5h	+3h	+3.5h	+4h
9时	态势预测	0.694	0.675	0.688	0.704	0.726	0.747	0.808	0.961	1.106
	趋势法	0.689	0.567	0.411	1.019	0.221	< 0	< 0	< 0	< 0
	实际过程	0.689	0.679	0.669	0.689	0.709	0.787	0.865	1.084	1.302
10时	态势预测	0.673	0.691	0.700	0.702	0.780	0.957	1.113	1.247	1.368
	趋势法	0.669	0.739	0.85	1.001	1.192	1.424	1.696	2.009	2.362
	实际过程	0.669	0.689	0.709	0.787	0.865	1.084	1.302	1.415	1.528
11 时	态势预测	0.688	0.686	0.748	0.906	1.055	1.186	1.308	1.419	1.516
	趋势法	0.709	0.737	0.771	0.809	0.853	0.901	0.955	1.015	1.079
	实际过程	0.709	0.787	0.865	1.084	1.302	1.415	1.528	1.287	1.045

可以看出，态势预测给出的预测结果与系统实际运行过程大体相符，尽管预测误差随预测时间的延长而有所增加，但并无矛盾之处，可以满足灌区渠系水情态势评估的要求。作为对照的趋势分析方法的预测结果则存在如下缺欠：9 时预测闸门上游水位将快速下降，甚至 2 小时后可能发生停水状态；10 时又预测闸门上游水位将大幅上升，2 小时后可能超过该渠段允许最高水位；11 时则预测闸门上游水位将缓慢上升，且 4 小时内均处于安全状态。显然，这样相互矛盾的预测结果是难以应用的。毫无疑问可以改用最小二乘等其他方法利用更多实时监测数据进行拟合和趋势预测，但在态势变化的大趋势与小趋势之间难以兼顾，其局限性是不言而喻的。

表 7-2 表明，8 时到 9 时期间旧渠道节制闸上游水位确实有暂时跌落，导致趋势分析方法的预测结果为水位下降。为进一步分析该预测结果的局限性，图 7-7 给出了趋势分析方法同时对位于该节制闸上游的另一座节制闸下泄流量的预测，显示 9 时开始其上游节制闸的下泄流量处于明显增加状态，故未来旧渠道节制闸上游水位不仅不会降低反而会稳定上升。预测错误的根本原因是分析趋势时只依据了局地监测数据，并未使用其上下游的监测数据。显然，为使用更大范围的监测数据，需要将这些信息关联起来，这正是本书建立态势预测方法的出发点和着力点。

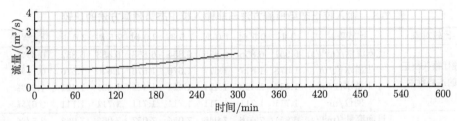

图 7-7　9 时旧渠道上游节制闸的下泄流量预测变化过程

7.5.2　输入校正态势预测方法与非输入校正态势预测方法的比较

如前所述，本书建立的灌区渠系水情态势预测方法基于对系统输入的校正，显然也可以按照黑箱理论不追究系统内部结构和关系、利用实时监测数据直接对系统状态变量进行校正，进而进行态势预测。显然后者较前者要简单得多。本节拟通过模拟试验对二者进行比较，进一步说明基于系统输入校正的态势预测方法的优点。

假定三支节制闸的上游子系统发生占计划用水流量 20% 的干扰用水流量，以考察并比较本书建立的灌区渠系态势预测方法和直接对系统状态进行校正并进而预测方法的优劣。为建立后者的仿真模型，本书借用已经建立的态势预测方法，但在开始考察时刻自动关闭干扰流量计入功能，从而在状态估计时考虑干扰流量，以便能正确跟踪实际系统，但在预测时又 "看不到" 干扰流量，仅依据预先拟定的用水计划进行态势预测。此外，运行上述两个模型的边界条件、初始条件、用水计划、闸门运行方式等则完全相同。表 7-8 给出了系统运行后第 2 天 0 时开始记录的上述两个模型对三支节制闸运行态势的预测结果。

由表 7-8 可见，本书基于输入校正的态势预测方法在灌区渠系运行平稳时能给出相当理想的预测结果 (但并非在所有条件下都有如此高的预测精度，如 7.5.1 节因灌区渠系运行初期处于不稳定状态，预测结果只能达到与实际基本吻合程度)。仅对系统状态进行校正但不对系统输入进行校正的态势预测方法，在灌区渠系运行平稳情况下也给出了与实际基本吻合的预测结果，但由于未考虑干扰流量的影响，3 小时预测值仍存在超过 3% 的误差，预测水位比实际水位高近 4cm。值得注意的是，两种模型的状态估计 (预测时刻为 0 时的数据) 并无明显误差，上述误差基本上是在预测阶段产生的，同时本模拟试验情景设定的干扰流量仅 0.26m³/s，不足闸门下泄流量的 4%，如果渠系发生更大程度的水量不平衡 (实际上并不限于用水)，出现显著误差将是难免的。对比结果也再次提示，对于长时间运行的灌区渠系，因干扰用水等原因引起的不平衡水量需要正确识别并给出保持水量平衡的方法，这正是本书提出干扰用水的基本考虑。

表 7-8　输入校正态势预测方法与非输入校正态势预测方法的比较

比较对象	比较项目	0 时	0.5 时	1.0 时	1.5 时	2.0 时	2.5 时	3.0 时	最大误差
进行输入校正的态势预测	过闸流量/(m³/s)	6.851	6.856	6.855	6.854	6.853	6.853	6.852	0.3/%
	上游水位/m	1.678	1.677	1.677	1.676	1.676	1.676	1.676	0.1/%
	下游水位/m	1.424	1.422	1.421	1.421	1.421	1.421	1.421	1.2/%
	闸位/m	1.711	1.711	1.711	1.711	1.711	1.711	1.711	0.6/%
不进行输入校正的态势预测	过闸流量/(m³/s)	6.851	7.016	7.045	7.054	7.057	7.066	7.068	3.5/%
	上游水位/m	1.678	1.695	1.700	1.702	1.703	1.705	1.704	3.5/%
	下游水位/m	1.423	1.435	1.441	1.443	1.445	1.446	1.446	3.0/%
	闸位/m	1.711	1.711	1.711	1.711	1.711	1.711	1.711	0.6/%
实时监测数据	过闸流量/(m³/s)	6.83	—	6.84	—	6.84	—	6.83	
	上游水位/m	1.674	—	1.667	—	1.666	—	1.666	
	下游水位/m	1.420	—	1.406	—	1.405	—	1.404	
	闸位/m	1.71	—	1.70	—	1.70	—	1.70	

　　鉴于灌区渠系水情态势元素不仅具有空间属性,而且具有时间属性,本章提出"动态观察窗口"概念,用于对当前以及今后一段时间内灌区工程设施运行态势的分析和判断。同时为实现不同物理属性的态势元素的综合,提出包括"安全运行状态变量"和"用水满足状态变量"的态势元素提取方法,将不同物理属性的态势元素抽象为安全运行状态矩阵及其可信度矩阵和用水满足状态矩阵及其可信度矩阵。基于"动态观察窗口"概念提出了由动态跟踪和态势预测、态势元素提取和分析、态势判断以及态势预报和预警构成的灌区渠系水情态势评估计方法,分析了进一步扩大态势评估信息来源的途径和方法。本章最后应用模拟试验方法测试并验证了建立的灌区渠系水情态势评估方法,结果表明基于灌区渠系水情状态估计的态势评估方法对于提高灌区应对突发事件的能力、防止事故发生具有现实意义。

第 8 章　灌区渠系水情态势评估技术应用

本书构建的灌区渠系水情态势评估方法基于状态估计和态势预测,同时在跟踪实际系统运行进行动态评估过程中,状态估计和态势预测生成具有全局性的状态信息和预测信息,因此状态估计和态势预测不仅是进行态势评估的关键技术,还具有广泛的应用前景。本章针对几个有代表性的相关事例,进一步研究应用这些关键技术的途径和需要解决的相关问题。

8.1　基于状态估计并考虑降雨影响的灌区运行决策方法

8.1.1　问题的提出

我国大部分地区处于亚热带季风气候区,许多地区年降水量超过 400mm,基本可以满足一季作物的生长要求。除西北地区以外,灌溉属于补充灌溉性质,即降水对于灌溉具有显著影响。对于灌区建设而言,降水的影响是多方面的。降水量在很大程度上决定了灌溉需水量和灌区排水量,进而影响灌排工程类型和规模;对于灌区运行管理而言,灌溉决策取决于对未来何时降雨、降雨量如何等的预测。以上问题均属于农田水利学科的传统研究范畴,其中不乏可以引入信息融合理论进一步研究的课题,但需要较深厚的专业知识。作为灌区渠系水情态势评估技术的一个推广事例,本书仅针对灌溉过程中遇到某种程度降雨时如何科学决策的特定问题进行研究,但其研究方法对灌溉决策的其他方面也有一定参考价值。

8.1.2　降雨对灌溉过程的影响分析

灌溉管理的一个基本原则是充分利用降水,以减少灌溉用水量和相应的人力、物力、财力投入。因此,以往的研究多集中在灌溉预报方面,即研究如何利用气象预报和土壤墒情监测数据指导灌溉,对何时灌溉以及如何确定灌溉水量等做出科学决策。国内外该领域的研究已经取得了不少成果,且在一些灌区建立了具有研究、试验性质的灌溉预报系统,但能坚持应用这些成果的灌区并不多见。究其原因,一是作为灌溉预报主要依据的中长期天气预报目前尚不够准确,预报有雨但实际无雨或降雨擦肩而过的现象并不少见;二是作为灌溉预报另一个重要依据的土壤墒情尽管可以较准确观测,但因土壤空间变异性显著,观测数据的代表性并不强。

对于有条件应用灌溉预报的大中型灌区而言,灌区范围大 (几万亩、几十万亩甚至几百万亩),灌溉历时长 (一次灌水需十几天甚至二三十天),除在灌溉开始前

面临 "何时开始灌溉、灌多少水" 的问题外，在灌溉过程中，还面临获得有关降雨的天气预报甚至遭遇降雨时，如何综合各种信息及时且较为准确地作出决策，或继续灌溉，或调整引水、配水流量，或停止灌溉的问题。这个问题可能比灌溉预报更为实际，因为 "何时开始灌溉、灌多少水" 可以依据灌溉制度和灌溉计划进行，即使没有灌溉预报也可以作出决策，但灌溉过程中遇雨的决策目前只能凭借经验。灌溉过程中遇雨如能做出较为科学的决策，不仅能达到充分利用降雨、减少排水、节约灌溉用水的目的，而且有利于保证灌溉工程安全运行，避免事故发生。另外，这个问题的解决主要利用短期天气预报，其准确性可明显提高，同时还回避了大范围监测土壤墒情的困扰，研究成果有可能更容易在灌区推广应用。

灌溉过程中降雨的实际影响是相当复杂的。灌区范围一般较大，一次降雨可能覆盖全灌区，也可能仅仅覆盖灌区的部分区域，需要加以区别。降雨量的分布一般并不均衡，可能有的区域雨量较大，需要立即停灌；也可能有的区域雨量并不大，仍需要继续灌溉，也要区别处理。另外，灌溉与作物、土壤、施肥等关系密切，实际情况更为复杂，需要收集并掌握有关信息。总之，即使在灌溉过程中考虑降雨的影响，涉及的信息也是多方面的，只有设法充分收集这些信息并有效处理这些信息，才能科学做出或继续灌溉，或调整引水、配水流量，或停止灌溉的决策[178−200]。

8.1.3　降雨信息的获取

本书考虑的降雨信息包括实时降雨数据、当地天气预报降雨信息。其中实时降雨数据包括当地气象站的观测数据，也包括灌区已建管理信息系统所属各雨量观测站的观测数据；当地天气预报主要应用 1~3 日的短期天气预报，中长期天气预报因不够准确，目前尚难以适应本书研究目的。

1) 实时降雨数据

实时降雨数据包括当地气象站的观测数据和灌区所属各雨量观测站的观测数据，显然它们与所讨论区域的关联程度并不相同。当地气象站的观测数据和灌区所属各雨量观测站的观测数据通常都是点雨量，且观测点位置各异，需要进行处理。如果将灌区划分为几个灌域 (即灌溉区域)，对具体灌域而言能够使用的是代表所辖范围的面平均雨量，面平均雨量可以选择几个相近的点雨量数据，采用反距离权重法 (IDW) 或克里格法插值。反距离权重是常用而且简便的空间插值方法，插值点 s 的降雨量 R_s 由下式计算：

$$R_s = \frac{\sum\limits_{i=1}^{n} \dfrac{R_i}{d_i^2(s)}}{\sum\limits_{i=1}^{n} \dfrac{1}{d_i^2(s)}} \tag{8-1}$$

式中，R_i 为第 i 个雨量站观测的降雨量；d_i 为插值点距第 i 个雨量站的距离；n 为使用的雨量站数量。

2) 天气预报降雨信息

当地天气预报通常涉及较大的范围和较长的时间, 可信度不高, 与灌区的关联性也不强, 但对把握未来天气动向仍有使用价值, 只是需要考虑对其赋予较低的可信度。

一般情况下即使将灌区划分为几个灌域, 天气预报的降雨量也无法进一步划分, 只能对全灌区取同样数值, 但如各灌域分属不同县, 则可根据各自所属县的天气预报分别取值。

8.1.4 状态估计信息与降雨的关联性分析

灌区渠系水情状态估计信息来源于已经建立的状态估计方法。考虑状态估计信息是因为灌区实行分级管理, 遇到降雨或得知有关降雨的天气预报时, 负责田间工程运行管理的用水协会、乡镇水管站、村水管小组的管理人员往往会根据天气状况以及降雨、灌水等实际情况, 结合自身经验主动减少灌溉用水量, 甚至关闭自己管理的分水闸门。田间实际灌溉用水的变化将影响渠系水情, 进而影响对灌区渠系水情的状态估计, 因此状态估计信息的变化能在一定程度上反映降雨或降雨预期已经产生和将要产生的影响。灌区渠系水情状态估计提供了丰富的全局信息, 需要选择并提取其中与降雨影响关联性强但又不易受其他因素影响的信息, 为此分析如下。

灌区实行分级管理, 其中田间工程由各类群管组织管理, 由于现地条件不同、灌水先后顺序不同、掌握的信息不同等原因, 降雨开始后各级管理者的判断和采取的操作难以一致, 更难以做到同步。位于田间的灌溉用水使用者和管理者对降雨影响最为敏感, 特别是实行灌溉用水计量收费的灌区, 故下级渠道可能首先采取减少用水甚至停止用水的措施; 干、支渠道管理者有可能根据降雨和以往经验主动减少输配水, 也可能为保证工程运行安全而被动减少输水配水甚至关闭某些闸门。总之, 随着降雨过程或降雨预期的变化, 各级渠道的运行状态将发生不同程度的变化, 实时在线进行的灌区渠系水情状态估计也将随之改变。干扰用水是本书为进行状态估计而提出的概念, 实际上干扰用水的含义不仅包含计划外用水, 也包括未按计划用水的情况 (如自行减少用水)。降雨的影响导致减少部分计划用水甚至取消全部计划用水, 实际上导致了干扰用水的发生, 只是这类干扰用水的流量为负值。渠道引水流量、泄水流量的变化也能反映降雨的影响, 但往往相互影响, 难以直接应用。例如, 渠道泄水流量增加并不一定意味灌溉用水因降雨而减少, 也可能是源于引水流量的意外增加; 渠道引水流量减少也不一定意味灌溉用水因降雨而减少, 因为可能是时段计划用水量减少所致。但是, 干扰用水是状态估计的综合结果, 只要状态估计没有明显误差, 干扰用水就能正确反映实际用水与计划用水的差别, 由此可以全面估计降雨或降雨预期已经产生的影响。

8.1.5 考虑降雨影响的灌区运行决策方法

考虑降雨影响下的灌区运行态势估计的目的是希望根据实时降雨数据、当地天气预报、灌区状态估计等信息，对是否减少引水流量直至停灌做出及时、正确的决策。显然，上述决策过程属于不确定性推理过程，其信息融合可以采用 D-S 证据理论进行，也可以采用 Bayes 理论进行。比较而言，Bayes 理论既可用于静态推理，也适用于动态推理，故尝试用 Bayes 理论进行上述不确定推理。

1. 灌域级 Bayes 推理方法

由于降雨对灌区所辖各区域的影响不尽相同，故考虑降雨影响的灌区态势估计拟分灌区级和灌域级进行，灌域可以是一条干渠的灌溉范围，也可以是一条支渠的灌溉范围，视灌区大小而定。引入灌域的目的是为了合理划分证据。证据对于灌域不再细分，故不能细分证据时也可以将整个灌区作为一个灌域处理。

首先，讨论灌域级的不确定推理过程。推广到多信息源的情况，灌域级的 Bayes 公式可表示为

设命题 (假设)$A_1, A_2, \cdots, A_M$ 为样本空间 S 的一个划分，即满足

(1) $A_{m1} \cap A_{m2} = \varnothing, (m_1 \neq m_2)$;

(2) $A_1 \cup A_2 \cdots \cup A_M = S$;

(3) $P(A_m) > 0, (m = 1, 2, \cdots, M)$;

则对任一事件 (证据)B_n, $P(B_n) > 0$, 有

$$P(A_m|B_n) = \frac{P(B_n|A_m)P(A_m)}{\sum\limits_{i=1}^{M} P(B_n|A_i)P(A_i)} \qquad (n = 1, 2, \cdots, N) \tag{8-2}$$

式中，$P(A_m|B_n)$ 为证据 B_n 为真时命题 A_m 为真的概率，即 $P(A_m)$ 的后验概率；$P(A_m)$ 为命题 A_m 为真的先验概率；$P(B_n|A_m)$ 为命题 A_m 为真时证据 B_n 为真的概率，即证据 B_n 的条件概率；M 为全部命题 A 的集合的基数；N 为全部证据 B 的集合的基数。

由于有 N 种证据，故这种信息融合方式是一种级联模式，即需要按照证据的顺序一个一个地进行融合处理。为计算各命题的融合概率，可以将级联模式变换为如下的并联模式：

$$P(A_m|B_1, B_2, \cdots, B_N) = \frac{P(B_1, B_2, \cdots, B_N|A_m)P(A_m)}{\sum\limits_{i=1}^{M} P(B_1, B_2, \cdots, B_N|A_i)P(A_i)} \qquad (m = 1, 2, \cdots, M)$$

$$\tag{8-3}$$

如果证据 $B_1, B_2, \cdots, B_N$ 相互独立，则

$$
\begin{aligned}
&P(A_m|B_1, B_2, \cdots, B_N) \\
&= \frac{P(B_1|A_m)P(B_2|A_m)\cdots P(B_N|A_m)P(A_m)}{\displaystyle\sum_{i=1}^{M} P(B_1|A_i)P(B_2|A_i)\cdots P(B_N|A_i)P(A_i)} \quad (m = 1, 2, \cdots, M) \quad (8\text{-}4)
\end{aligned}
$$

2. 动态推理的实现方法

本书研究对象是动态的，各证据随时间推移而变化，似乎采用动态 Bayes 推理更为适合，但实际上存在一些障碍，以下对此进行分析。Bayes 理论本身对证据的独立性并未提出过于苛刻的要求，仅当使用式 (8-4) 时要求证据相互独立。但是建立动态 Bayes 推理，即将前一时刻计算的各命题的后验概率作为当前时刻相应命题的先验概率时，实际上必须满足当前时刻证据的取值完全独立于前一时刻证据的取值。尽管以上考虑的几种证据之间可以保持相互独立，但这些证据在不同时刻之间并不一定具有自身的独立性。例如，采用的实时降雨量为累计降雨量时，后一时刻数值是以前一时刻数值为基础的；再如，预报降雨量发布后，更不可能在推理过程的每一个时刻得到新的信息，即在时间上证据自身并不独立。

本书研究的证据采用累计雨量而非时段雨量的原因，主要是考虑到累计降雨量与灌溉活动关联性强，关系明确，便于确定条件概率；而降雨强度尽管也是降雨的重要特征，但与灌溉活动关联性不强，缺乏明确的相关关系，难以确定其条件概率。因此，受采用证据所限，不能将当前时刻计算的各命题的后验概率作为下一时刻相应命题的先验概率，也就不能构成递推形式的动态推理关系。本书实现动态推理的方法是：利用证据本身已经包含以前时刻雨量信息 (或降雨影响信息) 的特点，不实时更新先验概率，但以不同时刻获取的证据来推测各命题在对应时刻的后验概率，以反映命题的动态变化。

3. 运行调度决策规则

灌域级运行调度决策通常可根据最大后验概率准则作出，即为真的命题 $P(A)$ 取

$$
P(A) = \arg\max_m P(A_m|B_1, B_2, \cdots, B_N) \quad (8\text{-}5)
$$

灌区级运行调度决策与信息融合处理结构有密切关系。采用分布式处理结构时，灌域级运行调度决策由灌域级信息融合分中心做出，灌区级运行调度决策则可直接综合各灌域的决策做出。通常可按灌域决策 (如继续灌溉、减少引水量、停止灌溉) 分类统计相应的灌溉面积，取其中影响面积最大的决策为全灌区的决策。这种处理方法的优点是分级负责、便于操作，缺点是对灌区而言只使用了各灌域判别

为真的决策信息，而未能利用各灌域判别为假的其他决策信息。采用集中式处理结构时，灌域级运行调度决策实际上也是由灌区级信息融合中心统一做出的，故除各灌域的判别结果外，还掌握并可利用判别过程涉及的其他信息，以做出更符合全局利益的决策。为此，用各灌域灌溉面积为权重统计灌域级各命题的综合后验概率 $P_s(A_m)$：

$$P_s(A_m) = \frac{\sum_{k=1}^{K} P_k(A_m)\mathrm{Area}_k}{\sum_{k=1}^{K} \mathrm{Area}_k} \tag{8-6}$$

式中，$P_k(A_m)$ 为灌域 k 得到的关于命题 m 的后验概率；Area_k 为灌域 k 的灌溉面积；K 为划分的灌域数目。

灌区级运行调度决策同样根据最大后验概率准则作出，即为真的命题 $P_s(A)$ 取

$$P_s(A) = \arg\max_m P_s(A_m) \tag{8-7}$$

大中型灌区灌溉范围大，不论是开始灌溉还是停止灌溉都需要投入大量的人力、物力，而且要经过一个较长的调度过程，应尽可能避免决策上出现反复。为此可以对各命题设置一个阈值 $P(A)_{\min}$，且仅当 $P_s(A) \geqslant P(A)_{\min}$ 时才能改变之前已经作出且正在执行的运行调度决策。

4. 命题和证据的划分

根据灌区运行管理的实际情况，命题划分为 "正常灌溉" "减少引水量" "停止灌溉" 三种，即式 (8-4) 中 $M = 3$。当然，随着灌区运行管理水平的提高以及信息和经验的积累，上述命题还可进一步细分，如将 "减少引水量" 划分为几个级别等，以提高决策的精细程度。各命题为真的先验概率可根据灌区以往经验或统计资料给出，考虑到不同灌溉季节的区别，还可以按不同灌溉季节分别给出各命题为真的先验概率。

证据包括实时降雨量、预报降雨量、负值干扰流量共三类，其中实时降雨量为一次降雨从开始到当前时刻的累计数量。气象上通常将降雨量分为小雨、中雨、大雨、暴雨、大暴雨等，其中小雨、中雨、大雨的 24h 降雨量范围分别为 $0.1\sim9.9\mathrm{mm}$、$10\sim24.9\mathrm{mm}$、$25\sim49.9\mathrm{mm}$。对灌溉用水影响显著的降雨量范围是 30mm 及以下的降雨，即在这个范围内大多数灌区的运行调度要经历由正常灌溉到停止灌溉的全过程。按照大、中、小雨的等级划分降雨证据固然方便且容易被接受，但明显过粗，会影响决策的及时性。本书取雨量划分间隔为 5mm，包括无雨共划分为 7 种描述，以 0~6 级标注，0 级表示无雨，6 级表示 30mm(含以上) 降雨。具体

对应关系如表 8-1 所示。

表 8-1　降雨等级与降雨量的对应关系

降雨级别	雨量上限/mm
0	0.0
1	5.0
2	10.0
3	15.0
4	20.0
5	25.0
6	30.0

负值干扰流量同样划分为 7 个等级，以 0~6 级标注，0 级表示灌溉用水无减少，6 级表示灌溉用水大幅度减少。负值干扰流量的可能范围实际上受到渠道最低流量的限制，一般要求渠道实际流量不低于其设计流量的 1/2，而按用水计划确定的渠道流量通常接近其设计流量，故可以取计划用水流量的 60% 作为负值干扰流量可能取值的上限。负值干扰流量级别与减少幅度的对应关系如表 8-2 所示。

表 8-2　负值干扰流量等级与用水流量减少幅度的对应关系

负值干扰流量级别	减少幅度上限/%
0	0.0
1	10.0
2	20.0
3	30.0
4	40.0
5	50.0
6	60.0

各命题为真时各种假设为真的条件概率可根据灌区以往经验分别给出。

8.1.6　模拟试验

1. 条件概率和先验概率

本书研究对象灌区的北干渠灌溉面积不足 20 万亩，因范围不大故作为一个灌域处理不再细分。根据该灌区所处地理位置、土壤、作物等具体情况以及积累的经验，分别给出三种命题为真时各证据为真的条件概率，如表 8-3~ 表 8-5 所示。其中，实时降雨量尽管对于观测地点而言比较准确，但对于整个灌域而言由于观测点布设密度有限仍存在代表性不够高的问题，故条件概率分布仍不会高度集中；天气预报的未来降雨量因准确性和代表性均不够高，故其条件概率分布最为分散；用水流量减少程度反映用水者对当前降雨和未来降雨影响的判断，尽管最为直接，但判断不准的情况难以避免, 故其条件概率分布也不会高度集中。

表 8-3　相对实时降雨量的条件概率

命题	0级	1级	2级	3级	4级	5级	6级
正常灌溉	0.60	0.20	0.10	0.05	0.04	0.01	0
减少引水量	0.05	0.1	0.20	0.35	0.17	0.1	0.03
停止灌溉	0	0.02	0.03	0.05	0.15	0.35	0.4

表 8-4　相对预报降雨量的条件概率

命题	0级	1级	2级	3级	4级	5级	6级
正常灌溉	0.35	0.20	0.16	0.12	0.09	0.06	0.02
减少引水量	0.1	0.1	0.20	0.2	0.2	0.1	0.1
停止灌溉	0.02	0.06	0.09	0.12	0.16	0.20	0.35

表 8-5　相对用水流量减少程度的条件概率

命题	0级	1级	2级	3级	4级	5级	6级
正常灌溉	0.50	0.30	0.1	0.06	0.03	0.01	0
减少引水量	0.10	0.20	0.30	0.20	0.1	0.07	0.03
停止灌溉	0	0.05	0.10	0.15	0.20	0.25	0.25

根据该灌区的具体情况还可以给出各种命题为真的先验概率, 一般可根据统计资料确定先验概率。该灌区正常灌溉、减少引水量、停止灌溉在 4~6 月的少雨季节和 7~9 月的多雨季节分别出现的概率如表 8-6 所示。

表 8-6　各命题在不同季节发生的概率

命题	命题发生概率	
	少雨季节	多雨季节
正常灌溉	0.8	0.3
减少引水量	0.15	0.4
停止灌溉	0.05	0.4

2. 模拟试验情景设定和结果

共设计 4 个情景进行模拟试验。其中, 情景 1~3 以少雨季节为例, 固定预报降雨级别为 6(达到 30mm 降雨量), 负值干扰用水级别分别为 1、2、3(灌溉用水流量分别减少 10%、20%、30%), 每个情景又按照实时降雨量级别由 0 增至 6, 分 7 个子情景进行, 描述由尚未降雨到大雨的全过程。情景 4 针对多雨季节, 其他条件与情景 1 相同, 以测试因季节不同导致各命题先验概率变化的影响。各情景的模拟试验结果如表 8-7~ 表 8-10 所示。

表 8-7 情景 1 模拟试验结果 (少雨季节、预报降雨量 30mm、用水减少 10%)

情景	命题的后验概率			决策
	正常灌溉	减少引水量	停止灌溉	
情景 1-1	0.9524	0.0476	0.0000	正常灌溉
情景 1-2	0.8533	0.1422	0.0044	正常灌溉
情景 1-3	0.5304	0.4420	0.0276	正常灌溉
情景 1-4	0.2319	0.6957	0.0725	减少引水
情景 1-5	0.1303	0.7169	0.1527	减少引水
情景 1-6	0.0936	0.4678	0.4386	减少引水
情景 1-7	0.0000	0.1935	0.8065	停灌

表 8-8 情景 2 模拟试验结果 (少雨季节、预报降雨量 30mm、用水减少 20%)

情景	命题的后验概率			决策
	正常灌溉	减少引水量	停止灌溉	
情景 2-1	0.8163	0.1837	0.0000	正常灌溉
情景 2-2	0.5614	0.4211	0.0175	正常灌溉
情景 2-3	0.1975	0.7407	0.0617	减少引水
情景 2-4	0.0616	0.8244	0.1145	减少引水
情景 2-5	0.0305	0.7550	0.2145	减少引水
情景 2-6	0.0194	0.4358	0.5448	停灌
情景 2-7	0.0000	0.1525	0.8475	停灌

表 8-9 情景 3 模拟试验结果 (少雨季节、预报降雨量 30mm、用水减少 30%)

情景	命题的后验概率			决策
	正常灌溉	减少引水量	停止灌溉	
情景 3-1	0.6667	0.3333	0.0000	正常灌溉
情景 3-2	0.3542	0.5904	0.0554	减少引水
情景 3-3	0.0918	0.7648	0.1434	减少引水
情景 3-4	0.0248	0.7430	0.2322	减少引水
情景 3-5	0.0110	0.6034	0.3857	减少引水
情景 3-6	0.0052	0.2609	0.7339	停灌
情景 3-7	0.0000	0.0741	0.9259	停灌

3. 模拟试验结果分析

表 8-7 表明：在天气预报预报未来将有 30mm 降雨，且灌溉用水流量已减少 10% 的情况下，由 "正常灌溉" 的决策转为 "减少引水" 的决策发生在实时降

表 8-10   情景 4 模拟试验结果 (多雨季节、预报降雨量 30mm、用水减少 10%)

情景	命题的后验概率			决策
	正常灌溉	减少引水量	停止灌溉	
情景 4-1	0.7377	0.2623	0.0000	正常灌溉
情景 4-2	0.4355	0.5161	0.0484	减少引水
情景 4-3	0.1244	0.7373	0.1382	减少引水
情景 4-4	0.0345	0.7356	0.2299	减少引水
情景 4-5	0.0154	0.6007	0.3840	减少引水
情景 4-6	0.0073	0.2604	0.7323	停灌
情景 4-7	0.0000	0.0741	0.9259	停灌

雨量达到 15mm 时；由 "减少引水" 的决策转为 "停灌" 的决策发生在实时降雨量达到 30mm 时。对于少雨季节这个融合结果应是比较合理的，因为这个季节有效降雨发生的频率不高，达到 30mm 等级降雨的概率更小。故只有实际降雨量达到 15mm 等级时，才宜做出 "减少引水" 的决策，只有实际降雨量达到 30mm 等级时，才宜做出 "停灌" 的决策。

表 8-8 表明：由于灌溉用水流量已减少 20%，由 "正常灌溉" 的决策转为 "减少引水" 的决策发生在实时降雨量达到 10mm 时；由 "减少引水" 的决策转为 "停灌" 的决策发生在实时降雨量达到 25mm 时，均较情景 1 提前了一个等级。这种情况是综合考虑了灌溉用水流量减少 20% 的结果，符合常理。

表 8-10 表明：在天气预报预报未来将有 30mm 降雨，且灌溉用水流量已减少 10% 的情况下，由 "正常灌溉" 的决策转为 "减少引水" 的决策发生在实时降雨量达到 5mm 时；由 "减少引水" 的决策转为 "停灌" 的决策发生在实时降雨量达到 25mm 时。对于多雨季节这个融合结果应是比较合理的，因为这个季节有效降雨发生的频率高，达到 30mm 等级降雨的概率也较高。故当实际降雨量达到 5mm 等级时，可做出 "减少引水" 的决策，当实际降雨量达到 25mm 等级时，宜做出 "停灌" 的决策。

对比表 8-10 和表 8-7 则不难看出，相比之下，少雨季节的决策较为迟缓，偏于 "保守"，而多雨季节的决策较为迅速，偏于 "积极"，这是因为多雨季节 "减少引水" 命题和 "停灌" 命题的先验概率明显高于少雨季节。上述对比结果说明先验概率对推理结果有一定影响。

在上述考虑降雨影响的灌区运行态势估计中使用了系统状态估计提供的干扰用水信息，并认为干扰用水反映实际用水与计划用水的差别，在发生降雨过程或存在降雨预期的情况下，也表征了降雨或降雨预期对灌溉用水已经产生的影响。干扰用水本不属于实时监测数据，而是通过信息融合技术对实时监测数据进行挖掘的结果，这也说明了基于信息融合的灌区渠系水情状态估计方法具有较为广泛的应用前景。尽管本书研究仅仅是针对个别灌区，决策结果也因设定的先验概率、条件概率而异，其合理性并不具有普遍意义，但有理由认为利用灌区渠系水情态势评估过程中生成的状态信息，基于 Bayes 理论对降雨或降雨预期对灌溉过程影响进行不确定推理并进行相应的运行调度决策是可行的。

8.2 基于态势预测的闸门调节技术

8.2.1 问题的提出

闸门是灌区运行调度的最主要和应用最普遍的控制设施，灌区运行优化调度的核心实际上是实现一系列闸门等控制设施的优化调度和优化调节。闸门运行方式主要有设定开度、设定下泄流量、设定上游水位、设定下游水位四种，选择何种运行方式 (包括如何适时变换运行方式) 以及如何确定目标水位或目标流量属于闸门优化调度的研究范畴。另外，根据灌区运行调度方案已经确定了闸门运行方式以及目标水位或目标流量，如何准确、快速地进行调节，且尽可能不发生超调和波动，则属于闸门优化调节的研究范畴。总之，针对灌区闸门控制的研究内容相当广泛，本书不准备全面涉及，拟应用已建立的灌区渠系水情态势预测方法提供的全局预测信息，从灌区渠系总体运行趋势和增加相应信息的角度研究改进闸门调节的某些特定问题。

从工程控制理论的角度观察，灌区渠系水流除显著的非线性和时变特性外，还存在显著的时滞，而时滞的一般效果是使系统趋向于不稳定。实际上，一座闸门的运行受闸前、闸后水位等局地信息的影响，而且还要受到更大范围上下游水流状况的潜在影响，其调节也必然要同时顾及这种潜在影响，因此仅仅依据局地信息计算偏差和调节量，不论采用何种控制策略都有可能产生超调和频繁调节现象。

8.2.2 闸门调节模型概述

PID 控制是最早发展起来的控制策略，由于其算法简单、鲁棒性好、可靠性高，被广泛应用于状态控制和过程控制中。对于连续系统，PID 调节器根据当前水位或流量与目标水位或流量的偏差以及偏差的积分和微分确定调节量；对于离散系统，则需根据采样时刻的偏差值以及观察时段偏差的累积值和平均变化率计算调节量。国内外闸门的现地控制传统上也采用 PID 调节，同时也有很多改进的 PID 算法，但在我国灌区中 PID 调节技术尚未得到普遍应用。此外，有文献对 PID 调节技术的发展进行了系统总结，说明随着计算机技术、信息技术的快速发展，现代 PID 调节技术除由模拟方式升级为数字化方式外，还基于专家系统、神经网络系统、遗传算法、灰色理论等信息理论和智能技术，提出了各种改进算法。还有文献对模糊智能控制技术以及系统构成和应用等作了系统论述。值得注意的是，为消除闸门控制滞后问题，有学者研究了一种通过统计水位变化数据，用趋势预测法进行渠道输水控制的模式；也有学者把 SMITH 预测算法加到闸门 PI 控制中。可以看出上述改进均局限于调节策略本身，并未突破闸门现地控制依据局地信息 (包括基于局地信息变化趋势的预测数据) 计算偏差和调节量的局限。

由于灌区渠系水流惯性和时滞现象的存在，传统上 PID 调节器需要在现场进行整定，而且需要在准确、快速、稳定各项指标之间进行折中，调节性能往往欠佳。尽管已经提出了基于信息理论、智能控制等技术的各种现代 PID 控制方法，但如上所述，对闸门而言仅仅针对闸门调节策略的改进是不够的，还需要设法改变闸门调节单纯依赖闸门局地信息的状况，否则仍难以从源头避免超调、频繁调节等现象的发生。

8.2.3　渠系水流特性对闸门调节的影响分析

单座闸门的调节模型不论是传统控制方法还是各种现代控制方法，都只是局限于闸门本身状态及闸前、闸后水位等局地信息进行调节，尽管调节策略不同，但只能实现调节的局部优化。实际上每座闸门的调节还要受其他闸门、泵站、用水等运行调节的影响，而且因水流惯性和时滞现象的存在，这种影响要经过一定时间后才能波及该座闸门。忽视这种影响轻则需要反复调节闸门，缩短闸门使用寿命，重则会引起明显的水流波动，甚至引发运行事故。实现灌区闸门运行自动控制需要设法应对渠系水流特性对闸门调节的影响。

对控制系统进行模拟测试可以在时域上进行，也可以在频域上进行，前者比较直观且无需进行线性化处理，后者便于进行深入分析，但在线性化过程中容易引入额外误差。综合考虑，本书采用在时域上进行模拟测试的方法。现以本书研究对象灌区的三支节制闸及其上下游各 2.4km 长的渠道组成被测试对象。测试情景设定为上游边界条件为发生水位阶跃，即水深由 1.1m 快速上升到 1.6m；下游边界条件为固定水位，即水深始终保持为 1m；闸门控制方式为设定流量，其中情景 1 的目标过闸流量为 6.0m^3/s，情景 2 的目标过闸流量为 3.0m^3/s；使用调节参数完全相同的 PID 调节器。图 8-1(a) 和图 8-1(b) 自右到左分别为情景 1 和情景 2 的上游边界条件变化过程，闸门上下游水深 (H)、闸门开度 (Y) 以及过闸流量 (Q) 的时间响应过程，下游边界条件变化过程。图中点线为水位过程线，实线为闸门开度过程线，虚线为过闸流量过程线。

情景 1 的闸门调节过程如图 8-1(a) 所示，在上游水位阶跃到来之前，因目标流量较大而闸前水位低，尽管闸门处于吊空状态，过闸流量仍未达到目标流量；上游水位阶跃到来之后，随着吊空距离 (闸门脱离水面的高度) 减小，吊空距离限制解除，故闸门首先随上游水位上升而增加开启并企图达到目标流量，当流量达到目标流量而上游水位继续上升后，闸门开度逐渐减小以使过闸流量维持在目标流量附近，直至达到稳定状态。可以看出情景 1 时闸门调节虽无明显静态误差 (稳定状态下过闸流量与目标流量基本相同)，闸门下调过程中也无超调现象，但因缺乏未来上游水位变化信息，调节初期闸门存在一个明显但不必要的上调过程，且由于上游水位上升缓慢，闸门调节过程历时过长 (经过 6h 尚未达到稳态)。情景 2 (图 8-1(b)) 在上游水位阶跃到来之前，闸门也处于吊空状态，但过闸流量基本达到目标流量；上游水位阶跃到来之后，先是因 PID 调节器输出的调节量不足，过闸流量短暂上升出现欠调节现象，而后同样由于缺乏未来上游水位变化信息，闸门反复上下调节，最终闸门开度、流量以及水位均发生明显振荡 (此时图中显示的水深、开度、流量数值仅仅是振荡过程中某一时刻的快照，已无实际意义)，闸门处于反复启闭状态，调节失效。

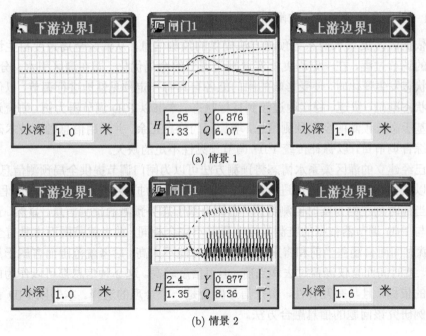

(a) 情景 1

(b) 情景 2

图 8-1 上下游边界条件和闸门调节时间响应图

H 为闸门上下游水深；Y 为闸门开度；Q 为过闸流量；点线为水位过程线；实线为闸门开度过程线；虚线为过闸流量过程线

适当降低 PID 调节器的调节强度后，情景 2 的闸门时间响应如图 8-2 所示。尽管消除了振荡现象，闸门也无超调现象，但调节过程初期因 PID 调节器输出的调节量更为不足，过闸流量短暂上升的现象更为明显，且调节过程延长。实际上不论采用何种控制算法和调节参数，如果仅局限于当前和过去的信息，不考虑未来的渠系水情变化，不仅难以兼顾准确、快速、稳定等要求，而且也难以避免在其他运行条件下闸门仍有可能发生反复调节的问题。

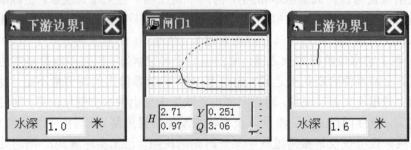

图 8-2　调整 PID 调节器参数后情景 2 的时间响应

8.2.4　基于态势预测信息的闸门调节模型

依据灌区渠系水情态势预测方法提供的预测信息，从灌区全局角度自主协调闸门的调节过程，在一定程度上实现闸门调节的全局优化。即在灌区引水、分水、用水状态发生变化时，使受影响的闸门能各自具有一定预见性地进行调节，以便从当前状态准确、快速、稳定地过渡到目标状态。本书以 PID 调节器为例，研究通过引入基于态势预测的全局预测信息，增加闸门信息冗余，并采用信息融合技术确定闸门综合调节量，以弥补传统 PID 调节预见性不足的缺欠。

已经建立的灌区渠系水情态势预测方法可以为闸门调节提供全局预测信息，进而可以依据这些信息对闸门进行控制。图 8-3 所示为扩展的闸门上游水位过程线，其中当前时刻左侧为实时监测数据，右侧为基于态势预测的预测信息。显然，预测信息与 PID 调节器依据的监测数据性质并不完全相同，前者就范围而言具有全局性，就时间而言涵盖当前和将来，但可信度可能不太高；后者就范围而言属于局部信息，就时间而言仅涵盖过去和当前，但可信度较高。这 2 种信息都可以作为闸门调节的依据，且具有互补性，实行信息融合是一个合理的选择。本书以 PID 调节器为例研究该问题的信息融合方法。

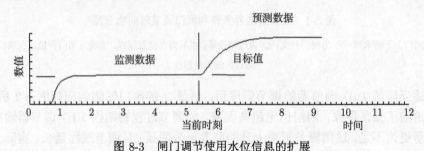

图 8-3　闸门调节使用水位信息的扩展

当前时刻 t_1 PID 调节器的调节量 $C_1(t_1)$ 可按下式计算:

$$C_1(t_1) = K_1 \left[e_1(t_1) + \frac{1}{T_{i1}} \int_{t_0}^{t_1} e_1(t)\mathrm{d}t + T_{d1}\left(\frac{\mathrm{d}e_1(t)}{\mathrm{d}t}\right)_{t_1} \right] \tag{8-8}$$

式中, K_1 为 PID 调节器的比例系数; T_{i1} 为 PID 调节器的积分时间常数; T_{d1} 为 PID 调节器的微分时间常数; $e_1(t)$ 为 PID 调节器的偏差, 即控制量 (水位、流量等) 的实际值相对目标值的偏差。

利用预测信息同样可以按照偏差的比例项、积分项以及微分项计算相应的调节量, 即未来时刻 t_2 且与预测信息相关联的附加调节量 $C_2(t_2)$ 由下式计算:

$$C_2(t_2) = K_2 \left[e_2(t_2) + \frac{1}{T_{i2}} \int_{t_1}^{t_2} e_2(t)\mathrm{d}t + T_{d2}\left(\frac{\mathrm{d}e_2(t)}{\mathrm{d}t}\right)_{t_2} \right] \tag{8-9}$$

式中, K_2 为与预测信息相关联的比例系数; T_{i2} 为与预测信息相关联的积分时间常数; T_{d2} 为与预测信息相关联的微分时间常数; $e_2(t)$ 为与预测信息相关联的偏差, 即控制量 (水位、流量等) 的预测值相对目标值的偏差。

从以上分析可以看出, $C_1(t_1)$ 是考察当前时刻 t_1 以及过去一段时间 $[t_0, t_1]$ 内控制量已经偏离目标值的情况, 并由此计算出的调节量; $C_2(t_2)$ 则是考察未来时刻 t_2 以及由当前到未来一段时间 $[t_1, t_2]$ 内控制量将要偏离目标值的情况, 并由此计算出的调节量。显然, 二者的可信度存在明显差异, 一般情况下以可信度作为权重进行信息融合, 技术上应属可行。但考虑到 PID 调节器等闸门调节控制装置目前已经形成工业产品, 直接引入预测信息需要进行产品升级换代, 推广上有一定难度, 故还需探索引入预测信息和进行信息融合更简便、完善的途径。

另外, 式 (8-9) 的表示从 PID 调节原理考察并无不妥, 但一个现实问题是需要估计式 (8-9) 中各环节的可信度, 其中比例项和微分项因 t_2 位于预测区间的最远端, 其可信度最低, 显然有悖于通过引入预测信息改善调节性能的初衷。为此考虑将预测信息域中的考察时间点由 t_2 改为 t_1, 即将式 (8-9) 改为

$$C_2(t_1) = K_2 \left[e_2(t_1) + \frac{1}{T_{i2}} \int_{t_1}^{t_2} e_2(t)\mathrm{d}t + T_{d2}\left(\frac{\mathrm{d}e_2(t)}{\mathrm{d}t}\right)_{t_1} \right] \tag{8-10}$$

式 (8-10) 与式 (8-9) 对比, 其比例项改为反映当前时刻的偏差, 与式 (8-8) 的比例项完全相同; 微分项也改为反映当前时刻的偏差变化率, 但考察方向不同于式 (8-8), 如果用差分表示, 式 (8-10) 的微分项相当于向前差分, 而式 (8-8) 的微分项则相当于向后差分。由于式 (8-10) 和式 (8-8) 的时间节点均为 t_1, 以下不再标注这个下标。上述改变的优点是在很大程度上避免了需要主观估计远离当前时刻的预测结果的可信度, 且可以使用与式 (8-8) 相同的比例系数、微分常数, 信息融合结果更容易把握。

8.2.5　闸门调节的信息融合

考虑到灌区闸门控制往往需要同时具有与信息融合中心联机工作以及单机工作两种模式，故有必要完整保留现有 PID 等调节器的结构和功能，为此基于全局预测信息的闸门调节改进方案最好在现有调节器的外部进行，即不改变现有调节器的输入和处理结构，而仅设法控制其输出。为此本书提出将 $C_1(t)$ 和 $C_2(t)$ 的信息融合分为定性融合 (特征融合) 与定量融合 (数据融合) 两步进行的方案，并首先进行定性融合，即特征融合，然后再进行定量融合，即数据融合。

闸门操作可定性划分为加大闸门开度、保持闸门开度、减小闸门开度共三种操作，即闸门操作语言变量的定义域可确定为 [开大闸门，保持开度，关小闸门]。闸门操作语言变量表示了闸门操作的特征，提取特征就是根据式 (8-8) 和式 (8-10) 的数值确定闸门操作语言变量的语言值。约定由式 (8-8) 和式 (8-10) 计算的负值调节量为减少闸门开度，即进行 "关小闸门" 操作；正值调节量为加大闸门开度，即进行 "开大闸门" 操作。另外，为减少闸门调节频率，调节器通常设定有死区，即当调节量数值小于某个阈值时不做调节。设 $C_i(t)$ 为各调节方法的输出量，并用下标统一表示 $C_1(t)$ 和 $C_2(t)$；设 $Q_i(t)$ 为与 $C_i(t)$ 对应的闸门操作特征变量，并用下标统一表示与 $C_1(t)$ 或 $C_2(t)$ 相对应的闸门操作，则 $O_i(t)$ 表示的操作特征为

$$
\begin{aligned}
C_i(t) &\geqslant C_{\max}, & O_i(t) &= \text{'开大闸门'} \\
C_{\max} > |C_i(t)| &> C_{\min}, & O_i(t) &= \text{'保持开度'} \\
C_i(t) &\leqslant -C_{\min}, & O_i(t) &= \text{'关小闸门'}
\end{aligned}
\tag{8-11}
$$

式中，$C_{\max}$ 为操作死区的上限，$C_{\max} > 0$；$C_{\min}$ 为操作死区的下限，$C_{\min} > 0$。

使用式 (8-11) 提取 $C_1(t)$ 和 $C_2(t)$ 中的闸门操作特征，并按照避免闸门反复调节且具有一定提前响应能力的原则进行融合，定性融合结果 $O(t)$ 如表 8-11 所示。

表 8-11　闸门调节特征和定性融合结果

信息融合	$O_1(t)$	$O_2(t)$	融合结果 $O(t)$
特征提取	开大闸门	开大闸门	开大闸门
	开大闸门	保持开度	开大闸门
	开大闸门	关小闸门	保持开度
	保持开度	开大闸门	开大闸门
	保持开度	保持开度	保持开度
	保持开度	关小闸门	关小闸门
	关小闸门	开大闸门	保持开度
	关小闸门	保持开度	关小闸门
	关小闸门	关小闸门	关小闸门

可以看出上述定性融合结果符合如下原则：① $O_1(t)$ 与 $O_2(t)$ 的操作特征一致时 (均指示开大闸门、关小闸门或保持开度)，闸门按 $O_1(t)$ 的指示进行操作；② $O_1(t)$ 和 $O_2(t)$ 的操作特征不同但无明显矛盾时 (如一个指示 "开大闸门" 或 "关小闸门"，一个指示 "保持开度")，闸门按有操作的指示进行操作；③ $O_1(t)$ 和 $O_2(t)$ 的操作特征相互显著矛盾时 (如一个指示 "开大闸门"、一个指示 "关小闸门")，则闸门不做调节。

定量融合在上述定性融合的基础上进行。需要考虑的是，调节量 $C_1(t)$ 和 $C_2(t)$ 的可信度并不相同，$C_1(t)$ 依据现场采集的水位、流量计算得到，而 $C_2(t)$ 依据基于态势预测的预测水位、流量计算得到，显然前者的可信度高于后者，且在一般情况下能保证闸门准确、快速、平稳调节，故综合调节量 $C(t)$ 尽可能采用 $C_1(t)$ 的数值，仅在 $O(t) \neq$ "保持开度"，但 $O_1(t) =$ "保持开度" 时，采用 $C_2(t)$ 的数值，即

$$C(t) = C_1(t) \qquad O \neq \text{"保持开度"} \ \text{and} \ O_1(t) \neq \text{"保持开度"}$$
$$C(t) = C_2(t) \qquad O \neq \text{"保持开度"} \ \text{and} \ O_1(t) = \text{"保持开度"} \qquad (8\text{-}12)$$
$$C(t) = 0 \qquad O = \text{"保持开度"}$$

本书提出的基于全局预测信息的闸门综合调节器的信息融合结构如图 8-4 所示，相当于二路信息源 $C_1(t)$ 和 $C_2(t)$ 的输出，通过一个选择器进行决策，而选择器的控制则由 $O_1(t)$ 和 $O_2(t)$ 的特征融合结果 $O(t)$ 控制。这一结构的主要优点是适应性强，原有闸门调节器的结构和功能均不受影响，便于现有设备升级改造，有利于推广应用；另一优点是易于扩展，特征融合环节可以很方便地引入其他控制条件，数据融合环节也可由简单的 "二选一" 扩展为 "多选一"，便于进一步实现智能控制。

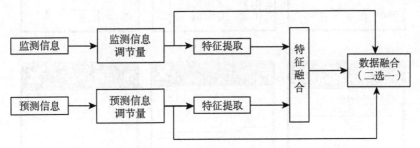

图 8-4　基于全局预测信息的闸门综合调节器的信息融合结构

8.2.6　模拟试验

1. 模拟试验条件和情景设定

模拟试验情景与 8.2.2 节中分析渠系水流特性对闸门调节影响示例的情景设定相同，基于全局预测信息的综合调节器的比例系数 K、积分时间常数 T_i、微分时

间常数 T_d 分别与上述图 8-1 所使用 PID 调节器的对应参数相同。

2. 模拟试验结果

图 8-5(a) 和图 8-5(b) 自右到左分别为试验情景 1 和试验情景 2 的上游边界条件变化过程, 闸门上下游水深 (H)、闸门开度 (Y) 以及过闸流量 (Q) 的时间响应过程, 下游边界条件变化过程。图中点线为水位过程线, 实线为闸门开度过程线, 虚线为过闸流量过程线。如图 8-5(a) 所示, 情景 1 时闸门基于全局预测信息的 PID 调节过程在上游水位阶跃到来之前因闸前水位低, 闸流量未达到目标流量; 上游水位阶跃到来之后, 因预见到上游水位将持续增高, 过闸流量将相应增加, 故尽管尚未达到目标流量, 但闸门没有盲目随上游水位上升而加大开度, 而是首先保持开度, 随后逐渐减小闸门开度至稳定状态。闸门调节无明显静态误差, 闸门无不必要的上调过程, 下调过程中也无超调现象, 闸门调节历时明显减少。图 8-5(b) 为情景 2 时闸门基于全局预测信息的 PID 调节过程, 即在上游水位阶跃到来之前, 闸门处于吊空状态, 但过闸流量已基本达到目标流量; 上游水位阶跃即将到来时, 因预见到上游水位即将升高, 故提前关闭闸门, 过闸流量上升幅度有所减少, 没有出现闸门反复上下调节, 更未引发振荡, 调节平稳。

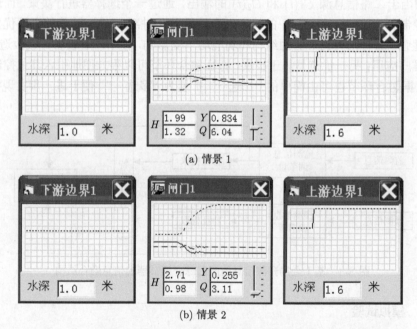

(a) 情景 1

(b) 情景 2

图 8-5　边界条件和三支节制闸基于全局信息的 PID 调节过程图

H 为闸门上下游水深; Y 为闸门开度; Q 为过闸流量; 点线为水位过程线; 实线为闸门开度过程线; 虚线为过闸流量过程线

3. 模拟试验结果分析

对照模拟试验结果可以看出，引入基于全局预测信息控制的 PID 调节器，因为具有较强的预见能力，可以明显提高调节器的性能，适用于渠系水流一类具有明显惯性和时滞现象的非线性系统。尽管本书仅以 PID 调节器为例进行分析比较，但引入全局预测信息以增加信息冗余，并应用信息融合技术进行技术改造的途径，完全可以用于改善其他类型调节器的性能。

8.2.7 闸门调节改进方法的推广

对于水闸群的自动控控制，国外学者曾做过相关研究，旨在提出水闸群的优化调度模型，建立一个集中控制系统，这与本书研究方向并不相同。本书研究认为，水闸群的集中优化控制对系统可靠性和管理水平往往提出很高要求，目前我国大中型灌区尚难以做到，比较现实的途径是首先实现的水闸群的现地稳定控制，为此尝试将基于全局预测信息的闸门调节方法推广到水闸群的自动控制。

1. 水闸群调节特点

水闸群通常指几座距离较近且联合调度的闸门，典型工程如灌区引水枢纽、分水枢纽等。随着灌区管理水平的不断提升和信息化技术的逐步推广，对水闸群控制提出了更高要求。采用开环控制不论对于单座闸门还是水闸群都是稳定的，故已被广泛采用，但其上下游水位变化时控制精度并不高；采用闭环控制方式上虽可达到较高精度，但因渠道水流存在显著时滞，而时滞的一般效果是使控制系统趋向于不稳定，故除设定开度方式外均存在不同程度的不稳定问题。水闸群由于闸门之间相互影响显著，实现闭环控制的难度与单座闸门相比更大些。实际上，所有闸门运行不仅依赖于闸前、闸后水位等局地信息，而且还受上下游其他闸门运行的影响，只是在闸门相距较近情况下这种相互影响更为强烈，传播时间更为短暂，更容易引起频繁调节甚至导致振荡发生。

2. 水闸群调节方法改进

对于水闸群的闭环控制，传统 PID 调节器可以采取的解决措施往往是牺牲调节响应速度以换取系统稳定工作。本书 8.2.2 节提出的改进方法中，当 $O_1(t)$ 和 $O_2(t)$ 冲突时定性融合结果选择 "保持开度"，不仅避免闸门频繁调节，而且对水闸群而言还起到抑制相互影响的作用；当 $O_1(t)$ 和 $O_2(t)$ 不冲突时，则可通过定量融合适当增加调节量以提高响应速度，即可兼顾系统稳定和响应速度多方面的性能要求。

水闸群闭环控制应用上述改进方法的障碍是如何避免其他闸门调节对预测信息的影响，其中上游闸门调节对下游闸门预测信息或下游闸门调节对上游闸门预

测信息的影响更为显著, 需要设法避免或减轻。闸门调节引起的水位、流量变化以浅水波的形式向上下游传播, 其传播速度为

$$C = \sqrt{gh} \tag{8-13}$$

式中, C 为浅水波传播速度; g 为重力加速度; h 为渠道平均水深。

　　大中型灌区干支渠的平均水深可取 2m, 则渠道中浅水波的传播速度不超过 5m/s。如果实时监测时间间隔取 10min, 即态势预测时间间隔为 600s, 则闸门调节引起的水位、流量变化的传播距离可达 3000m, 这个距离也就是上游闸门调节对下游闸门预测信息或下游闸门调节对上游闸门预测信息的影响范围。考虑到预测信息可信度随时间推移而降低, 上述影响范围实际上可缩小取 1000m 左右。上下游闸门间距小于这个距离时应采取必要措施防止闸门调节对预测信息的相互影响。一个可行的方法是通过实时监测系统指令下游闸门适当延时调节, 并为此增补相应的预测信息, 显然增补的预测信息已经包含了上游闸门的调节结果及其影响。

　　3. 闸群调节模拟试验

　　模拟试验对象以南方某灌区的分水枢纽为背景。如图 8-6 所示水闸群由 6 座相邻闸门组成, 包括东、西干渠分水闸, 东干一支、二支分水闸、西干一支、二支分水闸, 以及连接这些闸门的部分渠道。通过设置不同的上下游边界条件, 分别测试改进 PID 调节器和传统 PID 调节器的阶跃响应、脉冲响应以及正弦波响应, 比较它们的控制性能, 验证改进效果。两组模拟试验的上下游边界条件, PID 调节器的比例、积分、微分常数, 以及其他可比试验条件均相同。

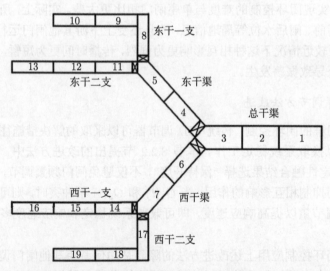

图 8-6　基于水流预测信息的 PID 调节闸群运行模拟过程

图 8-7(a) 和图 8-7(b) 分别为两组模拟试验在上游水位发生 0.5m 阶跃时的调节结果。其中，闸门 1 为西干分水闸、闸门 2 为东干分水闸，闸门 4 为西干二支分水闸；粗实线为闸门开度过程线，细实线为过闸流量过程线，点线为上游水位过程线。对比可见，传统 PID 调节的水闸群系统已发生震荡；本书方法调节结果有明显改善，控制精度、响应速度、超调幅度均在可以接受的范围内。

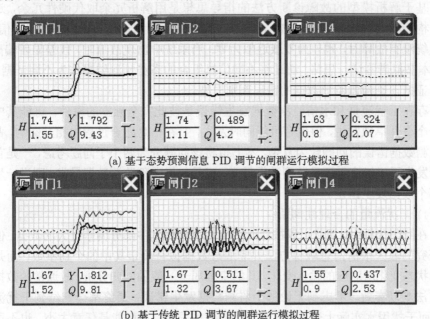

(a) 基于态势预测信息 PID 调节的闸群运行模拟过程

(b) 基于传统 PID 调节的闸群运行模拟过程

图 8-7　基于态势预测信息和基于传统的 PID 调节闸群运行模拟过程图

闸门 1 为西干分水闸；闸门 2 为东干分水闸；闸门 4 为西干二支分水闸；粗实线为闸门开度过程线；细实线为过闸流量过程线；点线为上游水位过程线

8.3　基于态势预测的灌区渠系水情监测数据错误判别技术

8.3.1　问题的提出

本书关于灌区渠系水情态势评估的研究基于灌区水情监测系统的正常运行，实际上水情监测系统也存在发生故障的风险。水情监测系统发生故障可能源于水位、闸位、流量等传感器故障，也可能源于传输、存储等环节，但无论何种原因，最终都反映在信息融合中心接收的水位、闸位、流量等监测数据上，即便发现个别监测数据异常也不能简单剔除。故障诊断通常针对具体设备或生产线进行，可以诊断到设备级，也可以诊断到部件 (功能板卡) 级，甚至到零件 (元器件) 级。受信息获取层次的限制，本书并不针对故障发生部位、性质等的具体判别，而是希望通过检测数据，及时发现灌区水情监测系统运行的异常情况，避免使用存在错误的数据，提高信息融合系统的鲁棒性，以保证信息融合结果可用，避免对灌区渠系水情态势作出误判。

8.3.2　判别监测数据错误的途径

基于解析模型的故障诊断方法的指导思想是用解析冗余取代硬件冗余，进而通过构造观测器估计系统输出，再与系统输出的实际测量值作比较得到残差信号。当系统没有故障时，残差为零或近似为零；当系统中出现故障时，残差显著偏离零点。本书拟借鉴这一思路，通过将不同信息组合的态势预测结果作为不同证据，并基于证据理论构建监测数据的错误判别模型。

存在干扰流量和水情监测数据发生错误是彼此完全独立的事件，可能其中任何一个事件单独发生，但也有可能同时发生，且在信息融合过程中相互影响，故判别监测数据错误的问题较为复杂。本书拟将该问题分为两个子问题考虑，一是首先判断发生了干扰流量还是监测数据异常；二是如果发现监测数据异常，则进一步判断哪个数据发生错误。

1) 干扰流量的合理性判断

在回归分析中，通常可以按照一定准则剔除样本中部分偏差过大的数据。但本书研究的灌区水情信息融合方法并非通过数据拟合确定其中的个别参数，而是要推测状态变化所对应的输入变化，其约束远弱于一般的回归分析，故通常的数据剔除方法难以奏效。考虑到无论哪个监测数据发生错误，最终都会归结到干扰流量上，而干扰用水实际上受工程、管理等方面的限制，不可能是任意大小，也不可能任意分布，故可对提取的干扰流量的合理性进行限制，即当

$$q_{di} > q_{di\,\max} \tag{8-14}$$

或

$$q_{di} < -q_{di\,\min} \tag{8-15}$$

时，判定提取的干扰流量不可用，系有关监测数据发生错误所致。式中，q_{di} 为第 i 个计算区间的干扰流量；$q_{di\,\max}$ 和 $q_{di\,\min}$ 分别为该子系统干扰流量合理性判别阈值的上下限。

$q_{di\,\max}$ 和 $q_{di\,\min}$ 可以根据子系统用水的最大流量和最小流量限制确定，$q_{di\,\max}$ 一般可取各用水设计流量之和的 20%~30%，$q_{di\,\min}$ 可取各用水设计流量之和的 30%~50%。

2) 监测数据错误判别的提法

尽管水情监测数据量较大，但在特定的"考察时段"内发生新的监测数据错误的概率仍属小概率事件，同时发生一个以上数据错误的概率更小。另外，尽管干扰

流量在灌区时有发生，但在特定的 "考察时段" 内发生新的干扰流量也属于小概率事件。因此，在已经确定发生新的监测数据错误的情况下，同时又发生新的干扰流量的概率更小，故在判断哪个监测数据发生错误时可以排除监测数据错误和干扰流量同时新发生的情况。由此，本书将实际问题转化为如下较为简单的问题：将上一个监测时刻到当前监测时刻的时段作为故障考察时段，考虑到这个时段不长 (一般为 10min)，假定在考察时段内干扰流量不发生变化，且渠系水情监测数据仅可能发生一处新错误，在此条件下判断哪个监测数据错误发生。显然，在上述假定条件下的问题较原问题的不确定性显著减少。

实际上，监测数据错误判别的假定条件可以适当放宽，如将 "考察时段内干扰流量不发生变化" 放宽为 "考察时段内干扰流量可以发生变化，但不得与监测数据错误发生在同一个或相邻子系统"；将 "渠系水情监测数据仅可能发生一处错误" 放宽为 "渠系水情监测数据在相邻子系统范围内仅可能发生一处错误" 等。假定条件的上述放宽一般不会改变对错误数据的判断，但将增加判断过程的复杂性。

8.3.3 基于态势预测的证据获取技术

即使在上述假定条件下，水源等边界条件仍可能发生变化，正常用水仍可能按计划开启、关闭，节制闸也可以在给定运行方式下调节开度甚至开启或关闭。因此，错误数据判别仍难以单纯依靠实时监测数据进行，需要综合考虑多种信息。证据理论是综合多种信息进行不确定推理的有效方法，其基本策略是将证据集合划分为两个或多个互不相关的部分 (证据)，利用它们分别对识别框架进行独立判断，然后再进行组合。应用证据理论的关键是设法获取相互独立的多个证据，除采用常用的外推法外，本书还尝试使用不同数据进行态势预测，并由预测信息获取证据的方法。这些方法可提供的证据如下：

(1) 根据前一时刻状态估计结果，且在不使用当前时刻监测数据 (即仍使用前一时刻的监测数据) 的情况下，预测当前时刻的系统状态，并与某个基准进行比较，以其差别大小为依据进行基本概率赋值。该类证据的优点是可以考察全部监测数据，缺点是易受闸门调节的影响。

(2) 根据前一时刻状态估计结果，但在使用当前时刻闸门开度监测数据 (即部分监测数据) 的情况下，预测当前时刻的系统状态，并与某个基准进行比较，以其差别大小为依据进行基本概率赋值。该类证据的优点是不受闸门是否调节的影响，缺点是无法考察全部监测数据。

(3) 根据以往监测数据的时间序列，预测当前时刻的数值，并与某个基准进行比较，以其差别大小为依据进行基本概率赋值。该类证据的优点是可以考察全部监测数据，缺点是易受用水和边界条件改变以及闸门调节等多种因素影响，特别是当系统状态变化趋势发生改变时易给出错误结果。

　　尽管上述三类证据均与实时监测数据有关, 但提取证据的方法并不相同, 即并不单纯依赖于实时监测数据或依赖于态势预测数据, 故证据本身仍具有一定的独立性。

8.3.4　数据错误判别的证据理论模型

　　假定在考察时段内每个传感器提供且仅提供一个监测数据, 则判别范围内的监测数据构成故障识别框架 U, 命题 A 表示其中某一个数据发生错误 (即对应的传感器发生故障), 定义 $m(A)$ 为 A 的基本概率赋值, 则基本概率赋值函数 m 满足 $\sum\limits_{A \subset U} m(A) = 1$, 即所有数据发生错误的基本概率赋值之和为 1。$m(A)$ 表示对命题 A 的精确信任程度, 即对 A 的直接支持。若 $m(A) > 0$, 则 A 是 $m(A)$ 的一个焦元。由于假定考察时段内渠系水情监测系统仅可能发生一处故障, 即仅可能有一个监测数据发生错误, 任意两个或两个以上监测数据同时发生错误的基本概率赋值等于零, 因此基本概率赋值函数 m 的全部焦元只可能是单独监测数据发生错误, 而不含有这些监测数据同时发生错误的任何组合。

　　识别框架 U 上的信任函数 $Bel(A)$, 也称为信任区间的下限函数。由于这里事件 A 并没有包含的子集, 故有

$$Bel(A) = m(A) \tag{8-16}$$

即对事件 A 的总信任也就是它的基本概率赋值。

　　似真函数 Pl 定义为

$$Pl(A) = m(A) + m(\{\text{不明}\}) \tag{8-17}$$

即在本书所作假定下 $Pl(A) - Bel(A) = m(\{\text{不明}\})$, 表示某个数据发生错误的不确定性或证据的不确定性。

　　相对获取的三类证据, 设 Bel_1, Bel_2, Bel_3 是同一识别框架 U 上的三个信任函数, m_1, m_2, m_3 是其分别对应的基本概率赋值函数, 并由获取的证据分别赋值。按照 Dempster 组合规则有

$$K_1 = \sum_{X_i \cap Y_j \cap Z_k = \varnothing} m_1(X_i) m_2(Y_j) m_3(Z_k) \tag{8-18}$$

则

$$m(C) = \begin{cases} \dfrac{\sum\limits_{X_i \cap Y_j \cap Z_k = C} m_1(X_i) m_2(Y_j) m_3(Z_k)}{1 - K_1}, & \forall C \subset U, C \neq \varnothing \\ 0, & C = \varnothing \end{cases} \tag{8-19}$$

式中，K_1 反映证据冲突的程度。若 $K_1 \neq 1$，则 $m(C)$ 确定一个对命题 A 的联合基本概率赋值；若 $K_1 = 1$，则认为 m_1, m_2, m_3 矛盾。

由于本书假定在考察时段内渠系水情监测数据仅可能新发生一处错误，故各命题之间没有交集，证据冲突问题有可能比较突出，需设法解决。有学者认为引起出冲突的原因在于识别框架不够完备，还有学者则认为证据冲突是由不可靠信息源引起的，围绕对证据冲突原因的不同认识，研究者提出了各种改进的证据合成方法和证据预处理方法。本书提出的三类证据均源于解析方法，存在一定的不确定性，同时识别框架也存在各命题之间完全没有交集的不足，综合考虑认为采用折扣系数法较为适合，即将基本概率赋值函数 m 满足 $\sum\limits_{A \subset U} m(A) = 1$ 改为满足：

$$\begin{cases} \sum\limits_{\substack{A \subset U \text{且} \\ A \neq \text{'不确定'}}} m(A) = \alpha \\ m(\text{'不确定'}) = 1 - \alpha \end{cases} \tag{8-20}$$

式中，α 为信任程度的折扣系数，$0 \leqslant \alpha \leqslant 1$，$\alpha = 0$ 表示完全怀疑该证据，$\alpha = 1$ 表示完全信任该证据。在本书中，α 取值过小则难以判别哪个监测数据有误，α 取值过大又难以有效减少证据冲突，一般可在 $0.6 \sim 0.9$ 内取值，其中可靠性高的数据源取较大值，可靠性低的数据源取较小值。折扣系数法一般将折扣下来的信任 (基本概率) 分配给识别框架的全域，考虑到本书通过干扰流量合理性判断已经确认在判别范围内存在错误数据，故可将折扣下来的信任 (基本概率) 分配给命题 "不确定"，表示支持在判别范围内监测数据有误但又不能确定哪个监测数据有误。

至此，如何进行基本概率赋值尚待解决。本书构建的三类证据与当前时刻监测数据无关或不完全相关，故可以各证据数据源相对于当前时刻对应监测数据偏差的绝对值作为基本概率赋值的依据，即满足：

$$m_i(A) = \alpha_i \frac{|e_{iA}|}{E_i} \tag{8-21}$$

$$E_i = \sum\limits_{A \subset U} |e_{iA}| \tag{8-22}$$

式中，e_{iA} 表示对于命题 A，证据 i 的数据源相对当前时刻对应监测数据偏差；E_i 表示对于全部命题，证据 i 的数据源相对当前时刻对应监测数据偏差绝对值之和；α_i 为证据 i 的信任程度折扣系数。

根据证据理论组合证据后，可以根据联合基本概率赋值 $m(C)$ 的分布情况进行决策，判定哪个数据存在错误。一般可以采用以下方法：

(1) 根据联合基本概率赋值 $m(C)$，用式 (8-16) 计算组合证据的信任函数 $Bel(C)$，选择其中最大值对应的监测数据作为最可能发生错误的数据。显然这样的决策规则不包含不明确支持事件 C 的不确定性，是 "相对保守" 的判断。

(2) 根据联合基本概率赋值 $m(C)$，用式 (8-17) 计算组合证据的似真函数 $Pl(C)$，选择其中最大值对应的监测数据作为最可能发生错误的数据。显然这样的决策规则包含了不明确支持事件 C 的全部不确定性，是"相对激进"的判断。

(3) 介于上述方法之间的方法，如最大 Pignistic 概率方法等。

无论采用哪种方法，决策时还需要预先确定一个判别阈值以进行比较，这个判别阈值与组合证据时解决冲突的方法有关，需要根据经验确定。判别出的错误数据可以暂时不用，只要渠系水情监测信息整体上仍有一定冗余，则灌区渠系水情态势评估仍可正常进行，但必要时需重新划分子系统，故子系统划分工作应由信息融合系统动态完成。

8.3.5　模拟试验

为验证本章建立的灌区渠系水情监测数据错误判别方法，考虑到在比较基准选择上，水位监测数据发生错误的情况与闸位监测数据发生错误时有所不同，故两种传感器的错误判别需分别进行，且由于灌区渠系水情监测系统运行中前者比较常见，故模拟试验针对水位监测数据发生错误的情况进行。另外，为避免模拟试验内容过于庞杂，模拟试验范围限定于干渠的部分相邻渠段。显然模拟试验方法可以推广到闸门开度，也可以推广到灌区的全部渠系。

1. 模拟试验情景设定

图 8-8 为距离渠首 7.6km 的"新干斗节制闸"的运行过程线，其中实线为闸门开度过程线，虚线为过闸流量过程线，点线为闸门上游渠段水深过程线，点画线为闸门下游渠段水深过程线。在第 1 天至第 2 天期间，灌区运行为初始阶段，各闸门处于逐渐开启和频繁调节状态，且往往下游部分节制闸尚未开启或开度很小，导致水位变化较大，错误判别的不确定性也较大，因此验证本书错误数据判别方法的针对性更强些。表 8-12 所示为第 1 天 12 时 ~16 时新干斗节制闸运行数据，即正常情况下该期间新干斗节制闸开度由 0.399m 增加到 0.481m，其上游水深由 1.157m 变化为 1.342m，下游水位由 0.925m 变化为 1.087m。

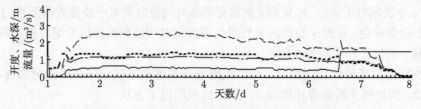

图 8-8　正常情况下新干斗节制闸运行过程线

实线为闸门开度过程线；虚线为过闸流量过程线；点线为闸门上游渠段水深过程线；点画线为闸门下游渠段
水深过程线

表 8-12　正常情况下新干斗节制闸第 1 天 12 时 ～16 时运行数据　（单位：m）

时刻	闸门开度	上游水深	下游水深
12 时	0.399	1.157	0.925
13 时	0.421	1.257	0.975
14 时	0.431	1.325	1.046
15 时	0.474	1.325	1.064
16 时	0.481	1.342	1.087

模拟试验设定的情景为第 1 天 14 时，该节制闸上游水位传感器发生故障，致使报出的水位数值比实际数值大 0.2m。表 8-13 为第 1 天 14 时新干斗节制闸 (闸门编号 5) 及其上下游各两个相邻节制闸的运行数据，其中新干斗节制闸上游水深监测数据属错误数据，比较可见该数据与表 8-12 的对应数据明显不匹配。

表 8-13　试验情景下新干斗等节制闸运行监测数据　（单位：m）

运行参数	闸门编号 3	闸门编号 4	闸门编号 5	闸门编号 6	闸门编号 7
闸门开度	0.776	1.302	0.431	0.489	0.236
上游水深	1.386	1.29	1.525	1.262	0.929
下游水深	1.153	0.914	1.046	1.012	0.671

2. 模拟试验结果

在试验情景下，通过水情监测数据发生器模拟实际系统运行，并给出包括错误数据在内的全部监测数据。表 8-14 和表 8-15 均为新干斗节制闸 (闸门编号 5) 及其上下游各两个相邻节制闸 (闸门编号分别为 3、4 以及 6、7) 在第 1 天 14 时的运行仿真数据，其中表 8-14 未使用当前监测数据 (即为预测数据)，表 8-15 仅使用当前闸门开度监测数据 (即为部分预测数据)。表 8-16 为新干斗节制闸及其上下游各两个相邻节制闸根据以往监测数据线性外推到第 1 天 14 时的预测数据。

表 8-14　试验情景下不使用当前监测数据时新干斗等节制闸运行仿真数据　（单位：m）

运行参数	闸门编号 3	闸门编号 4	闸门编号 5	闸门编号 6	闸门编号 7
闸门开度	0.775	1.298	0.430	0.489	0.246
上游水深	1.389	1.287	1.362	1.226	0.841
下游水深	1.148	0.912	1.027	0.999	0.65

表 8-15　试验情景下仅使用闸门开度监测数据时新干斗等节制闸运行仿真数据

（单位：m）

运行参数	闸门编号 3	闸门编号 4	闸门编号 5	闸门编号 6	闸门编号 7
闸门开度	0.776	1.302	0.431	0.489	0.236
上游水深	1.394	1.294	1.38	1.265	0.859
下游水深	1.158	0.917	1.035	1.012	0.649

表 8-16　　试验情景下根据已有监测数据线性外推的预测数据　　（单位：m）

运行参数	闸门编号 3	闸门编号 4	闸门编号 5	闸门编号 6	闸门编号 7
闸门开度	0.755	1.327	0.43	0.485	0.265
上游水深	1.388	1.289	1.332	1.239	0.935
下游水深	1.149	0.913	1.057	1.01	0.666

按照 8.3.2 节提出的数据错误判别证据理论模型对识别框架 U 上的 m_1, m_2, m_3 三个基本概率赋值，结果分别如表 8-17、表 8-18、表 8-19 所示。

表 8-17　　试验情景下不使用监测数据时各传感器发生故障的基本概率

运行参数	闸门编号 3	闸门编号 4	闸门编号 5	闸门编号 6	闸门编号 7
上游水深	0.0348	0.0109	0.4435	0.0565	0.1565
下游水深	0.0239	0.0043	0.0022	0.0065	0.0609
故障基本概率	不确定	不确定	0.2000	0.2000	0.2000

表 8-18　　试验情景下仅使用闸门开度监测数据时各传感器发生故障的基本概率

运行参数	闸门编号 3	闸门编号 4	闸门编号 5	闸门编号 6	闸门编号 7
上游水深	0.0521	0.0181	0.4055	0.0000	0.1699
下游水深	0.0204	0.0113	0.0159	0.0023	0.0045
故障基本概率	不确定	不确定	0.3000	0.3000	0.3000

表 8-19　　试验情景下根据以往监测数据线性外推时各传感器发生故障的基本概率

运行参数	闸门编号 3	闸门编号 4	闸门编号 5	闸门编号 6	闸门编号 7
上游水深	0.070	0.0217	0.4200	0.0169	0.0241
下游水深	0.0459	0.0121	0.0145	0.0386	0.0362
故障基本概率	不确定	不确定	0.3000	0.3000	0.3000

根据式 (8-18) 计算，$K_1 = 0.5917$，它反映证据冲突的程度。由于 K_1 远小于 1，故可根据式 (8-19) 计算监测数据错误各命题的联合基本概率函数 m，结果示于表 8-20。

表 8-20　　试验情景下各传感器故障的联合基本概率赋值

运行参数	闸门编号 3	闸门编号 4	闸门编号 5	闸门编号 6	闸门编号 7
上游水深	0.0308	0.0088	0.7564	0.0156	0.0889
下游水深	0.0167	0.0045	0.0051	0.0077	0.0213
联合基本概率	不确定	不确定	0.0441	0.0441	0.0441

由以上信息融合结果可以知道，新干斗节制闸（闸门编号 5）上游水位数据发生错误命题的置信度 Bel（即联合基本概率赋值）等于 0.7564，似然度 Pl 等于

0.8005(即 0.7564+0.0441), 比融合前的置信度 (即基本概率赋值) 和似然度均有明显提高, 且与其他命题 (如闸门编号 7 节制闸上游水位数据发生错误命题) 的差距更为明显, 因此更容易判定新干斗节制闸上游水位数据发生了错误。

3. 模拟试验结果分析

灌区渠道水位除个别时段外一般变化比较平缓, 试验情景中各证据给出的水位, 除错误数据外相差不超过 0.1m, 故信息融合后的联合基本概率分布相当集中, 但并非所有情况下都会如此。一般而言, 只要监测时间间隔不大, 且这一期间灌区水情无大幅度急剧变化, 本书建立的监测数据错误判别方法应该是有效的。另外, 在不确定推理中还可以针对 "监测数据固定不变"(如传感器严重损坏所致)、"缺报数据" 等具体问题, 引入新的证据, 进一步提高错误判别的针对性和准确性。

灌区渠系水情态势评估过程中生成的大量信息不仅完整保留了原有实时监测数据的信息, 而且明显扩展了这些信息在空间和时间上的覆盖范围, 为灌区的业务应用和科学决策提供更为有效的支撑。本章基于灌区渠系水情态势评估过程中生成的信息, 从不同角度尝试其应用途径和方法, 进一步验证了研究灌区渠系水情态势评估方法的意义和应用价值。

本章针对灌溉过程中判断降雨影响的特定问题, 基于状态估计信息和 Bayes 推理, 研究提出考虑降雨影响的灌区运行决策方法, 并给出模拟试验结果。针对传统闸门调节方法局限于局地水情信息, 难以从根本上避免运行不够平稳和调节频繁的问题, 提出在不影响原有调节器功能的前提下, 由特征融合和数据融合构成的局地水情监测信息和全局预测信息融合的一种闸门调节改进模型, 并应用模拟试验测试和验证了基于该调节模型的新型 PID 调节器的性能。考虑到灌区渠系水情实时监测数据也存在发生错误的风险, 且这些错误一般情况下很难直接从监测数据上加以识别, 为避免对灌区渠系水情态势作出误判, 提高态势评估系统的鲁棒性, 本章提出了基于证据理论的监测数据错误判别模型, 即通过适当变换信息组合, 并将基于各种信息组合的态势预测结果作为不同证据, 根据联合基本概率赋值的分布情况判定哪个数据存在错误。模拟试验结果验证了该模型的有效性。

参 考 文 献

[1] 于洪珍, 徐立中, 王慧斌. 监测监控信息融合技术 [M]. 北京: 清华大学出版社, 2011.

[2] 王鑫, 石爱业, 高红民, 等. 高分辨率遥感影像处理方法及应用 [M]. 北京: 科学出版社, 2017.

[3] 何友, 王国宏, 陆大瑜, 等. 多传感器信息融合及应用 [M]. 北京: 电子工业出版社, 2000.

[4] 权太范. 信息融合: 神经网络-模糊推理融合理论与应用 [M]. 北京: 国防工业出版社, 2002.

[5] 滕召胜, 罗隆福, 童调生. 智能检测系统与数据融合 [M]. 北京: 机械工业出版社, 2000.

[6] 徐立中, 马小平. 多媒体监视监控技术与系统 [M]. 北京: 国防工业出版社, 2004.

[7] 王慧斌, 王建颖. 信息系统集成与融合技术及其应用 [M]. 北京: 国防工业出版社, 2006.

[8] 徐立中, 李臣明, 王建颖. 信息与系统集成技术及应用 [M]. 北京: 科学出版社, 2006.

[9] 赵丽华. 灌区渠系水情态势评估关键技术研究 [D]. 南京: 河海大学, 2015.

[10] Lin C T, Lu Y C. A neural fuzzy system with fuzzy supervised learning[J]. IEEE Trans on SMC, 1996, 26(5): 744-763.

[11] 王慧斌. 基于主体的企业信息融合系统关键技术研究 [D]. 徐州: 中国矿业大学, 2003.

[12] 林志贵. 基于证据理论的信息融合研究及其在水质监测中的应用 [D]. 南京: 河海大学, 2005.

[13] Liu W X, Lu Y L, Fu J S. Data fusion of multiradar system by using genetic algorithm[J]. IEEE Transactions on Aerospace and Electronic Systems, 2002, 38(2): 601-612.

[14] Xia Y S, Leung H, Bosse E. Neural data fusion algorithms based on a linearly constrained least square method[J]. IEEE Transactions on Neural Networks, 2002, 13 (2): 320-329.

[15] Kleine-Ostmann T, Bell A E. A data fusion architecture for enhanced position estimation in wireless networks[J]. IEEE Communications Letters, 2001, 5 (8): 343-345.

[16] 潘泉, 于昕, 程咏梅, 等. 信息融合理论的基本方法与进展 [J]. 自动化学报, 2003, 29(4): 599-615.

[17] Bedworth M, O'Brien J. The omnibus model: a new model of data fusion?[J]. IEEE Aerospace and Electronic Systems Magazine, 2000, 15(4): 30-36.

[18] Lobbia R, Kent M. Data fusion of decentralized local tracker outputs[J]. IEEE Transactions on Aerospace and Electronic Systems, 1994, 30 (3): 787-799

[19] Jahromi O S, Francis B A, Kwong R H. Relative information of multi-rate sensors[J]. Information Fusion, 2004, 5(2): 119-129.

[20] 朱雪龙. 应用信息论基础 [M]. 北京: 清华大学出版社, 2001.

[21] 王鑫, 唐振民. 基于特征融合的粒子滤波在红外小目标跟踪中的应用 [J]. 中国图象图形学报, 2010, 15 (1): 91-97.

[22] 张晓强, 高莉, 于洪珍. 基于 FOCUSS 的自适应去噪声误差消除方法 [J]. 清华大学学报 (自然科学版), 2007, 47(S2): 1848-1852.

[23] Low S Y, Nordholm S. A blind approach to joint noise and acoustic echo cancellation[C]. IEEE International Conference on Acoustics, Speech, and Signal Processing, 2005, l0(3): 69-72.

[24] 杨行峻, 郑君里. 人工神经网络与盲信号处理 [M]. 北京: 清华大学出版社, 2003.

[25] 谢杰成, 张大力, 徐文立. 一种小波去噪方法的几点改进 [J]. 清华大学学报, 2002, 42(9): 1269-1272.

[26] 燕颢. 信息融合几种算法的研究 [D]. 南京: 南京理工大学, 2003.

[27] 吕金虎, 陆君安, 陈士华. 混沌时间序列分析及其应用 [M]. 武汉: 武汉大学出版社, 2002.

[28] 蒋丽峰. 基于混沌特性的支持向量机短期电力负荷预测 [D]. 长沙: 长沙理工大学, 2005.

[29] Endsley M R. Toward a theory situation awareness in dynamics system[J]. Human Factors, 1995, 37(1): 32-64.

[30] Wu Q, Rao N S V, Barhen J, et al. On computing mobile agent routes for data fusion in distributed sensor networks[J]. IEEE Transactions on Knowledge and Data Engineering, 2004, 16 (6): 740-753.

[31] 孟立凡, 郑宾. 传感器原理及技术 [M]. 北京: 国防工业出版社, 2005.

[32] 杨秀珍, 何友, 鞠传文. 多传感器管理系统研究现状与发展趋势 [J]. 传感器技术, 2004, 23(1): 5-8.

[33] Dodin P, Verliac J, Nimier V. Analysis of the multisensor multitarget tracking re-sourceallocation problem[C]. The 3nd International Conference of Information Fusion, Paris, France, 2000, WECE-3.

[34] Wang X, Shen S Q, Ning C, et al. A sparse representation-based method for infrared dim target detection under sea-sky background[J]. Infrared Physics & Technology, 2015, (71): 347-355.

[35] Liu X X, Pan Q, Zhang H C, et al. Study on algorithm of sensor management based on functions of efficiency and waste [J]. Chinese Journal of Aeronautics, 2000, 13(1): 39-44.

[36] Wang H B, Yu X, Kong D, et al. Route protocol of wireless sensor networks based on dynamic setting cluster [C].Proceedings of the IEEE International Conference on Information Acquisition, Jeju, Korea (south), 2007.

[37] Wang X, Ning C, Xu L Z. Spatiotemporal Difference-of-Gaussians filters for robust infrared small target tracking in various complex scenes[J]. Applied Optics, 2015, 54(7): 1573-1586.

[38] 徐立中, 林志贵, 黄凤辰, 等. 基于信息融合的水环境自动监测系统体系结构 [J]. 河海大学学报 (自然科学版), 2003, 31(6): 694-697,

[39] Wang X, Ning C, Xu L Z. Saliency detection using mutual consistency-guided spatial cues combination [J]. Infrared Physics & Technology, 2015, (72): 106-116.

[40] Lin Z G, Xu L Z, Huang F C, et al. Multi-source monitoring data fusion and assessment model on water environment[C]. Proceedings of 2004 International Conference on Machine Learning and Cybernetics, Shanghai, China, 2004, (4): 2505-2511.

[41] Wang X, Ning C, Shi A, et al. An improved similarity measure in particle filter for robust object tracking[C]. Proceedings of the 2013 6th International Congress on Image and Signal Processing, Hangzhou, China, 2013, (1): 46-50.

[42] 张博, 张柏, 洪梅, 等. 湖泊水质遥感研究进展 [J]. 水科学进展, 2007, 18(2): 301-310.

[43] 石爱业, 徐立中, 杨先一, 等. 基于知识和遥感图像的神经网络水质反演模型 [J]. 中国图像图形学报, 2006, 11(4): 521-528.

[44] Wang X, Ning C, Shi A, et al. An improved similarity measure in particle filter for robust object tracking[C]. Proceedings of 2013 6th International Congress on Image and Signal Processing, 2013: 46-50.

[45] Xu L Z, Wang J Y, Guan J, et al. A support vector machine model for mapping of lake water quality from remote-sensed images[J]. International Journal of Intelligent Computing in Medical Sciences and Image Processing, 2007, 1(1): 57-66.

[46] Wang X, Yan X J, Lv G F, et al. Balloon-borne spectrum-polarization imaging for river surface velocimetry under extreme conditions[J]. Infrared Physics & Technology, 2013, 58(5): 5-11.

[47] Akyildiz I F, Su W, Sankarasubramaniam Y, et al. A survey on sensor networks[J]. IEEE Communications Magazine, 2002, 40(8): 102-114.

[48] Kulik J, Heinzelman W, Balakrishnan H. Negotiation-based protocols for disseminating information in wireless sensor networks[J]. Wireless Networks, 2002, 8(2): 169-185.

[49] Wang X, Zhang Z, Li Q, et al. An information acquisition method based on dragonfly vision mechanism for observed target displacement measurement[J]. Sensor Letters. 2014, 12(2): 352-357.

[50] Heinzelman W B, Chandrakasan A P, Balakrishnan H. An application-specific protocol architecture for wireless microsensor networks[J]. IEEE Transactions on Wireless Communications, 2002, 1(4): 660-670.

[51] 徐雷鸣, 庞博, 赵耀. NS 与网络模拟 [M]. 北京: 人民邮电出版社, 2003.

[52] Loke E, Warnaars E A, Jacobsen P, et al. Artificial neural networks as a fool in urban storm damage [J]. Water Science and Technology, 1997, 36(8-9): 101-110.

[53] Lee H K, Oh K D, Park D H, et al. Fuzzy expert system to determine stream water quality classification from ecological information [J]. Water Science and Technology, 1997, 36 (12): 199-206.

[54] 石爱业, 徐立中, 杨先一, 等. 基于神经网络——证据理论的遥感图像数据融合与湖泊水质状况识别 [J]. 中国图象图形学报, 2005, 10(3): 372-377.

[55] Wang X, Xu M X, Wang H B, et al. Combination of interacting multiple models with the particle filter for three-dimensional target tracking in underwater wireless sensor

networks[J]. Mathematical Problems in Engineering, 2012.

[56] 王先甲, 匡小新. 特征化证据信任函数的证据诱导分布函数及其性质 [J]. 武汉大学学报 (理学版), 2003, 49(1): 29-32.

[57] 牟克典, 林作铨. 时态 Dempster-Shafer 理论 [J]. 计算机科学, 2003, 30(7): 4-6.

[58] Yang M S, Chen T C, Wu K L. Generalized belief function, plausibility function, and Dempster's combinational rule to fuzzy sets[J]. International Journal of Intelligent Systems, 2003, 18(8): 925-937.

[59] Szmidt E, Kacprzyk J. Distances between intuitionistic fuzzy sets[J]. Fuzzy Sets and Systems, 2000, 114 (3): 505-518.

[60] Le H′egarat-Mascle S, Richard D, Ottle C. Multi-scale data fusion using Dempster-Shafer evidence theory[J]. Integrated Computer-Aided Engineering, 2003, 10(1): 9-22.

[61] 何兵, 毛士艺, 张有为, 等. 基于证据分类的 DS 证据合成及判决方法 [J]. 电子与信息学报, 2002, 24(7): 894-899.

[62] Kumar P. A multiple scale state-space model for characterizing subgrid scale variability of near-surface soil moisture [J]. IEEE Transactions on Geoscience and Remote Sensing, 1999, 37 (1): 182-197.

[63] Del Carmen Valdes M, Inamura M. Improvement of remotely sensed low spatial resolution images by back-propagated neural networks using data fusion techniques[J]. International Journal of Remote Sensing, 2001, 22 (4): 629-642.

[64] Chaturvedi N, Narain A. Chlorophyll distribution pattern in the Arabian Sea: seasonal and regional variability, as observed from SeaWiFS data[J]. International Journal of Remote Sensing, 2003, 24 (3): 511-518.

[65] 王建平, 程声通, 贾海峰, 等. 用 TM 影像进行湖泊水色反演研究的人工神经网络模型 [J]. 环境科学, 2003, 24(2): 73-76.

[66] Chen L. A study of applying genetic programming to reservoir trophic state evaluation using remote sensor data[J]. International Journal of Remote Sensing, 2003, 24 (11): 2265-2275.

[67] Alvarez A, Orfila A, Sellschopp J. Satellite based forecasting of sea surface temperature in the Tuscan Archipelago[J]. International Journal of Remote Sensing, 2003, 24 (11): 2237-2251.

[68] Wang X, Tang Z M. Modified particle filter-based infrared pedestrian tracking[J]. Infrared Physics & Technology, 2010, 53 (4): 280-287.

[69] Lapotin P, Kennedy R, Pangburn T, et al. Blended spectral classification techniques for mapping water surface transparency and chlorophyll concentration[J]. Photogrammetric Engineering and Remote Sensing, 2001, 67 (9): 1059-1065.

[70] Wang X, Liu L, Tang Z M. Infrared human tracking with improved mean shift algorithm based on fusion[J]. Applied Optics, 2009, 48 (21): 4201-4212.

[71] 邓勇, 施文康. 一种改进的证据推理组合规则 [J]. 上海交通大学学报, 2003, 37(8): 1275-1278.

[72] 任黎, 董增川, 李少华. 人工神经网络模型在太湖富营养化评价中的应用 [J]. 河海大学学报 (自然科学版), 2004, 32(2): 147-150

[73] Denoeux T. A neural network classifier based on Dempster-Shafer theory [J]. IEEE Transactions on System, Man and Cybernetics, 2000, 30 (2): 131-150.

[74] 黄胜伟, 董曼玲. 自适应变步长 BP 神经网络在水质评价中的应用 [J]. 水利学报, 2002, 33(10): 119-123.

[75] Wang X, Liu L, Tang Z M. Infrared dim target detection based on fractal dimension and third-order characterization[J]. Chinese Optics Letters, 2009, 7 (10): 931-933.

[76] Zhang Y Z, Pulliainen J T, Koponen S S, et al. Water quality retrievals from combined Landsat TM data and ERS-2 SAR data in the Gulf of Finland[J]. IEEE Transactions on Geoscience and Remote Sensing, 2003, 41(3): 622-629.

[77] 谢崇宝, 等. 灌区用水管理信息化结构体系 [M]. 北京: 中国水利水电出版社, 2010.

[78] 水利部农村水利司, 中国灌溉排水发展中心. 全国大型灌区续建配套与节水改造 "十二五" 规划报告 [R]. 2011.

[79] 许迪, 龚时宏. 大型灌区节水改造技术支撑体系及研究重点 [J]. 水利学报, 2007, 38(7): 806-812.

[80] 水利部国际合作与科技司. 当代水利科技前沿 [M]. 北京: 中国水利水电出版社, 2006.

[81] 胡和平, 田富强. 灌区信息化建设 [M]. 北京: 中国水利水电出版社, 2004.

[82] 美国内务部垦务局. 现代灌区自动化管理技术实用手册 [M]. 高占义, 谢崇宝, 程先军译. 北京: 中国水利水电出版社, 2004.

[83] Rao K H V D, Kumar D S. Spatial decision support system for watershed management[J]. Water Resources Management, 2004, 18(10): 407-423.

[84] Barnes J, Wardlaw R. Optimal allocation of irrigation water in real time[J]. Journal of Irrigation and Drainage Engineering, ASCE, 1999, 125(6): 345-354.

[85] 李亚伟, 陈守煜, 傅铁. 基于模糊识别的水资源承载能力综合评价 [J]. 水科学进展, 2005, 16(5): 726-729.

[86] 塔依尔·马木提. 大型灌溉区水量监测与调配的方法 [J]. 中国水运 (下半月), 2013, 13(9): 230-231.

[87] Clemmens A J, Bautista E, Wahlin B, et al. Simulation of automatic canal control Systems[J]. Journal of Irrigation and Drainage, 2005, 131(4): 324-335.

[88] Neal J C, Atkinson P M, Hutton C W. Flood inundation model updating using an ensemble Kalman filter and spatially distributed measurements[J]. Journal of Hydrology, 2007, 336(3-4): 401-415.

[89] 田学民, 解建仓. 防洪系统中的洪水演进模型及应用 [J]. 水资源与水工程学报, 2009, 20(2): 60-62+66.

[90] 杨侃, 董增川, 陈乐湘. 长江防洪系统实时洪水调度仿真模型研究 [J]. 河海大学学报 (自然科学版), 2001, 29(2): 15-20.

[91] 芮孝芳. 洪水预报理论的新进展及现行方法的适用性 [J]. 水利水电科技进展, 2001, 21(5): 1-5.

[92] 郭磊, 赵英林. 基于误差自回归的洪水实时预报校正算法的研究 [J]. 水电能源科学, 2002, 20(3): 25-27.

[93] 付成威, 苑希民, 杨敏. 实时动态耦合模型及其在洪水风险图中的应用 [J]. 水利水运工程学报, 2013, (5): 32-38.

[94] 石莎, 范子武, 张铭, 等. 浯溪口水利枢纽溃坝洪水模拟 [J]. 水利水运工程学报, 2013, (6): 67-73.

[95] 李帅杰, 程晓陶, 郑敬伟, 等. 福州市雨洪模拟 [J]. 水利水电科技进展, 2011, 31(5): 14-19.

[96] 胡伟贤, 何文华, 黄国如, 等. 城市雨洪模拟技术研究进展 [J]. 水科学进展, 2010, 21(1): 137-144.

[97] 刘路广, 崔远来, 冯跃华. 基于 SWAP 和 MODFLOW 模型的引黄灌区用水管理策略 [J]. 农业工程学报, 2010, 26(4): 9-17.

[98] 姜晓明, 李丹勋, 王兴奎. 基于黎曼近似解的溃堤洪水一维–二维耦合数学模型 [J]. 水科学进展, 2012, 23(2): 214-221.

[99] 李大鸣, 管永宽, 李玲玲, 等. 蓄滞洪区洪水演进数学模型研究及应用 [J]. 水运工程学报, 2011, (3): 27-35.

[100] 王晓玲, 李明超, 周潮洪, 等. 复杂河网中洪水演进二维数值仿真及其应用 [J]. 天津大学学报, 2005, 38(5): 416-421.

[101] Finaud-Guyot P, Delenne C, Guinot V, et al. 1D–2D coupling for river flow modeling[J]. Comptes Rendus Mecanique, 2011, 339(4): 226-234.

[102] Yu D P. Parallelization of a Two-dimensional Flood Inundation Model Based on Domain Decomposition[M]. Elsevier Science Publishers B. V. 2010.

[103] 赵勇, 裴源生, 于福亮. 黑河流域水资源实时调度系统 [J]. 水利学报, 2006, 37(1): 82-88.

[104] 施勇, 栾震宇, 陈炼钢, 等. 长江中下游江湖蓄泄关系实时评估数值模拟 [J]. 水科学进展, 2010, 21(6): 840-846.

[105] 杨开林, 吴换营, 蒋云怒. 设置保水堰管涵输水系统的水力瞬变数值仿真 [J]. 水利学报, 2007, 38(3): 306-311.

[106] 韩延成. 长距离调水工程渠道输水控制数学模型研究及非恒定流仿真模拟系统 [D]. 天津: 天津大学, 2007.

[107] 张成, 傅旭东, 王光谦. 复杂内边界长距离输水明渠的一维非恒定流数学模型 [J]. 南水北调与水利科技, 2007, 5(6): 16-20.

[108] 郭晓晨, 陈文学, 吴一红, 等. 长距离明渠调水工程数值仿真平台研究 [J]. 南水北调与水利科技, 2009, 7(5): 15-19.

[109] 杨开林. 渠网非恒定流图论原理 [J]. 水利学报, 2009, 40(11): 1281-1290.

[110] 宋东辉, 徐晶. 非恒定流数值解的稳定性问题 [J]. 水电能源科学, 2010, 28(10): 83-85+147.

[111] 冶运涛, 黑鹏飞, 梁犁丽, 等. 流域水量调控非恒定流数值计算 [J]. 应用基础与工程科学学报, 2013, 21(5): 866-880.

[112] 许迪, 龚时宏, 李益农, 等. 农业高效用水技术研究与创新 [M]. 北京: 中国农业出版社, 2007.

[113] 孙勇成, 孙凌, 江金龙, 等. 实时仿真系统可信性验证 [J]. 系统仿真学报, 2005, 17(5): 1101-1103.

[114] Lambert D A. A blueprint for higher-level fusion systems[J]. Information Fusion, 2009, 10(1): 6-24.

[115] Liggins M E, Hall D L, Llinas J. Handbook of Multisensor Data Fusion Theory and Practice (2nd ed)[M]. New York: CRC Press, 2008.

[116] 韩崇昭, 朱洪艳, 段战胜. 多源信息融合 [M]. 北京: 清华大学出版社, 2010.

[117] 彭冬亮, 文成林, 薛安克. 多传感器多源信息融合理论及应用 [M]. 北京: 科学出版社, 2010.

[118] 何友, 王国宏, 关欣. 信息融合理论及应用 [M]. 北京: 电子工业出版社, 2010.

[119] 杨露菁, 余华. 多源信息融合理论与应用 [M]. 北京: 北京邮电大学出版社, 2011.

[120] Danish Hydraulic Institute. A Modeling System for Rivers and Channels Reference Manual[M]. Copenhagen, Demark: DHI Soft-ware, 2004.

[121] Werner M, Reggiani P, Roo A D, et al. Flood forecasting and warning at the river basin and at the european scale[J]. Natural Hazards, 2005, 36(1): 25-42.

[122] Krzysztofowicz R. Bayesian system for probabilistic river stage forecasting[J]. Journal of Hydrology, 2002, 268(1-4): 16-40.

[123] 葛守西, 程海云, 李玉荣. 水动力学模型卡尔曼滤波实时校正技术 [J]. 水利学报, 2005, 36(6): 687-693.

[124] 李大勇, 董增川, 刘凌, 等. 一维非恒定流模型与卡尔曼滤波耦合的实时交替校正方法研究 [J]. 水利学报, 2007, 38(3): 330-336.

[125] 赖锡军. 水动力学模型与集合卡尔曼滤波耦合的实时校正多变量分析方法 [J]. 水科学进展, 2009, 20(2): 241-248.

[126] 鲍红军, 李致家, 王莉莉. 具有行蓄洪区的复杂水系实时洪水预报研究 [J]. 水力发电学报, 2009, 28(4): 5-12.

[127] 吴晓玲, 向小华, 牛帅, 等. 基于节点水位信息的复杂河网实时校正方法 [J]. 水力发电学报, 2013, 32(5): 153-157.

[128] Moradkhani H, Sorooshian S, Gupta H V, et al. Dual state–parameter estimation of hydrological models using ensemble Kalman filter[J]. Advances in Water Resources, 2005, 28(2): 135-147.

[129] 徐立中, 张振, 严锡君, 等. 非接触式明渠水流监测技术的发展现状 [J]. 水利信息化, 2013, (3): 37-44.

[130] 岳延兵, 李致家, 范敏. 基于信息融合的水文预测技术研究 [J]. 水资源与水工程学报, 2009, 20(5): 91-96.

[131] 谢亚娟. 洪水风险评估中多源信息融合及不确定性建模研究 [D]. 武汉: 华中科技大学, 2012.

[132] 叶碎高, 何斌, 彭安帮, 等. 信息融合技术在防洪决策中的应用分析 [J]. 南水北调与水利科技, 2012, 10(5): 101-107.

[133] Maiti S, Erram V C, Gupta G, et al. Assessment of groundwater quality: a fusion of geochemical and geophysical information via Bayesian neural networks[J]. Environmental Monitoring & Assessment, 2013, 185(4): 3445-3465.

[134] Fasbender D, Peeters L, Bogaert P, et al. Bayesian data fusion applied to water table spatial mapping[J]. Water Resources Research, 2008, 44(12): 681-687.

[135] Abbott M B. Towards the hydraulics of hydro informatics era[J]. Journal of Hydraulic Research, 2001, (4) : 339-349.

[136] 何友, 王国宏, 陆大琻, 等. 多传感器信息融合及应用 [M]. 北京: 电子工业出版社, 2007.

[137] 李良群. 信息融合系统中的目标跟踪及数据关联技术研究 [D]. 西安: 西安电子科技大学, 2007.

[138] 张静, 徐政. 基于卡尔曼滤波误差的电能质量扰动检测 [J]. 电力系统及其自动化学报, 2006, 18(5): 25-30.

[139] 周志成. 基于多源信息融合的模糊决策故障选线判据及装置研究 [D]. 武汉: 华中科技大学, 2007.

[140] 张冀. 基于多源信息融合的传感器故障诊断方法研究 [D]. 北京: 华北电力大学, 2008.

[141] 赵攀, 戴义平, 夏俊荣. 卡尔曼滤波修正的风电场短期功率预测模型 [J]. 西安交通大学学报, 2011, 45(5): 47-51.

[142] 潘迪夫, 刘辉, 李燕飞. 基于时间序列分析和卡尔曼滤波算法的风电场风速预测优化模型 [J]. 电网技术, 2008, 32(7): 82-86.

[143] 曹梦龙. 车载导航系统自主重构技术与信息融合算法研究 [D]. 哈尔滨: 哈尔滨工业大学, 2009.

[144] 胡仕刚. 一种机械故障检测的信息融合 [J] . 机床与液压, 2003, (6): 325-327.

[145] 谢春丽, 夏虹, 刘永阔. 多传感器数据融合技术在故障诊断中的应用 [J]. 传感器技术, 2004, 23(4): 67-69.

[146] 谭逢友, 卢宏伟, 刘成俊, 等. 信息融合技术在机械故障诊断中的应用 [J]. 重庆大学学报, 2006, 29(1): 15-18.

[147] 王标. 多滚轮高精度在线测量系统的信息融合技术研究 [D]. 合肥: 合肥工业大学, 2009.

[148] 陈虹丽, 李爱军, 贾红宇. 海浪信号的实时仿真和谱估计 [J]. 电机与控制学报, 2007, 11(1): 93-96.

[149] Wang X, Lv G F, Xu L Z. Infrared dim target detection based on visual attention[J]. Infrared Physics & Technology, 2012, 55(6): 513-521.

[150] Hue C, Cadre J P L, Perez P. Sequential monte carlo methods for multitarget tracking and data fusion[C]. IEEE on Signal Processing, 2002, 50(2): 309-325.

[151] Li X R, Jilkov V P. A survey of maneuvering target tracking: approximation techniques for nonlinear filtering[J]. Proceedings of SPIE - The International Society for Optical Engineering, 2004: 5428.

[152] 王鑫. 复杂背景下红外目标检测与跟踪算法研究 [D]. 南京: 南京理工大学, 2010.

[153] 岳晓奎, 袁建平. 一种基于极大似然准则的自适应卡尔曼滤波算法 [J]. 西北工业大学学报, 2005, 23(4): 469-473.

[154] 王鑫, 徐立中. 图像目标跟踪技术 [M]. 北京: 人民邮电出版社, 2012.

[155] 张震云, 唐镇松, 姚永熙, 等. 水文自动测报系统应用技术 [M]. 北京: 水利水电出版社, 2005.

[156] 吴青娥. 不确定信息处理理论、方法及其应用 [M]. 北京: 科学出版社, 2009.

[157] 张维明, 戴长华, 封孝生. 信息系统原理与工程 [M]. 北京: 电子工业出版社, 2009.

[158] Bowman C L. The dual node network (DNN) data fusion and resource management (DF&RM) architecture[C]. AIAA Intelligent Systems Conference, Chicago, 2004.

[159] 施勇, 栾震宇, 陈炼钢, 等. 长江中下游实时洪水预报模拟 [J]. 水科学进展, 2010, 21(6): 847-852.

[160] 李弼程, 黄洁, 高世海, 等. 信息融合技术及其应用 [M]. 北京: 国防工业出版社, 2010.

[161] Wang X, Ning C, Xu L Z. Spatiotemporal saliency model for small moving object detection in infrared video[J]. Infrared Physics & Technology, 2015, 69(2015): 111-117.

[162] Gomez J M. Kalman Filtering[M]. Nova Science Publishers Inc, 2011.

[163] Nguyen T M, Jilkov V P, Li X R. Comparison of sampling-based algorithms for multisensor distributed target tracking[C]// Information Fusion, 2003. Proceedings of the Sixth International Conference of IEEE, 2005: 114-121.

[164] Wang X, Shen S Q, Ning C, et al. Multi-class remote sensing objects recognition based on discriminative sparse representation [J]. Applied Optics, 2016, 55(6): 1381-1394.

[165] Julier S J, Uhlmann J K, Durrant-Whyte H F. A new method for the nonlinear transformation of means and covariances in filters and estimators[J]. IEEE Transaction on Automatic Control, 2000, 45(3): 477-482.

[166] Daum F. Nonlinear filters: beyond the Kalman filter[J]. IEEE Aerospace and Electronic Systems Magazine, 2005, 20(8): 57-69.

[167] Wang X, Lv G F, Wang H B. Multi-view tracking of occluded targets by scenic feature modeling[J]. Advances in Information Sciences and Service Sciences, 2012, 4(22): 312-319.

[168] 鄂加强, 左红艳, 罗周全, 等. 神经网络模糊推理智能信息融合 [M]. 北京: 中国水利水电出版社, 2012.

[169] 高虹, 谢崇宝. 灌溉现代化与灌区快速评估整体框架 [J]. 中国水利, 2008, (3): 46-48.

[170] 高占义, 高本虎. 大型灌区状况诊断评价指标体系研究 [J]. 中国水利, 2008, (21): 43-44.

[171] 杜丽娟, 刘钰, 雷波. 灌区节水改造环境效应评价研究进展 [J]. 水利学报, 2010, 41(5): 613-616.

[172] Patino J E, Duque J C. A review of regional science applications of satellite remote sensing in urban settings[J]. Computers, Environment and Urban Systems, 2013, 37(1): 1-17.

[173] 王超. 对象级高分辨率遥感影像变化检测及相关技术研究 [D]. 南京: 河海大学, 2014.

[174] Ma L, Li M C, Blaschke T, et al. Object-based change detection in urban areas: the effects of segmentation strategy, scale, and feature space on unsupervised methods[J]. Remote Sensing, 2016, 8(9): 761.

[175] Xu M X, Sun Q S, Lu Y S, et al. Nearest-neighbors based weighted method for the BOVW applied to image classification[J]. Journal of Electrical Engineering and Technology, 2015, 10(4): 1877-1885.

[176] Wang X, Shen S, Ning C, et al. Robust object tracking via local discriminative sparse representation[J]. Journal of the Optical Society of America A, 2017, 34(4): 533-544.

[177] Wang C, Xu M X, Wang X, et al. Object-oriented change detection approach for high-resolution remote sensing images based on multiscale fusion[J]. Journal of Applied Remote Sensing, 2013, 7(1): 073696.

[178] Shi A, Huynh D Q, Huang F C, et al. Unsupervised change detection based on robust chi-squared transform for bitemporal remotely sensed images[J]. International Journal of Remote Sensing, 2014, 35(21): 7555-7566.

[179] Chen Q, Chen Y H. Multi-feature object-based change detection using self-adaptive weight change vector analysis[J]. Remote Sensing, 2016, 8(7): 549.

[180] Johansen K, Arroyo L A, Phinn S, et al. Comparison of geo-object based and pixel-based change detection of riparian environments using high spatial resolution multi-spectral imagery[J]. Photogrammetric Engineering and Remote Sensing, 2010, 76(2): 123-136.

[181] Wang X, Tang Z M. Combining wavelet packets with higher-order statistics for infrared small targets detection[J]. Infrared and Laser Engineering, 2009, 38 (5): 915-920.

[182] Tortini R, Mayer A L, Maianti P. Using an OBCD approach and Landsat TM data to detect harvesting on nonindustrial private property in Upper Michigan[J]. Remote Sensing, 2015, 7(6): 7809-7825.

[183] Bovolo F, Bruzzone L. A detail-preserving scale-driven approach to change detection in multitemporal SAR images[J]. IEEE Transactions on Geoscience and Remote Sensing 2005, 43(12): 2963-2972.

[184] Im J, Jensen J R, Tullis J A. Object － based change detection using correlation image analysis and image segmentation[J]. International Journal of Remote Sensing, 2008, 29(2): 399-423.

[185] Roessner S, Behling R, Segl K, et al. Automated Remote Sensing Based Landslide Detection for Dynamic Landslide Inventories[M]//Landslide Science for a Safer Geoenvironment. Springer International Publishing, 2014: 345-350.

[186] Bouchaffra D, Cheriet M, Jodoin P M, et al. Machine learning and pattern recognition models in change detection[J]. Pattern Recognition, 2015, 48(3): 613-615.

[187] Hussain M, Chen D M, Cheng A, et al. Change detection from remotely sensed images: From pixel-based to object-based approaches[J]. ISPRS Journal of Photogrammetry and Remote Sensing, 2013, 80: 91-106.

[188] Hao M, Shi W Z, Zhang H, et al. A scale-driven change detection method incorporating uncertainty analysis for remote sensing images[J]. Remote Sensing, 2016, 8(9): 745.

[189] Pierce K J. Accuracy optimization for high resolution object-based change detection: an example mapping regional urbanization with 1-m aerial imagery[J]. Remote Sensing, 2015, 7(10): 12654-12679.

[190] Solberg A H S, Brekke C, Husoy P O. Oil spill detection in Radarsat and Envisat SAR images[J]. IEEE Transactions on Geoscience and Remote Sensing, 2007, 45(3): 746-755.

[191] Toure S, Stow D, Shih H, et al. An object-based temporal inversion approach to urban land use change analysis[J]. Remote Sensing Letters, 2016, 7(5): 503-512.

[192] Bruzzone L, Bovolo F. A novel framework for the design of change-detection systems for very-high-resolution remote sensing images[J]. Proceedings of the IEEE, 2013, 101(3): 609-630.

[193] Hall O, Hay G J. A multiscale object-specific approach to digital change detection[J]. International Journal of Applied Earth Observation and Geoinformation, 2003, 4(4): 311-327.

[194] Shi J, Malik J. Normalized cuts and image segmentation[J]. IEEE Transactions on Pattern Analysis and Machine Intelligence, 2000, 22(8): 888-905.

[195] Cour T, Benezit F, Shi J. Spectral segmentation with multiscale graph decomposition[C]//Computer Vision and Pattern Recognition, 2005. CVPR 2005. IEEE Computer Society Conference on IEEE, 2005, 2: 1124-1131.

[196] Li L, Leung M K H. Integrating intensity and texture differences for robust change detection[J]. IEEE Transactions on Image Processing, 2002, 11(2): 105-112.

[197] Namias R, Bellemare M E, Rahim M, et al. Uterus segmentation in dynamic MRI using LBP texture descriptors[C]//SPIE Medical Imaging. International Society for Optics and Photonics, 2014: 90343W-90343W-9.

[198] Liu S, Bruzzone L, Bovolo F, et al. Hierarchical unsupervised change detection in multitemporal hyperspectral images[J]. IEEE Transactions on Geoscience and Remote Sensing, 2015, 53(1): 244-260.

[199] Racoviteanu A, Arnaud Y, Nicholson L. Surface characteristics of debris-covered glacier tongues in the Khumbu Himalaya derived from remote sensing texture analysis[C]//EGU General Assembly Conference Abstracts, 2013, 15: 10174.

[200] Wang Z, Lu L G, Bovik A C. Video quality assessment based on structural distortion measurement[J]. Signal Processing: Image Communication, 2004, 19(2): 121-132.

[201] Dempster A P. Upper and lower probabilities induced by a multi-valued mapping[J]. The Annals of Mathematical Statistics, 1967, 38(2): 325-339.

[202] 潘泉, 梁咏梅. 多源信息融合理论及应用 [M]. 北京: 清华大学出版社, 2013.

索　引